C 程序设计

（第四版）

荣　政　胡建伟　邵晓鹏　编

西安电子科技大学出版社

内 容 简 介

本书作为高等院校理工类非计算机专业学生的 C 程序设计教材，系统地介绍了标准 C 程序设计的基本概念和程序设计方法。为了突出 C 程序设计的精髓，教材合理取舍内容，简化语法说明，以大量的程序实例，力求把程序设计的学习从语法知识提高到解决实际问题的能力培养上。

本书共分 10 章，内容包括 C 语言基础、C 语言的基本数据类型及运算、C 程序设计初步、分支结构的 C 程序设计、循环结构的 C 程序设计、数组、函数及变量存储类型、指针、结构体和共用体及文件。每章末均有本章重点及习题。

为了便于读者学习并加强实践环节，本书有配套教学用书《〈C 程序设计〉（第四版）学习指导》，内容包括各章节的学习指导、习题和解答，上机实验环境的介绍，上机实验题目及实验指导。

本套书既可作为高等院校非计算机专业学生学习 C 语言程序设计的教材，也可作为读者自学 C 语言的参考资料。

图书在版编目(CIP)数据

C 程序设计/荣政，胡建伟，邵晓鹏编. —4 版. —西安：西安电子科技大学出版社，2018.8(2023.9 重印)

ISBN 978 - 7 - 5606 - 5007 - 4

Ⅰ. ①C… Ⅱ. ①荣… ②胡… ③邵… Ⅲ. ①C 语言－程序设计－高等学校－教材 Ⅳ. ①TP312.8

中国版本图书馆 CIP 数据核字(2018)第 166246 号

策　　划　马乐惠
责任编辑　陈　婷
出版发行　西安电子科技大学出版社(西安市太白南路 2 号)
电　　话　(029)88202421　88201467　　邮　编　710071
网　　址　www.xduph.com　　　　　电子邮箱　xdupfxb001@163.com
经　　销　新华书店
印刷单位　广东虎彩云印刷有限公司
版　　次　2018 年 8 月第 4 版　2023 年 9 月第 27 次印刷
开　　本　787 毫米×1092 毫米　1/16　印张 17
字　　数　402 千字
定　　价　39.00 元
ISBN 978 - 7 - 5606 - 5007 - 4/TP
XDUP　5309004－27

前　言

　　C 语言自 1972 年发布至今已有四十多年的历史，这对于日新月异的计算机学科来说，的确是一段不短的时间，但时至今日，C 语言仍然是最流行的编程语言之一。目前大多数的底层软件，包括操作系统、数据库软件、杀毒软件、网络通信协议，以及各种内核驱动等都是用 C 语言开发的。截至 2018 年 1 月，C 语言在 TIOBE 编程语言排行榜上依然占据 TOP2 的位置，仅次于排名第一的 Java 语言。

　　本版保留了原书的体系和结构，以"浅显易懂，简练清晰"为原则，并结合近年来教学实践的体会和读者意见对上一版进行了如下修订：

　　(1) 算法是程序设计的基础，程序设计的前提是能够正确表达解决问题的方法和步骤，鉴于算法在程序设计中的重要作用，本版对上一版第 1 章的"算法"一节进行了补充完善，这使得初次接触程序设计的读者更易于进行后续内容的学习。

　　(2) 对书中示例程序所使用的 main 函数的格式规范问题做了简要补充说明，具体内容增加在第 1 章的 1.8 节中。

　　(3) 目前计算机大多是 32 位以上的，且 C 编译器使用较多的是 Visual C++，因此对上一版中某些涉及内存使用的程序实例的运行讲解，修改为在 32 位机上的 Visual C++6.0 环境下。

　　(4) 对结构体类型变量的内存分配，补充了内存对齐原则的简要说明。

　　(5) 修订、补充了附录部分。

　　(6) 对上一版中的疏漏进行了修订。

　　本书由荣政主编并编写第 4、5、6、10 章，第 1、2、9 章由胡建伟编写，第 3、7、8 章由邵晓鹏编写。对上一版的补充修正由荣政完成。

　　本书的编写及多次修订均得到西安电子科技大学通信工程学院、电子工程学院、技术物理学院各位领导的大力支持，修订过程汲取了从事 C 语言程序设计教学的各位老师多年教学实践的经验，在此一并表示诚挚的感谢。

　　书中难免有不妥之处，恳请广大读者批评指正。

编　者

2018 年 4 月

目　　录

第1章

‹‹‹‹‹‹‹‹‹‹‹‹‹‹‹‹‹‹‹‹‹‹

C 语言基础

1.1 计 算 机 组 成

如今计算机已经渗透到生活的方方面面，可谓无所不在。作为生活在计算机时代的读者，这种现代化的成长经历或许会让你对计算机有一个感性的认识。尽管本书并不关心计算机本身，不过了解一些简单的计算机知识将有助于理解程序是怎样在计算机中运行的。

计算机是一种可以输入、存储、处理和输出各种数据的机器。这些机器可以接收、存储、处理和输出信息，而且能够处理各种各样的数据：数字、文本、图像、图形、声音等等。

构成计算机系统的各种设备（如键盘、屏幕、鼠标、磁盘、内存、光盘和处理器）称为硬件。它们是有形的，可触摸得到的。现代计算机是一种通用的机器，可以完成各种各样的任务。为实现这些通用的功能，计算机必须是可编程的。也就是说需要给计算机提供一组指令来控制计算机解决特定问题所需要的各个具体步骤，这组指令称为计算机程序或者软件。正是软件和硬件的互相配合才使得完成各种计算成为可能。计算机系统＝软件＋硬件。

从小小的计算器到国家气象局天气预报的巨型计算机，其基本组成都是相同的。图1.1 给出了现今计算机系统的基本组成部件：中央处理单元（CPU）、内存、总线、辅助存储设备（磁盘等）、输入/输出（I/O）设备（鼠标、键盘等）。

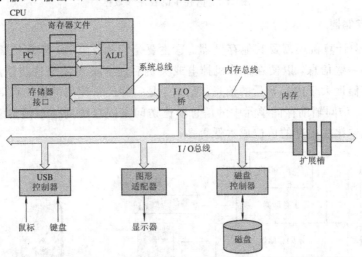

CPU—中央处理单元；ALU—算术逻辑单元；PC—程序计数器；USB—通用串行总线

图 1.1　计算机的基本组成

— 1 —

1. 主存储器

每当计算机执行一个程序，计算机必须以某种方式存储程序代码本身和计算中所涉及的数据。通常计算机中可以存储和获取信息的硬件设备都被认为是存储设备。但是只有程序运行时所使用的存储设备才称得上是主存储器，也就是我们通常所说的内存。

内存是一些有序排列的存储单元，这些存储单元包含在由集成电路组成的硅芯片当中，因此其工作效率非常高，使得 CPU 可以快速访问其中的内容。各个内存存储单元既可以保存数据，也可以保存指令，如图 1.2 所示。现代计算机内存由一片特殊的集成电路芯片——RAM 来实现。RAM 代表随机访问存储器，允许程序在任何时间访问任何的内存单元。RAM 具有易失性，需要持续的电源以保存所存储的数据，因此，一旦断电会导致所有已经存储的数据丢失。

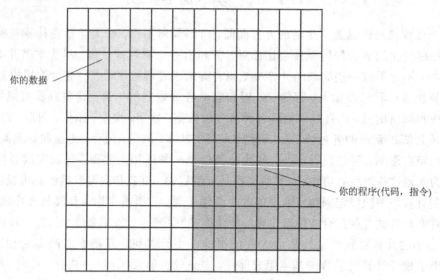

图 1.2　内存中的程序和数据

2. 辅助存储器

除内存外，计算机还需要其他存储器。这主要是因为：第一，计算机需要永久地或者半永久地保存一些信息，以便在计算机掉电或关机后还能够再使用这些信息；第二，通常计算机需要存储远大于内存容量的信息。图 1.3 是一些经常使用的辅助存储设备和存储介质。由图可知，访问辅助存储单元中的信息要比访问主内存中的信息慢得多，但辅助存储单元的单位成本比主内存的单位成本低得多。

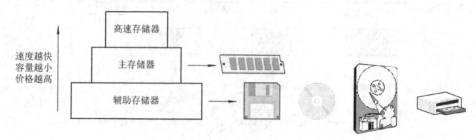

图 1.3　不同存储器关系图

3. 中央处理单元(CPU)

中央处理单元(Central Processing Unit，CPU)是计算机的大脑，是硬件系统的核心。它执行实际的计算并控制整个计算机的操作。现代计算机的CPU位于采用大规模集成电路工艺制成的芯片(又称微处理器芯片)当中，包括两个主要部分：算术逻辑单元和控制单元。CPU当前的指令和数据都临时存储在称为寄存器的超高速存储单元中。

CPU中的控制单元(Control Unit，CU)负责从存储器中取出指令，并对指令进行译码；根据指令的要求，按时间的先后顺序，负责向其他各部件发出控制信号，保证各部件协调一致地工作，一步一步地完成各种操作。控制单元(CU)主要由指令寄存器、译码器、程序计数器、操作控制器等组成。

CPU中的算术逻辑单元(Arithmetic Logic Unit，ALU)对计算机数据进行加工处理，包括算术运算(加、减、乘、除等)和逻辑运算(与、或、非、异或、比较等)。

ALU使用寄存器来存取正在处理的数据，使用称为累加寄存器的专用寄存器临时保存运算或比较的结果。图1.4显示了CPU如何处理将4和5两个数相加的这条指令。

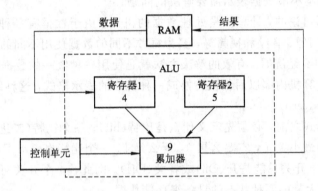

图1.4　CPU如何处理两个数相加

首先，控制器将要处理的数据(本例中为4和5)从RAM送至ALU中的寄存器；接着控制单元给ALU发送一个信号，指示ALU把两个数相加；然后ALU将结果(本例中为9)存储到累加寄存器中；最后控制单元把累加寄存器中的数据发送到RAM，这样数据就可以输出、存盘或者进行其他处理了。

4. 总线

总线(Bus)是一些贯穿整个计算机系统的电子管道，是计算机的神经系统，用于在CPU和计算机的其他设备之间传输信息。微型计算机硬件结构最重要的特点是总线结构。它将信号线分成三大类，并归结为数据总线(Data Bus)、地址总线(Address Bus)和控制总线(Control Bus)。这种结构很适合计算机部件的模块化生产，促进了微型计算机的普及。

5. 输入单元

为了使用计算机，我们必须通过某种方式把数据送入计算机或者从计算机中得到数据。所有的输入/输出设备都通过一个控制器或者适配器连接到I/O总线。控制器本身就是输入/输出设备或者系统主板上的芯片组，而适配器则是一种必须插到主板扩展插槽上的接口卡。

输入单元是计算机的感知器，用于从输入设备(键盘、鼠标等)获取信息。键盘

(Keyboard)是最常见的输入设备。标准键盘上的按键排列可以分为三个区域：字符键区、功能键区和数字键区（数字小键盘）。

6. 输出单元

输出单元是计算机的受动器，用于输出信息到屏幕、打印机或者控制其他设备。显示器(Display)是微型机不可缺少的输出设备，用户通过它可以很方便地查看送入计算机的程序、数据、图形等信息及经过计算机处理后的中间结果、最后结果。显示器是人机对话的重要工具。

1.2 数据表示和数制

1.2.1 数据表示

计算机只能识别"0"和"1"。那么，计算机如何在存储器中用"0"和"1"来表示各种不同的数据呢？这就是本小节数据表示需要解决的问题。

正如1.1节所讨论的，计算机是处理数据的机器。由于数据有各种各样的表示形式，例如，数、文字、图像、音频和视频等，要为每种不同的数据使用不同的计算机来处理，显然是不切实际的和不经济的。有效的解决办法就是使用一种统一的数据表示方法。所有类型的数据输入到计算机内部以后都被转换成一种统一的表示格式，这种统一的表示格式就是比特模式(Bit Pattern)。

在讨论比特模式之前，必须先定义什么是比特(bit)。一个比特(二进制数字)是计算机存储数据所使用的最小单元，它要么是0，要么是1。一个比特也表示了一台设备只能取两种状态之一。例如，开关只能是开(On)或者关(Off)。因此，一个开关可以存储一个比特。现在，计算机使用大量的两种状态的设备来存储数据。

单个比特无法解决数据的表示问题。对于大数、文本、图像等数据，我们需要使用比特模式，或比特序列来存储。图1.5给出了由16个比特组成的比特模式。它是0和1的组合。这意味着需要16个电子开关来存储这个比特模式。

```
1000101010110100
```

图1.5 比特模式

具体到存储器内所保存的某个比特模式代表什么含义，则是程序的责任所在。例如，比特模式"01000001"我们既可以理解为大写字母"A"，又可以理解为整数65。但不管怎样，有了比特模式，我们就可以用它来表示各种不同的数据。例如，常见的英文字母符号就可以用不同的比特模式来表示。我们可以把字符串"BYTE"分别用四种不同的比特模式来表示，如图1.6所示。

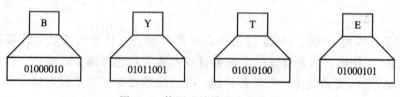

B	Y	T	E
01000010	01011001	01010100	01000101

图1.6 使用比特模式表示字母

我们也可以使用比特模式来表示一张图片上某个像素点的颜色，例如可以用三种比特模式来分别表示一个像素点的红色（R）、绿色（G）和蓝色（B）的强度，如图 1.7 所示。

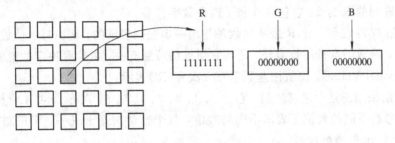

图 1.7　像素颜色的比特模式表示

一般，长度为 8 的比特模式我们称之为一个字节（Byte）。这 8 个比特总共有 256（2^8）种不同的开-关条件组合，从全关 00000000 到全开 11111111。例如，字母"A"的 8 比特表示为 01000001，星号"*"的 8 比特表示为 00101010。

然而计算机怎么知道比特值 01000001 表示字母"A"呢？当用户敲击键盘的"A"时，系统就会从这个特定的键发送一个信号到内存里，并设置内存中的一个字节的比特值为 01000001。接下来用户就可以任意地对这个字节进行操作，甚至把字母"A"输出到显示器或者打印机上，如图 1.8 所示。

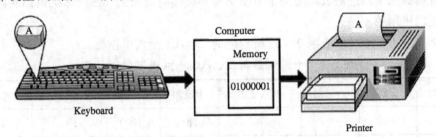

图 1.8　字母"A"的表示和输出

内存中的每一个字节都有一个唯一的地址。由于计算机只能区分 0 和 1 比特，因此其工作模式属于基 2 计数系统，我们称之为二进制系统。事实上，词"bit"来自于"Binary digIT"的缩写。

一个字节当中的比特可以按照从右往左的顺序对它进行 0 到 7 的编号。图 1.9 所示表示对字母"A"的 8 个比特进行编号。最左边的比特位我们称之为最高有效位（Most Significant Bit，MSB），而最右边的比特位称为最低有效位（Least Significant Bit，LSB）。

比特内容(A):	0	1	0	0	0	0	0	1
比特编号:	7	6	5	4	3	2	1	0

图 1.9　比特位的编号

1.2.2　数制

数制是指用一组固定的数字和一套统一的规则来表示数目的方法。其中两个最基本的概念是：

• 基数（Radix）：一个计数制所包含的数字符号的个数称为该数制的基数，通常用 R 表示，如二进制的 R 为 2，它包含 0 和 1 两个数字符号。

• 位值（权）：任何一个 R 进制的数都是由一串数码表示的，其中每一位数码所表示的实际值大小，除数码本身的数值外，还与它所处的位置有关，由位置决定的值就叫位值（或称权，Positional Value）。位值用基数 R 的 i 次幂（R^i）表示。

日常生活采用的是十进制数制，它由 0、1、2、3、4、5、6、7、8、9 共 10 个数字符号组成，数字符号在不同的数位上表示不同的数值，每个数位均逢十进一。十进制数的基数 R 为 10，位权为 10 的指数次幂。

二进制数使用"0"和"1"这两个数字符号，遵循"逢二进一"的原则。例如：0＋0＝0；1＋0＝0＋1＝1；1＋1＝10；1＋10＝11；1＋11＝100。在计算机中，一个二进制位又称为一个比特（Bit），是表示数据的最小单位。二进制数的基数 R 为 2，位权为 2 的指数次幂。

八进制数的示数符号有 8 个：0、1、2、3、4、5、6、7，"逢八进一"，它的基数 R 为 8，位权为 8 的指数次幂。

十六进制数的示数符号有 16 个：0、1、2、3、4、5、6、7、8、9、A、B、C、D、E、F，"逢十六进一"，它的基数 R 为 16，位权为 16 的指数次幂。

八进制数和十六进制数均是为了方便书写和阅读时使用的，在计算机内部实际上所有的数均是二进制数。

表 1.1 给出了十进制数字 0～15 所对应的二、八、十六进制数。

表 1.1 十进制数与二、八、十六进制数对照表

十进制	二进制	八进制	十六进制	十进制	二进制	八进制	十六进制
0	0000	0	0	8	1000	10	8
1	0001	1	1	9	1001	11	9
2	0010	2	2	10	1010	12	A
3	0011	3	3	11	1011	13	B
4	0100	4	4	12	1100	14	C
5	0101	5	5	13	1101	15	D
6	0110	6	6	14	1110	16	E
7	0111	7	7	15	1111	17	F

1.2.3 数制之间的转换

通常人们习惯在一个数的后面加上一个字母 B、D、H、O 来区分其前面表示的一个数用的是什么数制。例如：101.01B 表示二进制数 101.01；A2BH 表示十六进制数 A2B 等。

1）非十进制数转换成十进制数

利用按权展开的方法，可以将任意数制的一个数转换成十进制数。

例如，将二进制数 01000001 转换成十进制数的过程如下：

数字	0	1	0	0	0	0	0	1	
幂	2^7	2^6	2^5	2^4	2^3	2^2	2^1	2^0	
位权	128	64	32	16	8	4	2	1	
值	0	64	0	0	0	0	0	1	65

其转换结果为

$$01000001B = 0\times2^7+1\times2^6+0\times2^5+0\times2^4+0\times2^3+0\times2^2+0\times2^1+1\times2^0$$
$$=64+1=65D。$$

假定要将八进制数 125.7O 转换成十进制数，其转换过程如下：

数字	1	2	5	.	7	
幂	8^2	8^1	8^0	.	8^{-1}	
位权	64	8	1	.	0.125	
值	64	16	5	.	0.875	85.875

其转换结果为

$$125.7O = 1\times8^2+2\times8^1+5\times8^0+7\times8^{-1}$$
$$=64+16+5+0.875=85.875D$$

在八进制中，小数点左边的那位的权是 $1(8^0)$，再左边一位的权是 $8(8^1)$，依此类推。而小数点右边那些位的权，则是用基数（在此为 8）去除，因此紧跟八进制小数点右边那位的权是 1/8，即 0.125，下一位是 1/64，即 0.015625。

2）十进制数转换成二进制数

把十进制数转换成二进制的方法是采用"除二取余"法。即把十进制数除以 2，所得余数作为二进制数的最低位数，然后再除以 2，所得余数作为次低位数，如此反复，直到商为零为止。例如把十进制数 23 转换为二进制数的过程如图 1.10 所示，由此可得，23D＝10111B。

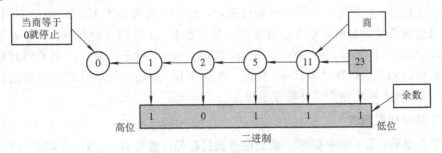

图 1.10　十进制数转换为二进制数

3）二进制数转换成十六进制数

将二进制数转换成十六进制数的方法是：从最右边个位数开始向左按每四位二进制数一组划分，不足四位的组前面以 0 补齐，然后将每组四位二进制数代之以一位十六进制数即可。例如，要将二进制数 1111101011011 转换成十六进制数，其转换过程如下：

四位一组		1111	0101	1011	
不足四位补 0	0001	1111	0101	1011	
对应十六进制值	1	F	5	B	1F5B

最终转换结果为

$$1111101011011B = 1F5BH$$

4）十六进制数转换成二进制数

将十六进制数转换成二进制数，其过程与将二进制数转换成十六进制数相反，即将每一位十六进制数代之以与其等值的四位二进制数即可。例如，要将十六进制数 26CE 转换成二进制数，其转换过程如下：

十六进制数	2	6	C	E
对应二进制值	0010	0110	1100	1110

所以

$$26CEH = 10011011001110B$$

1.2.4 数的补码表示

由于各种数据在不同的计算机系统中所占内存的字节数不同，如一个整型数有的系统占 16 位，有的占 32 位。在此我们以 16 位为例说明整数的补码表示。

我们知道，一个数，例如十进制 84，它的 16 位二进制表示是 00000000 01010100。但是，当同一个数 84 被看成 +84 时，符号也必须作为二进制表示的一部分进行存储。因此，对于有符号数，最左边的有效位通常用于存储数的符号（Sign），而剩下的比特位表示数的量值（Magnitude）。这样，+84 的符号－量值表示为 00000000 01010100，同 84 的二进制表示一样。尽管这两种表示方法一样，但是最高有效位（MSB）——第 15 比特的含义完全不一样。当以二进制存储 84 时，MSB 是量值的一部分；而存储带符号数 +84 时，MSB 为 0 表示它是一个正数，其量值由剩下的 15 个比特位决定。

对于负整数，同样可以用符号－量值表示，如 -47 可表示为 10000000 00101111。

但是这种符号－量值表示方法有很多不足。首先，注意到 0 的符号，量值表示有两种形式：00000000 00000000 和 10000000 00000000。其次，对于计算机来说要同时提供整数的二进制加法和减法运算并非易事。因此，在这一节，我们将寻求计算机整数的其他存储方法：1 的补码表示法和 2 的补码表示法。

1. 1 的补码表示法

对于正整数，其 1 的补码表示就是该整数的符号－量值表示。如 +84 的 1 的补码表示就是 00000000 01010100。

对于负整数，1 的补码表示按下列规则计算：$(2^n - 1)$ 减去该数的量值，n 为二进制比特数，在此等于 16。

如 -36 的 1 的补码表示如下：

（1）把整数的量值转换为二进制，即

$$+36D = 00000000 00100100B$$

（2）因为 n=16，所以

$$2^{16}-1=65535D=11111111\ 11111111B$$

$$\begin{array}{r}11111111\quad 11111111\\-00000000\quad 00100100\\\hline 11111111\quad 11011011\end{array}$$

上述求 1 的补码表示方法看起来非常繁琐。我们注意到：

+36 的 1 的补码表示为

$$00000000\quad 00100100$$

-36 的 1 的补码表示为

$$11111111\quad 11011011$$

我们对+36 和-36 的 1 的补码表示进行逐位比特比较会发现：它们的对应比特位是互反的。因此，更简洁的求 1 的补码表示方法是对相应的正整数逐位求反。

2. 2 的补码表示法

对于正整数，其 2 的补码表示、1 的补码表示和符号-量值表示一样。

对于负整数，2 的补码表示按下列规则计算：（2^n）减去该数的量值，n 为二进制比特数，在此等于 16。

显然，2 的补码表示可以通过 1 的补码表示加 1 来实现。

如，-36 的 2 的补码表示为

$$\begin{array}{r}11111111\quad 11111111\\-00000000\quad 00100100\\\hline 11111111\quad 11011011\\+\qquad\qquad\qquad 1\\\hline 11111111\quad 11011100\end{array}$$

有了 2 的补码表示，我们可以验证：

$$36-36=36+(-36)=0$$

即

$$\begin{array}{rl}00000000\quad 00100100&(36)\\+11111111\quad 11011100&(-36)\\\hline 00000000\quad 00000000&(0)\end{array}$$

因此，2 的补码表示可以把整数的加法和减法运算统一起来，而且±0 的 2 的补码表示也是一样的，都是 00000000 00000000。所以，大部分计算机表示有符号数时都使用 2 的二进制补码表示法。

1.2.5 字符编码

字符编码(Character Code)就是规定用怎样的二进制码来表示字母、数字以及一些专用符号。由于这是一个涉及世界范围内有关信息表示、交换、处理、存储的基本问题，因此字符的编码都是以国家标准或者国际标准的形式颁布实施的。

$$字符符号\ \overset{编码}{\longleftrightarrow}\ 比特模式$$

1. ASCII

ASCII 是由美国国家标准委员会制定的一种包括数字、字母、通用符号、控制符号在内的字符编码集，全称为美国国家信息交换标准码(American Standard Code for Information Interchange)，被国际标准化组织(ISO)指定为国际标准。ASCII 码是一种 7 位二进制编码，能表示 $2^7 = 128$ 种国际上最通用的西文字符。ASCII 码是单字节码，在计算机内部，将最高位设为 0。它常用于输入/输出设备，如键盘输入、显示器输出等。

2. 汉字编码

汉字也是字符，要进行编码后才能被计算机接受。汉字编码目前有汉字信息交换码、汉字输入码、汉字内码等。

1) 汉字信息交换码(国标码)

汉字信息交换码是用于汉字信息处理系统之间或者与通信系统之间进行信息交换的汉字代码，简称交换码。它是为使系统、设备之间信息交换时采用统一的形式而制定的。

1981 年颁布了《信息交换用汉字编码字符集基本集》，代号 GB2312—80，简称国标码。它是为使系统、设备之间信息交换时采用统一的形式而制定的。两个字节存储一个国标码。

2) 汉字输入码

为将汉字输入计算机而编写的代码称为汉字输入码，也叫外码。如区位码、拼音码、智能 ABC 码等。

3) 汉字内码

汉字内码是在计算机内对汉字进行存储、处理的汉字代码，它应能满足存储、处理和传输的要求。当一个汉字输入计算机后，就转换为内码，然后才能在计算机中流动和处理。汉字内码多种多样。目前，对应于国标码一个汉字的内码常用 2 个字节存储，并把每个字节的最高位置"1"作为汉字内码的标识，以免与单字节的 ASCII 码产生歧义性。

汉字的机内码 ＝ 汉字的国标码 ＋ 8080H

1.3 算　法

计算机科学是借助计算机解决问题的学科，在此我们必须先理解一个对于计算机科学和问题求解来说都很基础的概念——算法(Algorithm)。

1.3.1 算法的概念

算法可简单地理解为解决问题的方法和步骤。如果一个待解决的问题，它取一个或一组值作为输入，期望产生一个或一组值作为输出，那么从输入转换为输出就需要一系列的计算过程。与该问题对应的算法即描述了这个特定的计算过程，用于实现这一输入到输出的转换。

基于这样的理解，算法完全独立于计算机系统，或者说，它并不依赖于某台特定计算机。下面我们将通过一个具体问题引入算法的概念。

假设我们要求一组多个整数的和，那么求多个数值累加和的策略就可理解为算法。这个算法应能求出任意一组整数的和，即算法与整数的具体数值和个数无关，它具有通用性。

为了便于理解求和的算法，我们假设这一组整数只有 5 个。求和的步骤和方法如下：

第一步，输入 5 个具体整数，如(10 9 23 1 18)。

第二步，对这 5 个整数逐一检查并相加，求出其总和。

但是，第二步显然不能一步完成。可以将这一步再细化为以下步骤：

(1) 先检查第一个数 10。这是检查的第一个整数，可以将 10 认为是目前得到的总和，并将其保存，我们设置一个变量 sum 保存当前的和(即 10)。

(2) 依次检查其余整数并相加。接着检查下一个整数 9，将其与 sum 中的数值相加，其结果仍然存放在 sum 中，目前的和为 19。

(3) 继续将下一个整数 23 与 sum 中的数值相加，并将 sum 的内容修改为相加的结果 42。

(4) 上述过程继续，直至将这组整数全部检查并处理，则 sum 中保存的就是这组整数的和 61。

第三步，输出结果，sum 中的内容 61 即为这 5 个整数的和。

以上过程可用图 1.11 表示。图中所表示的方法和步骤就是求 5 个整数之和的算法。这个算法并不仅局限于 5 个整数，可以扩大到任意多个整数，不同的只是所需检查并累加的次数会增加。如果是手工求和，过程会比较繁琐，尤其是数据个数增加到一定程度，手工很难完成，但如果把这个算法转换为计算机程序，利用计算机快速运算的特点来实现多个整数的求和，就很容易实现了。

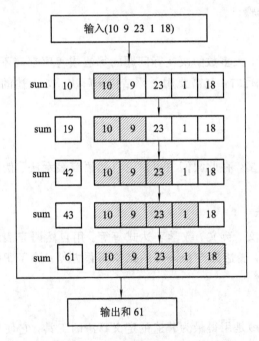

图 1.11　求 5 个整数之和的方法和步骤

人们通常会为每个算法起一个名字，既区别于其他算法，也可表达算法的功能，例如上述算法可起名为求和算法。

1.3.2　三种基本结构

计算机专家为算法和结构化程序(本书介绍的 C 语言即是结构化程序设计语言)定义

了三种基本结构：顺序结构、判断（选择）结构和循环结构，如图 1.12 所示。利用这三种结构可以设计出清晰、容易理解及修改的算法或程序。任何功能的算法和程序都可以通过这三种基本结构的组合实现。

图 1.12　三种基本结构

1. 顺序结构

各操作按顺序执行，当操作 1 完成后，接着依次执行操作 2、操作 3、直至操作 n。这是最简单的一种结构。

2. 判断结构

判断结构也称为选择结构或分支结构。通过判断条件，选择执行何种操作，其中的操作集可以是多个操作步骤。

3. 循环结构

循环结构非常重要，大多数解决实际问题的算法或程序都离不开循环结构。当问题中的某些操作需要重复执行时，就需要用循环结构来解决，如上述的求和算法就用到了循环结构。

1.3.3　算法的表示

算法的表示方法很多，在此我们主要讨论自然语言表示法、伪代码表示法和流程图表示法。

1. 自然语言表示法

自然语言可以是中文、英文、数学表达式等等。用自然语言表示通俗易懂，缺点是可能文字冗长，不太严格，表达分支和循环的结构不很方便。除了很简单的问题，一般不用自然语言表示法。

2. 伪代码表示法

伪代码（Pseudocode）是用得最为普遍的定义算法的工具，它使用介于自然语言和计算机语言之间的文字和符号来描述算法。它通常包含类英语描述部分和结构化代码部分。类英语描述部分提供通俗易懂的、不太严格的语法表示；结构化代码部分提供各种扩展的算法结构，如顺序、选择、循环、递归等。

用伪代码编写的算法通常以算法名字作为开头（例如找多个数的最小数），后面紧跟着该算法的目的（找最小的数）、前提条件（提供数的列表）、需要的后处理（是否打印该最小数）以及返回的结果（最小数），如图 1.13 所示。

```
Alogrithm(算法): Finding Smallest
Purpose(目的): This algorithm finds the smallest number among a list of numbers
Pre(前提): List of numbers
Post(后处理): None
Return(返回值): The smallest
1. Set smallest to the first number
2. loop(not end of list)
   2.1 if(next number＜smallest)
       2.1.1 set smallest to next number
   2.2 end if
3. end loop
4. return smallest
End Finding Smallest
```

图 1.13 一个伪代码例子

我们认为任何一个算法都应该有返回值，即使没有，也应当返回一个空值(NULL)。算法中的所有指令语句都应当进行编号，且不跟任何符号结尾。在伪代码中，通常用连续的数字或字母来表示同一级模块中的连续语句。符号△后的内容表示注释。

在伪代码中，变量名和保留字不区分大小写，变量不需声明。

赋值语句用符号←表示，x←exp 表示将 exp 的值赋给 x，其中 x 是一个变量，exp 是一个与 x 同类型的变量或表达式(该表达式的结果与 x 同类型)；多重赋值 i←j←e 是将表达式 e 的值赋给变量 i 和 j，这种表示与 j←e 和 i←e 等价。

例如：

x←y

x←20 ∗ (y＋1)

x←y←30

3. 流程图表示法

流程图表示法直观形象、易于理解。流程图是符号的组合，是图形化表示。这些符号可以增加流程图的可读性，但它们并不直接用于表示指令或者命令。流程图中常见的符号及其含义见表 1.2。

表 1.2 流程图常见的符号及其含义

符 号	含 义
	起止框(Teminal)，算法的起始和终止
	输入/输出(Input/Output)，输入或者输出操作
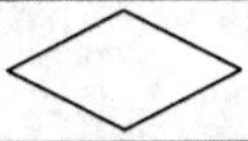	判断框(Decision)，算法的决策点
	处理框(Process)，对数据进行计算或者操作
	流程线(Flow Lines)，连接流程图符号，标明程序流程方向
	连接点(Connector)，连接其他流程图的入口或者出口

图 1.14 给出了用流程图形式表达的三种结构。

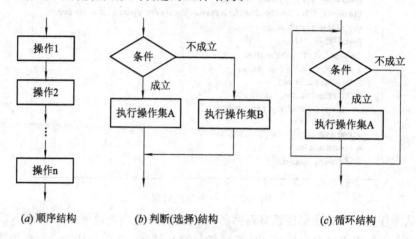

(a) 顺序结构　　　　(b) 判断(选择)结构　　　　(c) 循环结构

图 1.14　三种结构的流程图表示

例 1.1　用流程图的形式表示求若干个整数之和的算法。

分析：前面已通过一个具体例子给出了求 5 个整数之和的算法，这个算法需要使用循环结构。图 1.15 给出了用流程图描述的求和算法。

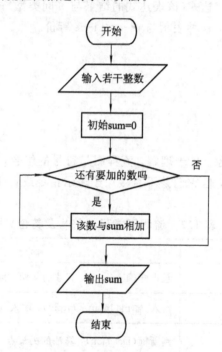

图 1.15　求和算法的流程图表示

例 1.2　用流程图的形式表示求一组整数中最小数的算法。

分析：在输入一组整数后，先检查第一个数，因为这是第一个数，所以可以认为这个数就是目前得到的最小数，把这个数保存在变量 min 中。接着检查第二个数，将第二个数与 min 中的值进行比较，如果比 min 小，则修改 min 中的值为第二个数，现在 min 中的值就是目前找到的最小数。重复上述过程，依次检查剩下的数，直至将这一组数全部处理完，此时 min 中的值就是这组数中的最小数。

图 1.16 用流程图形式表示了求最小数的算法。

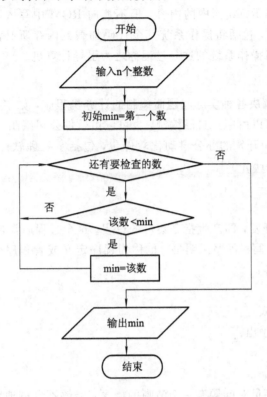

图 1.16 求最小数算法的流程图

1.4 编程语言和编译

利用计算机来解决问题包含了两个不同概念的步骤。第一就是要开发一个算法或者选择一个现有的算法来解决编程者的问题。这个过程我们称为算法设计。第二个步骤是用某种编程语言编写一个程序来表示编程者的算法，这个过程我们称为编码。

1.4.1 什么是程序

程序(Program)是指令的集合，它们告诉计算机如何对数据进行处理以获得编程者需要的信息，也是计算机在完成某项任务时必须严格遵循的。而指令则是由编程语言，如BASIC、C、Java 的语句构成的。程序和软件(Software)这两个词可以互换使用。

软件主要有两大类：系统软件和应用软件。

1. 系统软件

系统软件是指管理、监控和维护计算机资源以及开发其他软件的计算机程序，包括操作系统、程序设计语言处理程序、支持软件等。其中最重要的是操作系统，它是控制和管理计算机的核心，用来对计算机系统中的各种软、硬件资源进行统一的管理和调度。它也是人和计算机的操作界面，我们使用计算机就是和操作系统打交道，我们学习使用计算机就是学习操作系统的使用。常用的操作系统有 DOS、Windows、UNIX 等。

操作系统的部分程序永久存储在只读存储器(ROM)芯片中，以便计算机开机后即可使用。计算机可以读出 ROM 当中的内容，但不能向 ROM 中写入数据。操作系统保存在 ROM 中的这部分程序，包括将操作系统其余代码加载到内存所必需的指令，这些代码一般存储在磁盘上。加载操作系统的这一过程称之为引导计算机。

2. 应用软件

应用软件是指为解决各种实际问题而编制的计算机程序，如字处理应用软件、学籍管理系统等。应用软件可以由用户自己编制，也可以由软件公司编制。如 Microsoft Office 就是微软(Microsoft)公司开发的办公自动化软件包，包括字处理软件 Word、表格处理软件 Excel、演示软件 Powerpoint 等。

1.4.2　什么是编程

编程也称为软件开发，即产生指令集合的过程。这个过程通常包含以下 6 个步骤：

(1) 程序说明书编写。程序说明书，也称为程序定义或者程序分析。它需要编程人员详细说明以下 5 项内容：

① 程序的目标；

② 程序所需的输入；

③ 程序所期望的输出；

④ 处理要求；

⑤ 文档要求。

这些内容要求程序员对问题有一个清晰的概念，能够不含糊地对问题进行陈述，从而对解决问题的要求有一个准确的理解。

(2) 程序设计。在此阶段，要求逐步写出算法的一系列步骤来解决问题并验证算法能否达到预定目的。这需要借助编程技术(例如结构化编程技术)来得到解决问题的步骤。结构化编程技术包括自顶而下程序设计、伪代码、流程图和逻辑结构。

所谓自顶而下程序设计，就是要列出程序的主要处理步骤或者要解决的各个子问题，然后通过解决每个子问题来解决最终的问题。这些子问题也被称为程序模块(Program Modules)。所以这种方法就是把复杂的大的任务分解成为简单的小的任务，然后各个击破、分而治之。理论上任何程序模块可以用以下三种逻辑结构来实现：顺序、分支和循环。使用这三种结构可以编写出所谓的结构化程序。

(3) 程序编码。编码是使用某种编程语言来实际编写程序。程序员必须将算法中的每个步骤转化为程序设计语言的一条或者多条语句。

(4) 程序测试。它就是要检验写好的程序是否能够像预想的一样工作。编程人员通常也称测试为调试(Debug)，就是要消除程序的语法和逻辑错误，找出程序中的"虫子(Bug)"。

语法错误是指违反编程语言规则的错误。例如，在 C 语言中所有的语句都必须以分号(Semicolon)结束，如果某条语句省略了分号，程序将因为这个错误而无法正常运行，如图 1.17 所示。

逻辑错误是指程序员使用了不恰当的计算方法或者遗漏了某个编程步骤等。

图 1.17 编译器进行语法检查

常见的错误测试方法包括：

• 台面测试(Desk Checking)：是常常被忽略的重要测试部分，程序员必须像计算机那样对程序代码的每一行进行仔细检查以寻找其中的语法和逻辑错误，并检验程序执行是否如期望所想。

• 带有样本数据的手工测试(Manual Testing with Sample Data)：利用正确和错误的数据手工地对程序的执行过程进行检查。

• 编译测试(Attempt at Translation)：程序要在计算机上执行，必须依靠编译器进行翻译。编译器试图把程序员所编写的编程语言代码(如 C 代码)翻译成机器语言。在此过程中，程序必须是没有语法错误的，只有这样才能被正确地翻译成机器语言。语法错误往往可以通过编译器来识别，如图 1.17 所示。

• 带有样本数据的计算机测试(Testing Sample Data on The Computer)：纠正完所有的语法错误后，就要使用各种样本数据测试程序的逻辑错误。

• 潜在用户测试(Testing by a Select Group of Potential Users)：有时也称为 Beta Testing，这通常是程序测试的最后一个步骤，由潜在的用户对程序进行测试，并反馈回测试意见。

(5) 程序建档。建档(Documenting)就是对程序的目的和处理过程进行记录。所建程序文档包含了程序功能的描述、程序的处理流程和使用手册。建档贯穿整个软件生命周期，只不过到此步骤为止，所有以往的文档必须进行重新检查和完善，以得到最终的程序文档。程序文档对于所有潜在的同程序有关的用户来说都是非常重要的。例如：对于程序的使用者，必须明确告诉他如何使用你的软件，有些公司甚至还为此专门进行用户使用的培训；对于编程人员，随着时间的流逝，自己都有可能忘记当初此程序是如何编写的，更不用说后续参与到软件开发的人员。因此，为了易于程序的后期更新和维护，所建程序文档应当足够详细，尽量提供各种文字信息、程序的执行流图、程序列表、样本输出结果以及程序与系统的依赖关系等。

(6) 程序维护。程序维护的目的是确保当前程序能正确无误地、高效地、稳定地运行。随着软件的复杂程度日益增加，不可避免地存在各种各样的软件缺陷。通过程序维护可以改正先前没有被发现的错误并从而保持软件最新。很多软件公司对程序要维护五年甚至更长时间，因此其费用往往很高，占应用程序整个寿命开支的 75% 左右。

1.4.3　编程语言的分类

计算机语言（Computer Language）指用于人与计算机之间通信的语言。语言分为自然语言与人工语言两大类。自然语言是人类在自身发展的过程中形成的语言，是人与人之间传递信息的媒介。人工语言指的是人们为了某种目的而自行设计的语言。计算机语言就是人工语言的一种，它是人与计算机之间传递信息的媒介。

计算机语言通常是一个能完整、准确和规则地表达人们的意图，并用以指挥或控制计算机工作的"符号系统"。计算机语言通常分为三类，即机器语言、汇编语言和高级语言。

图 1.18 给出了 C 语言指令 a＝a＋1；所对应的汇编语言代码和机器语言代码。

图 1.18　C 语言、汇编语言和机器语言代码

1. 机器语言

机器语言是用二进制代码表示的计算机能直接识别和执行的一种机器指令的集合。它是计算机的设计者通过计算机的硬件结构赋予计算机的操作功能。机器语言具有灵活、直接执行和速度快等特点。

不过，编程人员很少用计算机能够直接理解的语言编程，因为这种机器语言是一串串二进制数的集合。编程人员要首先熟记所用计算机的全部指令代码和代码的涵义。例如，1000001111000000 表示加法指令，用 1000001111101000 作为减法指令，使计算机执行一次减法。编程序时，程序员得自己处理每条指令和每一数据的存储分配及输入/输出，还得记住编程过程中每步所使用的工作单元处在何种状态。这是一件十分繁琐的工作，编写程序花费的时间往往是实际运行时间的几十倍或几百倍。而且，编出的程序全是些 0 和 1 的指令代码，直观性差，还容易出错。机器语言通常没有统一的标准，不同型号的 CPU 都有各自的机器语言。

2. 汇编语言

为了克服机器语言难读、难编、难记和易出错的缺点，人们就用与代码指令实际含义相近的英文缩写词、字母和数字等符号来取代指令代码（如用"add eax，1"代表一次加法，用"sub eax，1"代表一次减法），于是就产生了汇编语言。所以说，汇编语言是一种用助记符表示的仍然面向机器的计算机语言。汇编语言亦称符号语言。汇编语言是采用助记符号来编写程序的，比用机器语言的二进制代码编程要方便些，这在一定程度上简化了编程过程。汇编语言的特点是用符号代替了机器指令代码，而且助记符与指令代码一一对应，基本保留了机器语言的灵活性。使用汇编语言能面向机器并较好地发挥机器的特性，得到质量较高的程序。

汇编语言中由于使用了助记符号，用汇编语言编制的程序送入计算机，计算机不能像用机器语言编写的程序一样直接识别和执行，必须通过预先放入计算机的"汇编程序"的加工和翻译，才能变成被计算机识别和处理的二进制代码程序。用汇编语言等非机器语言书写好的符号程序称为源程序，运行时汇编程序要将源程序翻译成目标程序。目标程序是机器语言程序，它一经被安置在内存的预定位置上，就能被计算机的 CPU 处理和执行。

汇编语言的实质和机器语言是相同的，都是直接对硬件操作，只不过指令采用了英文缩写的标识符，更容易识别和记忆，因而仍然是面向机器的语言，使用起来还是比较繁琐，通用性也差。汇编语言是低级语言。但是，汇编语言用来编制系统软件和过程控制软件，其目标程序占用内存空间少，运行速度快，有着高级语言不可替代的用途。

3. 高级语言

不论是机器语言还是汇编语言，都是面向硬件具体操作的，语言对机器的过分依赖，要求编程人员必须对硬件结构及其工作原理都十分熟悉，这对非计算机专业人员是难以做到的，对于计算机的推广应用也是不利的。计算机事业的发展，促使人们去寻求一些与人类自然语言相接近且能为计算机所接受的语意确定、规则明确、自然直观和通用易学的计算机语言。这种与自然语言相近并为计算机所接受和执行的计算机语言称为高级语言。

高级语言是目前绝大多数编程者的选择。和汇编语言相比，它不但将许多相关的机器指令合成为单条指令，并且去掉了与具体操作有关但与完成工作无关的细节，例如使用堆栈、寄存器等，这就大大简化了程序中的指令。同时，由于省略了很多细节，编程人员也就不需要有太多的专业知识。

高级语言接近人们习惯使用的自然语言和数学语言，使人们易于学习和使用。人们认为，高级语言的出现是计算机发展史上一次惊人的成就，使千万非专业人员能方便地编写程序，按人们的指令操纵和使用计算机。

语言进化和抽象过程如图 1.19 所示。

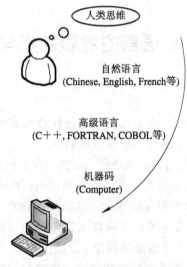

图 1.19　语言进化和抽象过程

例如要完成两个数的相加，可以用以下语句来实现：

a＝a＋1;

这条语句表示"将变量 a 与 1 的值相加并把结果存入变量 a(替换 a 原来的值)"。

高级语言主要是相对于汇编语言而言的,它并不是特指某一种具体的语言,而是包括了很多编程语言,常用的高级语言有:BASIC(适合初学者应用和应用程序)、FORTRAN(用于科学计算)、C(用于编写系统软件)、C++(可应用于编写桌面程序及游戏后台开发等)、Java(和 C++都是面向对象程序设计语言,可用于 Web 应用程序、分布式系统及嵌入式系统等)及 Python(应用于系统管理任务的处理和 Web 编程)等。不同的语言有其不同的功能,人们可根据不同领域的需要选用不同的语言。高级语言是面向用户的语言。无论何种机型的计算机,只要配备上相应的高级语言的编译或解释程序,则用该高级语言编写的程序就可以通用。

计算机并不能直接地接受和执行用高级语言编写的源程序,源程序在输入计算机时,通过"翻译程序"翻译成机器语言形式的目标程序,计算机才能识别和执行。但是计算机高级语言只定义了程序的属性而不是程序的执行方式,理解这一点很重要。程序执行一般有两种方式,即解释方式和编译方式。

· 解释方式:执行方式类似于我们日常生活中的"同声翻译",每当源程序进入计算机时,解释程序边扫描边解释,对逐句输入进行翻译,而计算机则一句句执行,并不生成可独立执行的可执行目标程序。因此应用程序无法脱离其解释器独立运行,但这种方式比较灵活,可以动态地调整、修改应用程序。

· 编译方式:编译是指在应用源程序执行之前,就将程序源代码"翻译"成目标代码(机器语言),因此其目标程序可以脱离其语言环境独立执行,使用比较方便、效率较高。但应用程序一旦需要修改,必须先修改源代码,再重新编译生成新的目标文件(＊.OBJ)才能执行。如果只有目标文件而没有源代码,修改起来很不方便。现在大多数的编程语言都是编译型的,例如 Visual C++、Visual Foxpro、Delphi 等。程序被编译之后,源代码对程序的执行就毫无意义了。

1.5　C 语言的发展简史与优点

1. C 语言的发展简史

C 语言是国际上广泛流行的、很有发展前途的计算机高级语言。它适合于作为系统描述语言,既可用来写系统软件,也可用来写应用软件。

C 语言是第三代语言(面向过程的高级语言,第一代为机器语言,第二代为汇编语言)。以前的操作系统等系统软件主要是由汇编语言编写的(包括 UNIX 操作系统在内)。由于汇编语言依赖于计算机硬件,程序的可读性和可移植性都比较差。为了提高可读性和可移植性,最好改用高级语言,但一般高级语言难以实现汇编语言的某些功能(汇编语言可以直接对硬件进行操作,例如,对内存地址的操作、位操作等)。人们设想能否找到一种既具有一般高级语言特性,又具有低级语言特性的语言,集它们的优点于一身。于是,C 语言就在这种情况下应运而生了。

C 语言是在 B 语言的基础上发展起来的,它的根源可以追溯到 ALGOL 60。1960 年出现的 ALGOL 60 是一种面向问题的高级语言,它离硬件比较远,不宜用来编写系统程序。

1963 年英国的剑桥大学推出了 CPL(Combined Programming Language)语言,CPL 语言在 ALGOL 60 的基础上接近硬件一些,但规模比较大,难以实现。1967 年英国剑桥大学的 Martin Richards 对 CPL 语言作了简化,推出了 BCPL(Basic Combined Programming Language)语言。

1970 年美国贝尔实验室的 Ken Thompson 以 BCPL 语言为基础,又作了进一步简化,设计出了很简单的而且很接近硬件的 B 语言(取 BCPL 的第一个字母),并用 B 语言写了第一个 UNIX 操作系统,在 PDP-7 计算机上实现。但 B 语言过于简单,功能有限。1972 年至 1973 年间,贝尔实验室的 D. M. Ritchie 在 B 语言的基础上设计出了 C 语言(取 BCPL 的第二个字母)。C 语言既保持了 BCPL 和 B 语言的优点(精练、接近硬件),又克服了它们的缺点(过于简单、数据无类型等)。最初的 C 语言只是为描述和实现 UNIX 操作系统提供一种工作语言而设计的,1973 年,K. Thompson 和 D. M. Ritchie 两人合作把 UNIX 的 90% 以上代码用 C 改写(即 UNIX 第 5 版,原来的 UNIX 操作系统是 1969 年由美国的贝尔实验室的 K. Thompson 和 D. M. Ritchie 开发成功的,是用汇编语言写的)。

后来,C 语言被多次改进,但主要还是在贝尔实验室内部使用。直到 1975 年 UNIX 第 6 版公布后,C 语言的突出优点才引起人们的普遍注意。随着 UNIX 的日益广泛使用,C 语言也迅速得到推广,C 语言和 UNIX 可以说是一对孪生兄弟,在发展过程中相辅相成。1978 年以后,C 语言已先后移植到大、中、小、微型机上,已独立于 UNIX 和 PDP 了。现在 C 语言已风靡全世界,成为世界上应用最广泛的几种计算机语言之一。

以 1978 年发表的 UNIX 第 7 版中的 C 编译程序为基础,Brian W. Kernighan 和 Dennis M. Ritchie(合称 K&R)合著了影响深远的名著《The C Programming Language》,这本书中介绍的 C 语言成为后来广泛使用的 C 语言版本的基础,它被称为标准 C。1983 年,美国国家标准化协会(ANSI)根据 C 语言问世以来各种版本对 C 的发展和扩充,经过 6 年时间的修订,于 1989 年发布了新的标准,称为 ANSI C 或者 C89。

ANSI C 比原来的标准 C 有了很大的发展。目前流行的 C 编译系统都是以它为基础的。本书的叙述基本上以 ANSI C 为基础。目前广泛流行的各种版本 C 语言编译系统虽然基本部分是相同的,但也有一些不同,读者可以参阅相关计算机系统的 C 语法手册。

1999 年 ISO 发布了新的 C 语言标准,通常称为 C99。C99 基本保留了 C89 的全部特性。新标准的主要改进包括以下两个方面:增加了数据库函数和开发了一些专门的新特性,例如可变长度数组和 restrict 指针修饰符。2011 年 12 月,ISO 又正式发布了新的标准,称为 ISO/IEC 9899:2011,简称为 C11。

2. C 语言的优点

在最近 20 年里,C 已经成为一种最重要的、最流行的程序设计语言。它是在人们的尝试与喜爱之中成长起来的。当用户学习 C 语言的时候,将体验到它的很多优点。

C 语言的优点如下:

(1) 设计时的考虑。C 是一种融入强大控制功能的新式语言。计算机科学的理论和实践认为,这些控制功能都是需要的。C 的设计使得用户自然而然地去采用自顶向下的、结构化的程序设计原则以及模块化的设计方法,从而获得更加可靠、更加易于理解的程序。

（2）效率。C 的效率非常高，它的设计充分发挥了当代计算机各方面的效能。事实上，C 提供了通常仅与汇编语言相联系的某些精细的控制。只要用户愿意，尽可能地微调自己的程序，以达到最快的速度，或者最有效地利用内存。

（3）可移植性。C 是一种可移植的语言。这意味着在一个系统上编制的 C 程序，只需很少的修改，甚至无需修改，即可在别的系统上运行。如果修改是必要的，那么，这些修改仅仅是在伴随主程序的头（Header）文件里变动几个项目。就可移植性而言，C 是领先者，C 编译器可供大约 40 个系统使用，它们运行在从八位的微处理器直至 Cray 超级巨型机上。

（4）高效而灵活。C 高效而灵活（计算机文字中的两大褒义词），例如，高效、灵活的 UNIX 操作系统大部分是用 C 编写的，其他的语言——诸如 FORTRAN，Pascal、LISP、BASIC 等的编译器和解释程序均以 C 来编制。因此，当用户在一台 UNIX 机器上使用 FORTRAN 的时候，归根结底，是一个 C 程序为用户生成了最终的可执行代码。C 程序已被用来求解各种物理和工程等问题，甚至为电影产生了特殊的动画效果。

（5）面向程序员。C 竭力迎合程序设计员的需要。它允许用户访问硬件，放手让用户去操作内存中的每个字节位。C 的运算符有多种选择，使用户得以简洁地表达自己的意见。C 在限制用户方面，不如 Pascal 那么严格。这既是优点，又很危险。说它是优点，因为许多工作在 C 语言里极其简单；说它危险，因为 C 使用户犯一些在其他语言里不可能有的错误，C 给用户更多的自由，同时也赋予更大的责任。

1.6 C 语言的定义

C 语言通常被称为中级计算机语言。这并非贬义，也不是说它功能差或难以使用，或者比其他高级语言原始。相反，C 语言之所以被称为中级语言，是因为它把高级语言的最佳元素同汇编语言的强有力的控制结构和灵活性结合起来了。

作为中级语言，C 允许对位、字节和地址这些计算机功能中的基本成分进行操作，因此非常适合编写经常进行上述操作的系统程序。尽管如此，C 语言程序还是非常容易移植的。所谓可移植指的是，易于把为某种计算机编写的软件改写到另一种机器或者操作系统上。例如，为 DOS 系统写的一个程序，能够方便地改为在 Windows 2000 系统下运行。

不像高级语言那样，C 几乎不进行运行时的错误检查，例如不检查数组边界是否溢出。检查运行时的错误完全交给程序来处理。

1.7 C 语言的使用

正如前面所述，C 是一种编译型语言。在接下来的章节中，我们将指导读者经历从 C 编程目标到最终可执行程序的全过程。首先，为了让读者对 C 程序设计有一个大概的了解，我们把 C 程序的编写活动分解成七个步骤。在实际当中，特别是针对较大的软件项目，程序员可能需要在这些步骤之间进行反复，利用后续步骤所学知识来改进前面的步骤。

步骤一，确定程序目标。

不言而喻，程序员打算让这个程序干什么，在编程的最初就应当有清晰的思路。对程序所需要的信息、程序所要完成的计算和操作技巧以及程序应当返回的结果都应当有明确的思路。在程序规划阶段中，应当概括性地对程序的目标有所考量，而不是使用某种特定的计算机语言来考虑问题。

步骤二，设计程序。

一旦对这个程序该做什么有了概念上的描述，下面就要确定程序该如何做。如用户界面应该像什么样子？程序该如何组织？最终用户是谁？需要多长时间完成？

程序员同样还得确定如何表示程序里的数据，以及采用哪些方法处理这些数据。这在刚开始学习 C 语言编程时，问题都比较简单，对数据的处理也相对简单。而当面临复杂问题时，学习者会发现做出这些决策需要更多的思考。选择一种好的信息表示方法，常常能够使程序的设计和数据的处理更为容易。

同样在这个阶段，我们应该用常见的算法表示方法来设计程序，而不是某种特定的语言代码。

步骤三，编写代码。

一旦对程序的设计有了清楚的认识，就可以着手编写代码去实现。这意味着把程序的设计翻译成 C 语言代码。这也是真刀真枪地运用 C 知识的过程。一般而言，程序员使用文本编辑器来创建源代码(Source Code)文件。该文件是用户对程序设计的 C 语言再现，也是一个 C 程序生命周期的开始。图 1.20 给出的 hello 程序是由 K&R 合著的《The C Programming Language》给出的第一个 C 源程序。

```
#include <stdio.h>

int main ()
{
    printf("hello, world\n");
}
```

图 1.20　hello 程序

该源程序可以由程序员通过编辑器创建并保存为文本文件，文件名就是 hello.c。源程序实际上就是由一系列的字节组成的，每个字节表示程序中的一个文本字符。采用的具体编码格式遵循 1.2 节的 ASCII 码规则。实际上就是用一个唯一的字节大小的整数值来表示每个字符，如图 1.21 给出了 hello.c 源程序的 ASCII 码表示。

在图 1.21 中，⟨sp⟩表示空格，其 ASCII 值为 32。由图 1.21 可知，hello.c 程序实际上就是以字节序列的形式保存的磁盘文件，也称为文本文件。每个字符对应一个整数值。例如第一个字节的整数值 35 对应于字符"♯"；第二个字节的整数值 105 对应于字符"i"。值得注意的是，每一行文本都是以不可见的换行(Newline)字符"\n"结束，其整数值为 10。

#	i	n	c	l	u	d	e	\<sp\>	<	s	t	d	i	o	.
35	105	110	99	108	117	100	101	32	60	115	116	100	105	111	46
h	>	\n	\n	i	n	t	\<sp\>	m	a	i	n	(	)	\n	{
104	62	10	10	105	110	116	32	109	97	105	110	40	41	10	123
\n	\<sp\>	\<sp\>	\<sp\>	\<sp\>	p	r	i	n	t	f	(	"	h	e
10	32	32	32	32	112	114	105	110	116	102	40	34	104	101	108
l	o	,	\<sp\>	w	o	r	l	d	\	n	"	)	;	\n	}
108	111	44	32	119	111	114	108	100	92	110	34	41	59	10	125

图 1.21　hello.c 的 ASCII 码文本表示

hello.c 文件的这种表示再次说明一个基本的概念：计算机系统内的所有信息都是用比特串的模式来表示的。

作为本步骤的组成部分，程序员应该为自己所做的编程工作编写文档。利用 C 语言的注释机制在源代码中加入对程序的说明。

步骤四，编译。

本步骤是对源代码进行编译，其具体细节依赖于用户的程序设计环境。在此我们只对编译作一个概念性的讨论。

C 源程序是用高级编程语言编写而成的。尽管对程序员来说用高级语言来表示解决问题的方案要来得容易，但是计算机无法理解其具体含义，也就无法直接执行一个 C 源程序。因此，必须借助其他程序把源代码中的 C 语句转换成低级的机器语言指令序列，才能在计算机上执行。负责完成翻译转换的程序称为编译程序或者编译器。图 1.22 显示了编译器在高级语言程序的开发和调试过程中的作用。

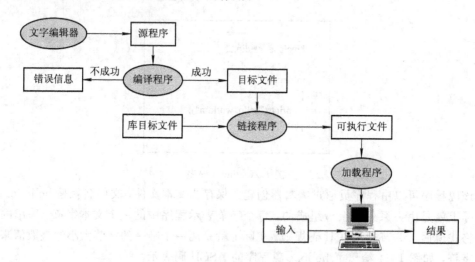

图 1.22　输入、编译、运行高级语言程序

首先，编译器本身也是一个程序，它的任务就是把文本类型的源程序转换成为二进制格式的目标程序，也称为目标文件。目标程序由计算机的母语或者机器语言组成。这种语言包含各种用数字代码表示的详细指令。如果对 hello.c 源程序进行编译，编译器将创建

一个名为 hello.obj 的目标文件。

　　虽然目标文件包含机器指令，但并非所有指令都是完整的。C 语言为软件开发人员提供了许多完成特定操作的称为程序块的代码——函数，它们存储在系统可以访问的其他目标文件中。C 程序库包含大量的标准程序，比如 printf() 和 scanf() 输入/输出函数。这些程序可以用于程序员自己编写的代码中。链接器(Linker)程序把这些预制的函数和编译器所创建的目标代码链接起来形成一个完整的可执行文件(如 hello.exe)，其中包含了计算机可以理解的代码，它可以由用户在计算机上运行。

　　编译器也检查用户程序语法是否合法。倘若编译器发现错误，那么它把出错信息报告给用户，并且不会生成最终的可执行文件。

　　步骤五，执行程序。

　　如果 hello.exe 仅仅是存储在用户的磁盘上，则它不会做任何事。

　　按照惯例，可执行文件就是用户可运行的程序。在包括 MS-DOS，UNIX，Linux 控制台在内的很多常见环境下的运行程序，只需要输入可执行文件的名字即可。而在集成开发环境中，如微软的 Windows VC++，允许用户使用菜单选项或者特殊按键来编辑和执行 C 程序。当然，这些程序也可以在操作系统中通过双击文件或者图标来运行它们。

　　要执行它，加载程序必须把全部指令复制到内存，并指示 CPU 从第一条指令开始执行。

　　Shell 就是命令解释程序，它一直处于等待用户输入命令状态。当我们通过键盘输入"hello"时，命令解释程序把每个字符读入寄存器，然后保存到内存中，如图 1.23 所示。

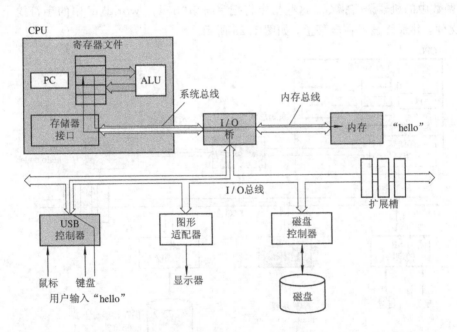

图 1.23　从键盘读入 hello 命令

　　当最后按回车键时，命令解释程序就知道我们已经输完整条命令。此时，命令解释程序就会加载 hello 可执行文件，也就是把 hello 目标文件的代码和数据从磁盘拷贝到内存中。通过使用 DMA(Direct Memory Access)技术，数据被直接送入内存，而不是通过处理器中转，如图 1.24 所示。

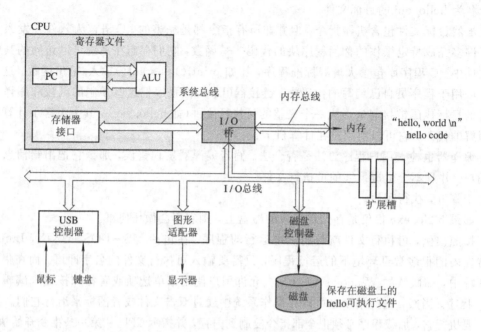

图 1.24 把可执行文件从磁盘加载到内存中

一旦 hello 目标文件的代码和数据被加载到内存中，处理器开始执行 hello 程序内 main 函数中的机器语言指令。这些指令将把字符串"hello, world\n"中的字符挨个送入寄存器文件，并最终显示在屏幕上，如图 1.25 所示。

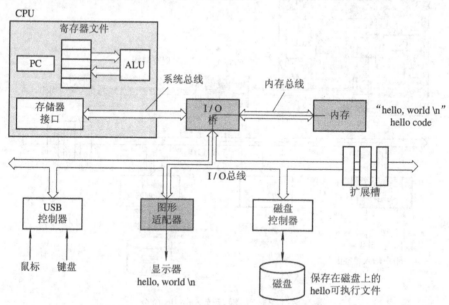

图 1.25 从内存输出字符串到显示器

步骤六，程序测试与调试。

程序可以运行，这是一个好兆头。然而，运行的结果不正确也是很有可能的。因此，用户应当检查程序是否在做它应该做的事情。用户会发现，自己的程序可能存在某些差错，即虫子(Bug)。调试(Debugging)就是寻找并纠正这些错误的过程。程序存在缺陷,这本身就是学习语言编程的一个部分,也是一种非常正常的现象,是编程工作所固有的。因此,学习语言编程就是要从错误提示中不断地去纠正自己所犯的错误。随着自己编程能力的提高,用户所犯的错误也将变得更加隐蔽和更加难以捉摸。

用户在很多地方都容易出错,可能是设计上的错误;想法不错,可是设计不正确;或许忽略了一个意外的输入;打字错误;括号位置不对等等。幸运的是,编译器能够捕获大多数的错误,而且开发环境通常还会提供大量的辅助工具帮助用户监视程序的一举一动,最终经过无数次的调试编译,用户会得到一个正确的程序。

步骤七,程序维护与更新。

当程序员为自己或者其他人创建了一个程序,这个程序可能得到了广泛的使用。倘若的确如此,那么程序员大概会有各种各样的理由去修改它。这或许是因为程序还存在一个细小的缺陷;也许,是程序员想出了一种更好的解决方法来完成程序中的某个功能;或者是为程序添加一个新的功能;或者是需要把程序移植到不同的计算机系统。所有这些任务,如果是在程序有非常清晰的、完整的文档和遵循合理的设计原则下,那么,实现起来将会简单得多。

程序设计并不总是像我们刚才所述的那样是一个线性系统。有的时候,用户将不得不在各个步骤之间来回反复。读者大多具有轻视步骤一(确定程序目标)和步骤二(设计程序)的倾向,直接进入步骤三(编写代码)。读者最初编写的程序都很简单,以至于可以在头脑里想象出整个过程,发生错误时也容易查清。当程序逐渐变大、变复杂时,思维的可视性开始失效,错误随之难以查找。最后,当忽略计划步骤的用户编写出晦涩难懂的、功能恶化的程序时,就要浪费很多时间,才能让程序从混乱状态中恢复正常。

1.8 C 程 序 举 例

在给出 C 程序实例之前,我们先对 C 程序中的 main 函数格式做简单的说明。为方便初学者理解,本书使用的示例程序大多使用 main()或 void main()的简单形式,这些形式在 ANSI C 中都是可以接受的,但目前有些编译器(如 Visual C++ 6.0)并不支持这种形式。在 C99 中对 main 函数的标准定义一般为以下两种形式。

第一种形式:

```
int main (void)
{
    ⋮
    return 0;
}
```

第二种形式:

```
int main (int argc, char * argv[ ])
{
    ⋮
    return 0;
}
```

上述代码的含义随着后续课程的学习会逐步理解，在此暂不做说明。

如果读者使用的编译器不支持书中的 main 函数格式，可以遵循 C99 标准去修改。需要说明的是，到目前为止，没有哪个 C 编译器完全遵循 C99 标准，这都是为了让编译器兼容以前的代码，这也是为什么 C 标准十几年才修改一次的原因。当然，这并不代表新标准形同虚设，从发展趋势来看，C 编译器都会逐渐向新标准靠拢。

1.8.1　举例 1：Hello World

为了表示对 C 语言设计人员的敬意，我们介绍的第一个程序来自经典的 C 著作——《The C Programming Language》，由 Brian Kernighan 和 Dennis Ritchie 撰写。该程序的功能为显示"Hello World"字符串，几乎是所有的学习 C 语言编程的人都会碰到的、一个无处不在的程序。

程序本身（源代码）是作为一个文件保存在计算机系统的永久性存储器（如硬盘、U 盘）当中的。文件的名字可以是 Hello.c，其中后缀.c 表示这是一个 C 程序文件。

如图 1.26 所示，Hello.c 程序由三个部分组成：注释、库文件包含和主程序。尽管该程序的功能极其简单，就是在屏幕上打印输出"Hello, World."字符串，但是，Hello.c 程序的结构非常有代表性，在后续的程序举例中，读者甚至会发现，完全可以把它作为一种 C 程序的开发模版或者开发原型来使用。

```
/*
 * File：Hello.c
 * ------------
 * This program prints the message "Hello，World."
 * on the screen. The program is taken from the
 * classic C reference text "The C Programming Language"
 * by Brain Kernighan and Dennis Ritchis.
 */

#include <stdio.h>

main()
{
    printf("Hello，World.\n");
}
```

图 1.26　Hello.c 程序

1. 注释

Hello.c 的第一部分是英语注释，描述了程序的基本功能。在 C 语言中，只要是包含在"/*"和"*/"这一对标记内的所有的文字都被认为是注释（Comment）。注释可以跨越多行，例如，上述 Hello.c 程序的注释总共有八行。注释除了不能出现在关键词、变量名和函数名字的中间以外，它几乎可以出现在程序的任何地方。但是，在 C 语言中，注释不能出现在其他注释当中，即注释不能嵌套（Nested）。这也就意味着注释当中不能再有其他注释。一旦编译器发现开始标志"/*"，它就忽略后续的任何字符，直到碰到结束标志"*/"。因此，以下注释行是无效的和非法的，会导致编译出错。

注释是为不同的计算机用户编写的，而不是为计算机编写的。它们主要是对源代码的用途和含义进行说明，以利于用户在一段时间后，再回过头来阅读这些代码时能更好地记得和理解它们。这可以帮助编程人员和其他用户理解程序的功能和操作，也有助于对程序的调试和测试。

注释不影响程序的执行速度以及编译后程序的大小，我们应尽可能在需要的地方对程序进行注释。C编译器在把源代码翻译成可执行程序时，简单地忽略所有的程序注释。因此，用户也可以用注释临时移除一行代码，只要把这行代码用注释符号围起来即可。

2. 库文件包含

程序的第二部分包含以下代码行：

　　#include <stdio. h>

这行代码表示程序需要使用C语言提供的标准函数库（Library）。库是完成某些特定操作的函数集合。Hello.c程序使用的库是一个标准的输入/输出库（stdio是standard input/output的缩写）。如果用户的程序需要使用其他的C语言提供的函数，只要用命令#include 把它包含进来即可。

库的使用可以减轻编程人员的负担，提高软件的开发效率。读者很快会发现，几乎所有的程序或多或少地需要使用各种库函数。以.h结尾的文件我们通常称为头文件（Header File）。有关头文件的内容将在后续章节进行详细讨论。

3. 主程序

Hello.c文件的最后一部分是程序本身，包含以下代码行：

```
main()
{
    printf("Hello, World. \n");
}
```

这4行代码组成了C语言的第一个函数的例子。这个函数就是C语言的主函数——main()函数。所谓函数，指的是有机组合的单个程序步骤的序列，并给这些序列赋予一个名字，就是函数的名字。在此例当中，函数的名字就是第一行给出的main，通常也是所有C程序的标准开头。函数要执行的步骤则被列于一对花括号之间，通常称为语句（Statement）。每条语句都必须以分号结束。可以说，语句组成了函数的执行体。Hello.c程序的main()函数只包含一条语句。

每次用户在执行一个C程序时，计算机首先执行main()函数内的各条语句。因此main()函数是唯一一个必须在C程序内出现的函数，且只能有一个main()函数。在Hello.c程序中，main函数内只包含一条语句：

　　printf("Hello, World. \n");

这条语句使用了标准输入/输出库当中的printf()函数。要使用这个函数必须在程序的开头部分加入以下代码：

　　#include <stdio. h>

printf和main一样，都是函数的名字，都表示特定的操作序列。要完成这些操作序列，只要直接使用各自的函数名即可。在编程环境下，使用名字来引用函数的行为被称为函数的调用（Call），因此，下列语句：

    printf("Hello, World. \n");
表示调用 printf() 函数。

在调用函数时，除了需要有函数名字表示要执行什么操作以外，通常还需要提供额外的一些信息。例如，printf() 的功能是在屏幕上显示数据，那这些数据是什么呢？在 C 语言中，这些额外的数据是通过函数名后面的括号当中的参数（Argument）列表来提供的。这些参数所提供的信息可以被函数所使用。在 printf() 函数中，只有一个参数，就是字符序列，或者称为字符串，它们用双引号括起来，如下：

    "Hello, World. \n"

这个字符串就是提供给 printf() 函数的数据，它们将最终显示在计算机屏幕上。对于这个唯一的参数，printf() 函数负责依次显示 H、e、l 等字符，直到整条消息都出现在屏幕上为止，如下：

    Hello, World.

字符串的最后一个字符"\n"是一个特殊字符，称为换行符（newline）。当 printf() 函数碰到一个换行符，屏幕上的光标就会移到下一行的开始，正如在键盘上按回车键（Return）的效果。在 C 程序当中，程序必须用换行符来标记每行的结束，否则，所有的输出都将连在一起。

在继续深入讨论 C 语言之前，我们必须注意的一点：C 语言是区分大小写的。也就是说，printf 和 Printf 是完全不同的两个名字。在 C 语言里，表示常数的符号名一般用大写，其他则都用小写。

1.8.2 举例 2：两个数相加

以下示例程序完成两个数的相加并显示结果。

```
/*   Program ：  Addition                    line—1    */
/*   Author  ：  Hu Jian_Wei                 line—2    */
/*   Date    ：  2006—06—06                  line—3    */
# include <stdio. h>                 /*   line—4    */
main()                              /*   line—5    */
{                                   /*   line—6    */
     int number;                    /*   line—7    */
     float amount;                  /*   line—8    */
                                    /*   line—9    */
     number = 100 ;                 /*   line—10   */
                                    /*   line—11   */
     amount = 30.75 + 70.35;        /*   line—12   */
                                    /*   line—13   */
     printf("%d\n",  number);       /*   line—14   */
     printf("%5.2f", amount);       /*   line—15   */
}                                   /*   line—16   */
```

前三行是程序的注释行。在一个程序的开始部分使用注释对程序的名字、作者、日期等进行说明是一种非常好的编程习惯。在其他行，还通过注释对代码行进行了编号。

单词 number 和 amount 是变量的名字，它们用于存储数值数据。数值数据可以是整数（Integer），也可以是实数（Real）。在 C 语言当中，所有的变量都必须在使用前进行定义或者声明（Declaration），否则编译器无法知道变量的数据类型，也就无法知道它可以用来存储哪种数据。在代码行 7 和 8，声明

    int number;
    float amount;

告诉编译器 number 是整数变量（int 是 integer 的缩写），而 amount 是一个浮点数（float）变量。变量的声明语句必须在每个函数的最开始部分出现。同样它作为语句必须用分号结束。

单词 int 和 float 称为关键字，它们不能用于定义变量的名字。

代码行 10 是给变量赋值。整数值 100 赋给了变量 number，在代码行 12 两个实数相加的结果赋给了变量 amount。而语句：

    number = 100 ;
    amount = 30.75 + 70.35;

称为赋值语句。同样赋值语句也是以分号结束。

打印语句：

    printf("%d\n", number);

包含两个参数。第一个参数"%d"告诉编译器第二个参数 number 的值用十进制整数格式进行显示。需要注意的是，这些参数之间用逗号隔开。换行字符"\n"使得下一个输出从下一行开始。

最后的语句：

    printf("%5.2f", amount);

以浮点格式打印出 amount 的值。格式限定符"%5.2f"告诉编译器：输出是浮点格式，而且输出结果占用 5 列，其中小数占 2 列。

本 章 重 点

◇ 计算机系统由软件和硬件组成。硬件建立了计算机应用的物质基础，而软件则提供了发挥硬件功能的方法和手段。它们相互依存，协同发展。

◇ 计算机系统的基本组成部件有 CPU、内存、总线、辅助存储设备、输入/输出设备。

◇ 计算机只认识"0"和"1"。必须用"0"和"1"的比特组合来表示各种不同类型的数据。

◇ 数制的表示以及相互之间的转换。

◇ 算法是解决确定性问题的一系列步骤，这些步骤必须是有穷的、确定的、有效的。

◇ 算法可以采用自然语言、伪代码和流程图表示。

◇ 算法用某种计算机语言来实现就是写程序、软件开发。

◇ 编程语言可以分为机器语言、汇编语言和高级语言。

◇ 程序开发的步骤包括程序说明书、程序设计、程序编码、程序测试、程序文档和程序维护。

习　题

1. 将十六进制数 4FEC 转换为八进制数。

2. 将十进制数 177 转换为二进制、八进制和十六进制数。

3. 一个数的 1 的补码加上其本身会得到什么结果？

4. 计算 16 位整数的机器上整数值 -1 的 2 的补码。

5. 1 的补码表示 01011001 所代表的整数是多少？

6. 用一个字节表示 $+73$ 的 1 的补码表示。

7. 用一个字节表示 -107 的 1 的补码表示。

8. 2 的补码表示 11011001 所代表的整数值是多少？

9. -26 的 2 的补码表示形式为多少（8 位整数）？

10. 如果 $R=+11$，$S=+3$，使用 2 的补码形式计算 $R-S$ 的结果（8 位整数）。

11. 图 1.27 是求 n! 的流程图，请改正（4 处错误）。

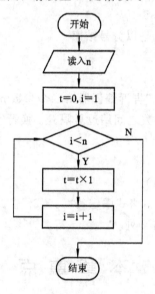

图 1.27　题 11 图

12. 模仿图 1.26 所示的程序，打印如图 1.28 所示的图形。

```
        *
      *   *
     *     *
      *   *
        *
```

图 1.28　题 12 图

13. 模仿 1.8.2 节的例子，编写输出三个数的和的程序。

14. 用流程图表示下列各题的算法：

① 交换两个存储单元 a，b 中的内容。

② 求 1＋2＋3＋…＋10。

③ 要求按从大到小顺序打印三个整数 a，b，c。

④ 依次将 10 个数输入，打印出其中的最小者。

⑤ 鸡兔同笼，已知鸡兔共有头 a 个，有脚 b 只，问鸡兔各是多少只？

⑥ 判断某数 n 是否为素数（只能被 1 和其本身整除的数）。

⑦ 判断某年 year 是否闰年（能被 4 整除且不能被 100 整除为闰年；或能直接被 400 整除也为闰年）。

15．main( )函数的作用是什么？

16．用流程图表示将一个十进制数转换为二进制数的算法。

第2章

C语言的基本数据类型及运算

2.1 标识符与关键字

2.1.1 标识符

标识符是 C 语言编程时用来标志识别某个对象的符号。可以定义各种标识符作为变量名、数组名、函数名、标号及用户定义对象的名称。

ANSI C 规定标识符必须是由字母或下划线开头，随后跟字母，数字或下划线任意组合而成的字符序列。下面是几个正确与不正确的标识符名称：

正确	不正确
count	1 count
test123	hi！there
high_balance	high．．balance
PI	a＋b

说明：

(1) 与有些程序设计语言的规定不同，在 C 语言中，标识符中大小写字母是有区别的。程序中基本上都采用小写字母表示各种标识符，如变量名、数组名、函数名等。书写的各种语句也均用小写字母，而大写字母只用来定义宏名等，用的不多。

(2) 不同的编译器对标识符的长度有不同的要求，有的要求为 6 个字符，有的允许使用 8 个字符，Visual C＋＋系统下的有效长度为 32 个字符。

(3) 除了少数工作单元我们用单个字符作标识符，一般的应做到见名知义，以提高程序的可读性。如用 sum 表示和，score 表示成绩，max 表示最大等等。

2.1.2 关键字

ANSI C 规定了 32 个关键字(保留字)，不能再用作各种标识符。下面列出 32 个关键字：

auto，break，case，char，const，continue，default，do，double，else，enum，extern，float，for，goto，if，int，long，register，return，short，signed，sizeof，static，struct， switch，typedef，union，unsigned，void，volatile，while

它们用来表示 C 语言本身的特定成分，具有相应的语义，可构成所有的 C 语言语句。

C 语言还使用下列 12 个标识符作为编译预处理的命令单词，但使用时前面应加"♯"：
define，elif，else，endif，error，if，ifdef，ifndef，include，line，progma，undef

关键字或命令单词后必须有空格、圆括号、尖括号、双引号等分隔符，否则会与其他字符一起组成新的标识符。如 ♯ define PI 3.1415。

2.2　数　据　类　型

程序处理的对象是数据。数据有许多种类，例如数值数据、文字数据、图像数据以及声音数据等，其中最基本的也是最常用的是数值数据和文字数据。

无论什么数据，在对其进行处理时都要先存放在内存中。不同类型的数据在存储器中的存放格式也不相同。即不同类型的数据所占内存长度可能不同，数据表达形式也可能不同，其值域（允许的取值范围）也各不相同。

在 C 语言中，数据类型可分为基本类型、构造类型和指针类型三类，如图 2.1 所示。

图 2.1　数据类型的分类

2.2.1　基本数据类型

1. 基本数据类型的分类

在 C 语言中有四种基本数据类型：字符型、整型、实型（单精度实型和双精度实型）和无值型。通常情况下，这些数据类型的长度（占内存二进制位数）和值域如表 2.1 所示。

表 2.1　C 语言基本数据类型的长度和值域

类　　型	二进制位长度	值　　域
char	8	−128～127
int	16	−32 768～32 767
float	32	3.4e−38～3.4e+38
double	64	1.7e−308～1.7e+308
void	0	Valueless

字符型(char)变量用于存储字符,也可存储 8 位二进制数。无论在何种环境下,其长度都是 8 位。

整型(int)变量用于存储整数。因其字长有限,故可表示的整数的范围也有限。

单精度实型(float)和双精度实型(double)变量用于存储实数,实数具有整数和小数两部分或是带指数的数据。表中的值域用绝对值表示。

无值型(void)有两种用途:第一是明确地表示一个函数不返回任何值;第二是返回 void * 类型的指针,可指向任何类型的数据。这两个用途都将在后续章节中讨论。

2. 类型修饰符

除了无值类型外,其他基本数据类型可以带有各种修饰前缀。修饰符用于明确基本数据类型的含义,以准确地适应不同情况下的要求。

类型修饰符种类如下:

signed	有符号
unsigned	无符号
long	长
short	短

上述四个修饰符可用于字符型和整型的基本类型,此外,long 还可用于双精度实型。整型数定义后的缺省状态为 signed 和 short 型,故此二修饰符可省略。

表 2.2 依据 ANSI 标准列举了全部允许的数据类型及它们的长度和取值范围。

表 2.2　C 语言基本类型及其修饰符的所有组合

类　　型	二进制位长度	值　　域
char	8	$-128 \sim 127$
unsigned char	8	$0 \sim 255$
signed char	8	$-128 \sim 127$
int	16	$-32\ 768 \sim 32\ 767$
unsigned int	16	$0 \sim 65\ 535$
signed int	16	$-32\ 768 \sim 32\ 767$
short int	16	$-32\ 768 \sim 32\ 767$
unsigned short int	16	$0 \sim 65\ 535$
signed short int	16	$-32\ 768 \sim 32\ 767$
long int	32	$-2\ 147\ 483\ 648 \sim 2\ 147\ 483\ 647$
unsigned long int	32	$0 \sim 4\ 294\ 967\ 295$
float	32	$3.4e-38 \sim 3.4e+38$(绝对值)
double	64	$1.7e-308 \sim 1.7e+308$(绝对值)
long double	128	$1.0e-4932 \sim 1.0e4931$(绝对值)

需要说明的是，不同的 C 编译器对各类数据所占内存字节数有不同的规定，如有的编译器规定 int 型占 16 位，有的占 32 位，具体上机时应注意。

2.2.2　构造数据类型

为了程序的处理方便，我们还需要构造其他数据类型来适应我们的需要。如处理一个句子时，用字符类型就需要很多简单变量，非常不方便，此时我们就需要构造一个字符数组（或字符串）来处理。

数组是一组连续、有序的存放在一起的具有相同类型的数据。

结构体是将不同类型的数据按一定顺序存放在一起的数据结构。

共用体是将不同类型的数据都存放在同一起始地址的内存单元中，共用一段内存以节省内存单元。

枚举，顾名思义，"枚"是量词，相当于"个"，"举"是指将变量的值——列举出来。实际上是用符号来表示若干个可取的整型值，它是整型的一个子集。

构造类型的内容我们将在后续章节中详细讨论。

2.2.3　指针类型

指针是 C 语言中一个重要的概念。正确而灵活地运用它，可以有效地表示复杂的数据结构；能动态分配内存；能方便地使用字符串；能有效而方便地使用数组；在调用函数时能得到"多于"一个的返回值；能直接处理内存地址等。

指针类型不同于前述各种数据类型，不管是简单类型的数据，还是构造类型数据，均是代表数据的，而指针类型是代表地址的。前述各种数据类型均要存放在内存中，不管其占用多少个内存单元，其第一个单元的地址是最重要的，可以利用这个地址来引用该类型的数据，故可以将此首地址存放在一个变量中，这个变量即是指针型变量，我们简称指针。指针是 C 语言的特色所在，既是重点又是难点，我们将在第八章详细讨论。

2.3　常　　量

在 C 语言中，常量具有固定的值，且在程序运行过程中保持不变。它们可以是任何一种类型的数据。

2.3.1　数值常量

数值常量我们平时也称为常数。从类型分有整型常量、单精度实型常量和双精度常量。

1. 整型常量

整型常量也称为整型常数或整数。

C 整型常量按进制分可分为十进制整数、八进制整数和十六进制整数。

1) 十进制整数

十进制整数以正、负号开头，后跟 0～9 的若干位数字构成。如 123，−459，0 等。

采用不同整型数据类型表示整数时，由于不同类型所占内存空间大小不一样，其表示范围也不一样。若占用字节数为 n，则该整数的取值范围为 $-2^{n-1} \sim 2^{n-1}-1$。如整型占两个字节，16 位，则其取值范围是 $-2^{16-1} \sim 2^{16-1}-1$，即在 $-32\,768 \sim 32\,767$ 之间。

2）八进制整数

八进制整数是以正、负号开头，第一位数字一定是 0，作为八进制的标志，后面跟 0～7 的数字。如八进制数 0123，相当于十进制数 83；八进制数 -012，相当于十进制数 -10。

3）十六进制整数

十六进制整数是以正、负号开头，前两位为 0x，后面跟 0～9 和 a～f 的数字。其中 a 代表 10，b 代表 11，其余类推。如十六进制数 0x123，相当于十进制数 291；十六进制数 -0x12，相当于十进制数 -18。

4）二进制数、字节、字、位

计算机内所有的信息均用二进制表示，即计算机内只有 0 和 1，也只认识由 0 和 1 组成的程序或数据。为什么在计算机中要使用二进制数呢？因为二进制数运算规则简单，用物理器材容易实现，如电压的高与低，开关的开与关，脉冲的有与无等等。

一个二进制数 0 或 1，称为"位"（bit）。

在计算机存储器中，为了便于管理，常将 8 个位称为一个"字节"（byte），每个字节存放在一个存储单元中，每个单元赋于一个存储地址。

由于二进制数位数太长，不易阅读，习惯上常用十进制表示数据，用十六进制来表示地址，编译程序会将其"翻译"成用二进制表示的机器指令。实际上，任何语言编写的程序，无论是 BASIC、Pascal 等高级语言，还是像 C 这样的中级语言，甚至已很接近机器语言的汇编语言都要翻译成二进制的机器语言，才能在计算机上运行。

2. 单精度实型常量

单精度实型常量也称为实数或浮点数。实数有两种表示形式：小数形式和指数形式。

1）小数形式

一个实数可以是正、负号开头，有若干位 0～9 的整数，后跟一个小数点（必须有），再有若干位小数部分。如 123.456，-21.37。数 12 用实数表示必须写成 12.0 或 12.。

一个实数有数值范围和有效位数的限制。实数的数值范围是 $3.4 \times 10^{-38} \leqslant |x| \leqslant 3.4 \times 10^{38}$，当小于 3.4×10^{-38} 时按 0 对待（下溢），而大于 3.4×10^{38} 时则上溢，一个溢出的数是无意义的。实数仅有 7 位有效数字，超过 7 位的将是不精确的。如 1.234 567 8，在计算机内仅保留为 1.234 567，第八位数无法保留而失去，并不是第八位向第七位四舍五入。当上面的数要求用小数五位表示时，则表达为 1.234 57，即第七位向第六位四舍五入。

2）指数形式

实数的指数形式也称为科学计数法。一个实数的指数形式分成尾数部分和指数部分。尾数部分可以是整数形式或小数形式，指数部分是一个字母"e"后跟一个整数。如 123e+01，-456.78e-01，0e0 等。由于实数仅有 7 位有效数字，因此在内存中用三个字节来表示尾数，用一个字节来表示指数，所以指数部分用两位整数来表示。

3. 双精度常量

当要表示的实数超过 3.4×10^{38} 时，我们可以用双精度常量来表达。

双精度常量的取值范围由 $1.7 \times 10^{-308} \leqslant |x| \leqslant 1.7 \times 10^{308}$，有效位可达 16 位左右。一

个数当超过长整型数表达范围或超过实数表达范围时均按双精度常量对待。一个双精度常量在内存中占 8 个字节。

2.3.2 字符常量

C 中如'a'，'A'，'+'，'?'等用单引号括起来的一个字符都是字符常量，它们以其 ASCII 码形式存储在内存中，每个字符在内存中占一个字节，而'a'和'A'是不同的字符常量。注意，字符常量在单引号内只是一个字符，当多于一个字符时是非法的。

C 的字符常量除了用单引号括起来的一个字符外，还有一类称为控制字符常量或转义字符常量，它们在表达时，单引号内是以"\"开头后跟转义字符，或八进制数，或十六进制数，它们可以是一类不可打印字符，代表某些功能，因此称为转义字符。具体内容如表 2.3 所示。

表 2.3　控制字符表示法

字符形式	功　　能	十六进制值	等效按键
\n	换行(LF)	0x0A	Ctrl+J
\t	横向跳格(HT)	0x09	Ctrl+I
\v	竖向跳格(VT)	0x0B	Ctrl+K
\b	退格(BS)	0x08	Ctrl+H
\r	回车(CR)	0x0D	Ctrl+M
\f	走纸换页(FF)	0x0C	Ctrl+L
\\	反斜杠字符"\"	0x5C	\
\'	单引号字符"'"	0x27	'
\?	问号字符"?"	0x3F	?
\"	双引号字符"""	0x22	"
\a	报警(BEEP)响铃	0x07	Ctrl+G
\0	空(NULL)	0x00	Ctrl+@
\ddd	1 到 3 位八进制数所代表的字符		
\xhh	1 到 2 位十六进制数所代表的字符	0xhh	

用八进制数或十六进制数构造的转义字符可以用来表示所有的 ASCII 码和代码范围在 128~255 之间的扩展 ASCII 码。如'\101'代表字符'A'；'\0'或'\000'代表 ASCII 码为 0 的控制字符，即"空操作"字符；'\x0A'代表换行；'\x41'代表字符'A'。

2.3.3 字符串常量

当要使用一个字符序列时，我们就要使用字符串常量。字符串常量是用一对双引号括起来的字符序列。如"ABC"，"x＋y＝6"，"How do you do."等都是字符串常量。

我们不要混淆字符常量和字符串常量。'a'是字符常量，"a"是字符串常量，二者是不同的。字符常量在内存中仅占一个字节，而字符串常量则由系统在字符序列最后加一个字符'\0'来表示字符串的结束。因此"a"在内存中占两个字节，即

```
┌────────┐
│ 0x00   │ →'\0'
├────────┤
│ 0x61   │ →'a'
└────────┘
```

2.4 变　　量

在程序中，其值可以改变的量称为变量。一个变量有两个要素：一个是变量名，我们用标识符来表示它，一般变量名均由小写字母组成；另一个是变量在内存中要占据若干字节的存储单元。在 C 程序中，变量需先定义，后使用，并在同一层次中不能与其他标识符重名。

2.4.1　变量的定义

1. 变量定义

变量定义的一般形式如下：

类型　变量名表；

这里，类型(type)必须是 C 语言的有效数据类型。变量名表可以是一个或多个标识符名，中间用逗号分隔，最后以分号结束。以下是一些变量定义的例子：

int i, j, num;

float a, b, sum;

unsigned int ui;

char c, ch, name;

double x, total;

2. 说明

(1) 变量名可以是 C 语言中允许的合法标识符，用户定义时应遵循"见名知义"的原则，以利于程序的维护(今后所有标识符均如此，不再重复)。

(2) 每一个变量都必须进行类型说明，这样就可以保证程序中变量的正确使用。未经类型说明的变量在编译时将被指出是错误的，也就是变量一定要先定义，后使用。

(3) 当一个变量被指定为某一确定类型时，将为它分配若干相应字节的内存空间。如 32 位编译环境下，char 型为 1 字节，int 型为 4 字节，float 型为 4 字节，double 型为 8 字节。当然，不同的系统可能稍有差异。

(4) 变量可以在程序内的三个地方定义：在函数内部，在函数的参数(形参)定义中或在所有的函数外部。由此定义的变量分别称为局部变量、形式参数和全局变量。在不同地方定义的变量，其作用范围不同。在同一层次定义的变量，不能与数组、指针、函数或其他变量同名。

(5) 变量是用来存放数据的，由于数据有不同的类型，因此要定义相应类型的变量去存放它。这些数据称为相应变量的值。如系统运行 int a；a＝5；后会将内存中的若干个单元分配给变量 a，并将变量的值 5 放入内存中。需要说明的是，不同的系统分配给同类型变量的单元数是不同的。

2.4.2　C 语言中各种类型的变量

1. 整型变量

整型变量用来存放整型数值。整型变量可分为：基本型(int)，短整型(short int 或 short)，长整型(long int 或 long)和无符号型(unsigned int，unsigned short，unsigned long)。

前三种整型变量存储单元的最高位为符号位。0 表示为正，1 表示为负。无符号型变量存储单元的所有位均表示数值。具体可参看表 2.2。

在使用整型变量时一定要注意数值的范围，超过该变量允许的使用范围将导致错误的结果。

2. 实型变量

实型变量分为单精度型(float)和双精度型(double)两类。其存放数据的差别是：单精度变量占 4 个字节内存单元，有 7 位有效数字，数值范围在 $\pm 3.4e-38 \sim \pm 3.4e+38$ 之间。而双精度变量占有 8 个字节内存单元，有 15～16 位有效数字，数值范围在 $\pm 1.7e-308 \sim \pm 1.7e+308$ 之间。

双精度型变量还有一种长双精度型(long double)，由于使用较少，又由计算机系统决定，因此就不介绍了。

一个实型常量可以赋给单精度型变量，也可赋给双精度型变量，主要是保留的有效位数不同。

3. 字符型变量

字符型(char)变量内存放字符型常量，在内存单元中仅占一个字节。其内存中存放的是该字符的 ASCII 码，因此字符型变量也可存储数值范围为 0～255 或 -128～127 之间的整型常数。

在 C 语言中，字符型与整型的界限不是很分明的，在一个字节内内存中存放的形式是相同的。

4. 枚举型变量

枚举型是一个整型常量的集合。这些常量指定了所有该类型变量可能具有的各种合法值。枚举在我们日常生活中十分常见。例如，星期的枚举为{Sunday，Monday，Tuesday，Wednesday，Thursday，Friday，Saturday}。

枚举的定义形式如下：

enum〈枚举类型名〉{枚举元素表}〈变量表〉；

其中枚举类型名和枚举变量表是选择项。下面我们来看一个枚举类型的定义和变量定义的例子：

enum weekday {Sun，Mon，Tue，Wed，Thu，Fri，Sat}；

        enum weekday workday, restday;

其中第一句是定义枚举类型 enum weekday，weekday 是枚举类型名，而花括号内是该枚举型变量可能具有的各种情况的一一列举。第二句是定义枚举型变量，即变量 workday，restday 是属于 enum weekday 枚举类型的，该枚举型变量只能赋予花括号内的常量，例如：

        workday＝Mon；

        restday＝Sun；

枚举类型的定义和变量的定义有三种形式：

（1）上面举例即是，即枚举类型和枚举变量是分别定义的。

（2）可将上述形式合并成一句：

        enum weekday {Sun，Mon，Tue，Wed，Thu，Fri，Sat} workday restday；

（3）当只有一种枚举类型时，可省略枚举类型名：

        enum {Sun，Mon，Tue，Wed，Thu，Fri，Sat} workday，restday；

其中花括号内所列的元素称为枚举元素或枚举常量。它们是用户定义的标识符，这些标识符并不自动地代表什么含义。如 Sun 也可写成 Sunday，用什么标识符代表什么含义，完全由程序员决定，只是为了使程序易懂，在某些情况下，较使用整型编程更好。正确理解枚举的关键是：枚举元素实际上是用它们所对应的整型数来代替，即枚举类型只是整型的一个子集，且可以在任何一个整型表达式中使用这些枚举值。具体的枚举元素对应的整数由两种情况决定：

（1）缺省：当花括号内的枚举元素没有被初始化，第一项代表整数 0，第二项代表整数 1，以此类推。

（2）初始化：我们可以用初始化来改变枚举元素的相应值。例如：

        enum weekday {Mon＝1，Tue，Wed，Thu，Fri，Sat，Sun} workday，restday；

在上句中，Mon 代表 1，后面仍然自动增 1，即 Tue 代表 2，Sat 代表 6，而 Sun 在此不代表 0 而代表 7。初值可以从任何一个整数开始，也可以指定几个初值，也可给任何一个枚举常量赋初值。例如：

        enum weekday {Sun＝7，Mon＝1，Tue，Wed，Thu，Fri，Sat}；

此后 Sun 为 7，Mon 为 1，Tue 为 2，…，Sat 为 6。

枚举型变量值在输出时是输出其整常数而不是其枚举元素的标识符。枚举型变量在赋值时可以赋枚举元素而不能直接赋整型常量，如要赋整型常量，则要进行类型转换。例如：

        restday＝(enum weekday) 6；

或

        restday＝Sat；

例 2.1 打印出枚举元素 Sat 的内存值。

```
＃include ＜stdio. h＞
void main()
{
    enum{ Sun，Mon，Tue，Wed，Thu，Fri，Sat} workday，restday；
    restday＝Sat；
```

```
        printf("restday is %d\n", restday);
    }
```
运行：

restday is 6

5. 其他类型变量

C语言中无字符串变量，但可以用字符数组或字符型指针来表达字符串。另外还有指针型变量、结构体型变量、共用体型变量等，这些将在后续章节中介绍。

C语言中没有逻辑型变量，所有非零数值被认为是逻辑"真"，而数值零被认为是逻辑"假"。无值型类型一般不用来说明变量，只用在函数或指针中。

2.4.3 变量的初始化

程序中常需要对一些变量预先设置初值。C规定，可以在定义变量时同时使变量初始化。变量初始化只需定义变量时在变量名后面加一等号及一个常数。它的一般形式是：

类型　变量名＝常数；

以下是几个示例（第七章将详述）：

```
char      ch='a';
int       first=0;
float     x=123.45;
```

说明：

(1) 全程和静态变量在程序编译阶段初始化，且只赋一次值。而局部变量是在进入定义它们的函数或复合语句时才作初始化，相当于赋值语句。每调用一次，就赋值一次。

(2) 所有的全程和静态变量在没有明确初始化的情况下由程序自动赋零。而局部变量和寄存器变量在未初始化时其值是不确定的，即保持原来的状态不变。

2.5 运 算 符

运算符是一种向编译程序说明一个特定的数学或逻辑运算的符号。C语言的运算符很丰富，除了控制语句和输入/输出以外几乎所有的基本操作都可作为运算符处理。C语言的运算符有以下几类：

(1) 算术运算符（＋，－，＊，/，％，＋＋，－－）。

(2) 关系运算符（＜，＞，＜＝，＞＝，＝＝，！＝）。

(3) 逻辑运算符（！，＆＆，||）。

(4) 位运算符（＜＜，＞＞，～，|，^，＆）。

(5) 赋值运算符（＝，及其双目运算符的扩展赋值运算符）。

(6) 条件运算符（？：）。

(7) 逗号运算符（，）。

(8) 指针运算符（＊，＆）。

(9) 求字节数运算符（sizeof）。

(10) 强制类型转换运算符（（类型））。

(11) 成员运算符(·，－＞)。

(12) 下标运算符([ ])。

(13) 圆括号运算符(())。

2.5.1 算术运算符和赋值运算符

具体运算符的功能、优先级、运算结合方向见表2.4所示。

表 2.4 算术运算符和赋值运算符

操作符	作　用	运算对象个数	优先级	结合方向
＊	乘	2	3	
/	除	2	3	自左至右
％	取模(取余)	2	3	
＋	加	2	4	自左至右
－	减	2	4	
＝	赋值	2	14	自右至左
＋＋	自增，加1	1	2	
－－	自减，减1	1	2	自右至左
	负号	1	2	

说明：

(1) ＋，－，＊，/ 与数学中运算类似，先乘除后加减，也就是按优先级顺序进行运算，优先级小的先运算。要改变运算顺序只要加括号就可以了，括号全部为圆括号，必须注意括号的配对，圆括号适用于C的几乎全部数据类型(指针类除外)的各种运算(＋＋，－－除外)。除法运算符(/)在用于两个整型数据运算时，其运算结果也是整数，余数总是被截掉。如1/2的结果是0；10/3的结果是3。

(2) 求余运算符(％)仅用于整型数据，不能用于实型和双精度实型。它的作用是取整数除法的余数。如1％2的结果是1；10％3的结果也是1。

(3) 赋值运算符(＝)是将右边表达式的值赋给左边的变量。赋值运算符左边必须是变量等有存储单元的元素，而不能是常量或表达式。如 x＝x＋1是合法的，即把 x 的值加上1后再赋给 x，而 x＋1＝x 却是非法的，因为 x＋1 不是一个存储单元，不能被赋以值。赋值号有别于数学中的等号，这一点是要注意的。

(4) ＋＋，－－仅用于整型变量、指针变量。用于整型变量是在原值上加1或减1；用于指针变量是取下一地址或上一地址。关于指针部分的使用在第八章中介绍。增1和减1运算符用在表达式中时，写法是有差别的：如果运算符在操作数前面，则在表达式"引用"该操作数前，先对其作加1或减1运算；如果运算符在操作数之后，则先"引用"该操作数，然后再对它作加1或减1运算。考虑以下程序：

#include ＜stdio.h＞

— 44 —

```
void main()
{
    int x, y;
    x=10;
    y=++x;
    printf("x=%d, y=%d\n", x, y);
}
```

运算结果：

x=11, y=11

此时 y 的值和 x 的值都为 11。然而换一种写法：

```
#include <stdio.h>
void main()
{
    int x, y;
    x=10;
    y=x++;
    printf("x=%d, y=%d\n", x, y);
}
```

运行结果：

x=11, y=10

此时 y 的值是 10，而 x 的值自增后为 11。上述两种情况 x 都变成了 11，而 y 的值却不同。它们的差别只在于给 x 加 1 的时机不同。此时赋值即为引用。

再如进行输出操作时，有以下程序段：

```
x=10;
printf("x=%d\n", ++x);
```

运行结果为 x=11，执行其下一条语句时 x 也是 11，而程序段

```
x=10;
printf("x=%d\n", x++);
```

的运行结果为 x=10，执行下一条语句时 x 才是 11，此时输出即为引用。C 语言可以控制何时给变量加 1 或减 1，这是一个很大的优点，但有时也会带来副作用，初学者要小心使用。

（5）＋，－，＊，/，％ 可以与赋值号＝组成复合赋值运算符＋＝，－＝，＊＝，/＝，
％＝。

如 a＝a＋b 可以写成 a＋＝b，a＝a＊b 可以写成 a＊＝b。其余类推。

例 2.2 已知：int a=2，b=3，c=4。

求：a＊＝16＋(b＋＋)－(＋＋c)

解 a＝a＊(16＋3－5)＝2×14＝28

2.5.2 关系运算符和逻辑运算符

C 语言所允许的关系运算符有＜，＞，＜＝，＞＝，＝＝和！＝六种。而逻辑运算符有！，＆＆ 和‖三种。在关系运算符这一术语中，关系一词是指数值与数值之间的关系，而

在逻辑运算符这一术语中，逻辑一词是指如何用形式逻辑原则来建立数值间的关系。由于这两种运算符经常在一起使用，因此我们一起讨论。

关系运算符的运算对象是数值（包括字符数据），运算结果是一个逻辑量；逻辑运算符的运算对象和运算结果都是逻辑量。逻辑常量实际上只有真（true）和假（false），但在 C 语言中，没有专门设逻辑量，而是用零和非零来代替，true 是不为零的任何值，而 false 是零，这样任何数值均可进行逻辑运算。如 8&&9 是合法的。这使 C 的表达非常灵活。使用关系运算符和逻辑运算符的表达式的值却很规范，系统只会给出两个值：结果为 false 则返回 0，而为 true 则返回 1。表 2.5 列出了关系运算符和逻辑运算符的作用、运算对象、优先级和结合方向。

表 2.5　关系和逻辑运算符

操作符	作　　用	运算对象个数	优先级	结合方向
＞	大于	2	6	
＞＝	大于等于	2	6	自左至右
＜	小于	2	6	
＜＝	小于等于	2	6	
＝＝	等于	2	7	
！＝	不等于	2	7	自左至右
！	逻辑非（取反）	1	2	自右至左
&&	逻辑与	2	11	
||	逻辑或	2	12	自左至右

说明：

（1）当关系运算符两边的值满足关系时为真，返回 1；如不满足关系时为假，返回 0。例如：

　　x＝10；

　　printf("%d\n"，x＞＝9)；

则输出为 1。又如：

　　x＝5；

　　printf("%d\n"，x＞＝9)；

则输出为 0。

字符比较按其 ASCII 码值进行，如'A'＜'B'为真。

（2）关系运算符＞、＞＝、＜、＜＝的优先级相同，如在表达式中同时出现时，则自左向右顺序运算。而＝＝与！＝则优先级低于此四种关系运算符。例如：

　　printf("%d\n"，5＞3＞1)；

运行输出结果为 0。因为两个＞是同一优先级，5＞3 的结果为 1，而 1＞1 的关系不满足，所以最后结果为 0。又如：

　　printf("%d\n"，1＝＝11＜35)；

运行输出结果为 1。因为<的优先级比==高，则 11<35 的结果为 1，而 1==1 的关系满足，所以最后结果为 1。

(3) 逻辑运算的真值表如下所示，逻辑值用 1 和 0 表示。

p	q	p&&q	p||q	!p
0	0	0	0	1
0	1	0	1	1
1	0	0	1	0
1	1	1	1	0

(4) 关系和逻辑运算符的优先级都低于算术运算符(逻辑非! 除外)。如 10>1+12 完全等价于 10>(1+12)，其结果当然是假(即 0)。

(5) 在关系和逻辑运算符组成的表达式中，也可以像算术表达式一样，用圆括号来改变运算的自然优先次序，如!1&&0 其值为假，因为先执行!1，然后才执行 &&。然而加上圆括号!(1&&0)后改变了运算顺序，则执行!0 操作结果为 1，即其值为真。

(6) 在逻辑表达式的求解中，并不是所有的逻辑运算符都被执行，只是在必须执行下一个逻辑运算符才能求出表达式的值时，才执行该运算符。例如：当两个逻辑量 a\|\|b，且 a 为真时则不再求 b 的值，而取值为真(即 1)；当两个逻辑量 a&&b，且 a 为假时，则同样不再求 b 的值，而取值为假(即 0)。同理，a\|\|b\|\|c 式中当 a 为真时，直接取值为真(即 1)；a&&(b++)&&c 式中当 a 为假时，直接取值为假(即 0)。此时 b++ 操作就没有进行，下一条语句中 b 仍为原值。

(7) 逻辑运算的转换。

!(a\|\|b)可写成!a&&!b，而!(a&&b)可写成!a\|\|!b。

例 2.3 求表达式 5<4\|\|8>4-!0 的值。

解 自左至右，按优先级顺序(<，!，-，>，\|\|)

计算　5<4　　　得 0
　　　!0　　　　得 1(自右至左)
　　　4-!0　　　得 3
　　　8>4-!0　得 1
最后　0\|\|1　　　得 1
即表达式的值为 1。

2.5.3　位运算符

C 语言和其他高级语言不同，它完全支持位运算。C 语言可用来代替汇编语言完成大部分编程工作，位运算功不可没。位运算是对字节或字中的实际二进制位进行检测、设置或移位。这些字节或字必须是 char 型、int 型数据类型和它们的变体。位运算符不能用于float，double，void 或其他更复杂的数据类型。

C 语言中位运算符有 &，\|，^，~，>>，<<等六种。位运算的对象一定要按二进制位表示出来，否则就会混同于逻辑运算符!，&&，\|\|。表 2.6 列出了位运算符的作用、运

算对象、运算优先级和结合方向。

表 2.6　位运算符

操作符	作　用	运算对象	优先级	结合方向
&	位逻辑与	2	8	
ˆ	位逻辑异或	2	9	自左至右
|	位逻辑或	2	10	
~	位逻辑反	1	2	自右至左
<<	左移	2	5	自左至右
>>	右移	2	5	

说明：

(1) 位逻辑运算符 &(与 AND)，|(或 OR)，ˆ(异或 XOR)，~(反 NOT)的真值表如下：

P	Q	P&Q	P|Q	PˆQ	~P
0	0	0	0	0	1
0	1	0	1	1	1
1	0	0	1	1	0
1	1	1	1	0	0

真值表似乎与逻辑运算符 &&，||，! 类似，实质上运算中的对象是不同的。上述真值表中的 P，Q 是一个二进制位，而不是字节或字。如 3&&4，即两个真值 true 相与，结果为 1。但 3&4 却要按位表示，即

$$
\begin{array}{r}
00000011 \quad 3 \\
\&\ 00000100 \quad 4 \\
\hline
00000000 \quad 0
\end{array}
$$

其结果是 0。

(2) 位逻辑运算符 &(与 AND)常用于指定某些位清零。如使整型变量 x 清零，只要写成 x=x&0 就可以了；如果使一个字节的第 8 位表示为奇偶校验位并将其设为 0，只要 ch&127 就可以了。

$$
\begin{array}{l}
11000001 \quad 原 ch 中奇偶校验位为 1 \\
\&\ 01111111 \quad 二进制的 127 \\
\hline
01000001 \quad 现 ch 中奇偶校验位为 0
\end{array}
$$

而要保留某些位，只要这几位和 1 相与，其他位与 0 相与即可。如要求对 10011100 保留低 4 位，高 4 位清零，我们取 00001111 和原数按位相与，即得 00001100。

(3) 位逻辑运算符 |(或 OR)可用于指定某些位为 1。如要使 10011100 的低 4 位全为 1，保留高 4 位，我们取 00001111 和原数按位相或，即得 100111111。

(4) 位逻辑运算符 ˆ(异或 XOR)。

① 使特定位反转，只要将该位与 1 异或即可。如 10011101 要将低 2 位都反转，我们取 00000011 与其按位异或，即得 10011110。

② 使某些位保留原值，只要将这些位与 0 异或即可。如上例中的高 6 位。

③ 整个数清零，只要本身异或一次即可，即 x^x。如 x 为 10011100，则 x^x 得 0。

$$
\begin{array}{r}
10011100 \\
\hat{}\ 10011100 \\
\hline
00000000
\end{array}
$$

④ 交换两个值不用临时变量。如 a＝3，b＝4，则 a＝a^b，b＝b^a，a＝a^b，即 a 变成 4，b 变成 3。具体请看下列式子：

$$
\begin{array}{ccc}
011 \quad a & 100 \quad b & 111 \quad a \\
\hat{}\ 100 \quad b \Rightarrow & \hat{}\ 111 \quad a \Rightarrow & \hat{}\ 011 \quad b \\
\hline
111 \rightarrow a & 011 \rightarrow b & 100 \rightarrow a
\end{array}
$$

（5）位逻辑运算符～(反 NOT)是对该运算元素每一位都取反。如～1 在 8 位二进制数中变成了 1111110 而不是 0。如我们要指定某数 x 最后一位为 0(偶数)，但又不知该数是 1 字节(char 型)、2 字节(int 型)还是 4 字节(long 型)，我们只要做 x&～1 即可。这常用于不同机器间的程序移植。还可用于加密：对一个数求一次反码就变成密码，再对密码求一次反就变成原数了。

（6）左移运算符＜＜使变量中的每一位向左移动，移出的最高位将丢失(溢出)，而右端补入 0。左移表达式的形式为

　　　　变量名＜＜移位的位数

例如：a＝15，即 00001111，取 a＝a＜＜2 后，即 a 左移两位，变成 00111100，即十进制数 60。对于无符号数，左移一位相当于乘 2，左移 2 位相当于乘 4。

（7）右移运算符＞＞使变量中的每一位向右移动，移出的最低位将丢失，而高端补 0（正数）。对于负数，即原最高位为 1 时，右移一位，高端补 0 称逻辑右移，高端补 1 称算术右移，这由计算机系统决定。对于 Visual C++是采用算术右移，即移入 1。右移表达式的形式为

　　　　变量名＞＞移位的位数

例如：a＝16，即 00001000，取 a＝a＞＞2 后，即 a 右移 2 位，变为 00000010，即十进制数 4。右移一位相当于除 2，右移两位相当于除 4。

（8）位运算符中 &、|、^、＜＜、＞＞可以与赋值号"＝"组成复合赋值运算符 &＝、|＝、^＝、＜＜＝、＞＞＝。

如 a＝a&b 可写成 a&＝b，其余类推。凡算术运算符、位运算符中的二目运算符均可与赋值号"＝"组成复合运算符。

位运算在后续课程"微机原理与应用"中将会更多地运用。

2.5.4 条件运算符和逗号运算符

1. 条件运算符

C 语言提供了一个功能很强，使用灵活的条件运算符"? :"，它是 C 中唯一的一个三目运算符，即运算对象有三个，运算优先级为 13，结合方向是自右至左。这个运算符的一般形式是：

　　　　表达式 1 ? 表达式 2：表达式 3

其含义是：先求表达式 1 的值，如果为真（非零），则求表达式 2 的值，并把它作为整个表达式的值；如表达式 1 的值为假（零），则求表达式 3 的值，并把它作为整个表达式的值。

例如：

x＝10；

y＝x＞9 ? 100；200；

在上述第二个语句中，＝的优先级最低，所以 y＝后面的内容是条件表达式，表达式 1 是 x＞9，因为 x 为 10，所以条件成立为真，因此取表达式 2 的值 100 作为条件表达式的值，并赋给 y。若 x＝8，则 y 的值将是 200。

当"?"与表达式 2，3 中的运算符优先级有矛盾时，可加括号，但"?"的优先级已是 13 级，只有逗号运算符和赋值运算符在它后面，因此一般情况是无括号的。注意":"的用法和它的位置，":"的位置是在表达式 2 与表达式 3 之间的。

2. 逗号运算符

逗号运算符","也称顺序求值运算符，其运算优先级为 15，也是最低的，结合方向是自左至右。逗号运算符的左边总是不返回的，也就是说逗号右边表达式的值才是整个表达式的值。例如：

x＝(y＝3，y＋1)

该表达式括号内是逗号表达式，由于结合方向是自左至右，先将 3 赋给 y，然后计算表达式 y＋1，其值为 4，逗号左边的值不返回，逗号右边的值才是整个表达式的值，所以表达式的值为 4，最后将 4 赋给 x。

由于逗号运算符的级别最低，因此以整体先求值时一般均需加圆括号。

2.5.5 其他运算符

除了前面介绍的运算符外，表 2.7 列出了没有介绍的其他运算符，这些运算符我们将在后续章节中介绍。

表 2.7 其 他 运 算 符

操作符	作　用	运算对象	优先级	结合方向
( )	圆括号		1	
[ ]	下标运算符		1	
->	成员运算符		1	自左至右
.	成员运算符		1	
(类型)	类型转换	1	2	
*	指针运算符	1	2	
&	地址运算符	1	2	自右至左
sizeof	求类型长度运算符	1	2	

2.5.6 运算符的优先级和结合方向

表 2.8 列出了所有 C 语言运算符的优先级和结合方向。注意所有的单目运算符（第 2 级）、赋值运算符（第 14 级）和条件运算符（第 13 级）都是从右至左结合的，要予以特别关

注，其余均为从左至右结合的，与习惯一致。

表 2.8 C 语言运算符的优先级和结合方向

优先级别	运算符	运算形式	结合方向	名称或含义
1	( )	(e)	自左至右	圆括号
	[ ]	a[e]		数组下标
	.	x. y		成员运算符
	−>	p−>x		用指针访问成员的指向运算符
2	− +	−e	自右至左	负号和正号
	++ −−	++x 或 x++		自增运算和自减运算
	!	! e		逻辑非
	~	~e		按位取反
	(t)	(t)e		类型转换
	*	*p		指针运算，由地址求内容
	&	&x		求变量的地址
	sizeof	sizeof(t)		求某类型变量的长度
3	* / %	e1 * e2	自左至右	乘、除和求余
4	+ −	e1+e2	自左至右	加和减
5	<< >>	e1<<e2	自左至右	左移和右移
6	< <= > >=	e1<e2	自左至右	关系运算（比较）
7	== !=	e1==e2	自左至右	等于和不等于比较
8	&	e1&e2	自左至右	按位与
9	^	e1^e2	自左至右	按位异或
10	|	e1|e2	自左至右	按位或
11	&&	e1 && e2	自左至右	逻辑与（并且）
12	||	e1||e2	自左至右	逻辑或（或者）
13	? :	e1? e2：e3	自右至左	条件运算
14	=	x=e	自右至左	赋值运算
	+= −= *= /= %= >>= <<= &= ^= |=	x+=e		复合赋值运算
15	,	e1, e2	自左至右	顺序求值运算

注：运算形式一栏中各字母的含义如下：a—数组，e—表达式，p—指针，t—类型，x，y—变量。

2.6 表 达 式

运算符、常量以及变量构成了表达式。在 C 语言中，表达式是这些成分的有效组合。因为大部分表达式的写法都是遵循代数符号规则，所以它们常常被看成理所当然的。然而，C 语言中的表达式仍有些要注意之处。

2.6.1 C 语言的各种表达式

C 语言的表达式非常丰富，也有人称 C 语言为表达式语言。如有算术表达式、关系表达式、逻辑表达式、条件表达式、逗号表达式、赋值表达式等等。

1. 算术表达式

算术表达式的形式如下：

〈操作数〉〈算术运算符〉〈操作数〉

算术表达式中运算对象(操作数)是数值，也可以是字符(按其 ASCII 码值进行运算)，运算结果(即表达式的值)是数值。如：

a＋b＊2－d/3

2. 关系表达式

关系表达式的形式如下：

〈操作数〉〈关系运算符〉〈操作数〉

关系表达式中运算对象是数值，也可以是字符(取其 ASCII 码值)，其运算结果是逻辑量，即为"真"时取 1，为"假"时取 0。如 3＞2，结果为 1。

3. 逻辑表达式

逻辑表达式的形式如下：

〈操作数〉〈逻辑运算符〉〈操作数〉

逻辑表达式的运算对象是逻辑量。在 C 语言中无逻辑量，因此规定将非零的值按"真"对待，零值按"假"对待。而运算结果为"真"时取 1，为"假"时取 0。

4. 条件表达式

条件表达式的形式如下：

〈表达式 1〉？〈表达式 2〉：〈表达式 3〉

其中表达式 1 的值按逻辑值对待，非零为"真"，零值为"假"。而当表达式 1 值为"真"(非零)时，条件表达式的值为表达式 2 的值；而当表达式 1 的值为"假"(零)时，条件表达式的值为表达式 3 的值。如 y＝x？a：b，若 x＝3，则 y＝a，若 x＝0，则 y＝b。

表达式 2 或表达式 3 还可以是另一个条件表达式，应注意它们是自右至左的结合方向。如 a＞b？a：c＞d？c：d 相当于 a＞b？a：(c＞d？c：d)，当 a＝1，b＝2，c＝3，d＝4 时，此条件表达式的值等于 4。

当表达式 2 和表达式 3 的类型不一致时，最后条件表达式的值的类型取两者的高者。可参看 2.6.2 节。

5. 逗号表达式

逗号表达式的形式如下：

表达式 1，表达式 2，…，表达式 n

逗号表达式按逗号间的顺序依次从左至右执行，但整个逗号表达式的值为最后一个逗号右边表达式的值。

6. 赋值表达式

赋值表达式是最常用的表达式，形式如下：

〈变量〉〈赋值运算符〉〈表达式〉

赋值运算符即＝，又称为赋值号。赋值号左边必须是变量、数组元素等有存储单元的元素，赋值号的右边可以是各类表达式，也可以是另一个赋值表达式。因此 a＝b＝c 是合法的，即相当于 a＝(b＝c)，因为它是自右至左结合的，即 c 值先赋给 b，b＝c 赋值表达式的值为 b 的值，然后再赋给 a，整个表达式的值也为 a 的值。

赋值表达式的求值顺序是先计算赋值号右边表达式的值，再转换成表达式左边变量的类型，再进行赋值，此值也是赋值表达式的值。其类型转换的方法见下节。

10 种复合赋值运算符也可构成赋值表达式。如 a＋＝b 相当于 a＝a＋b。

2.6.2 表达式中的类型转换

当不同类型的常量和变量在表达式中混合使用时，它们最终将被转换为同一类型。C语言在类型转换时是"向上"靠的。

C 语言规定，不同类型的数据在参加运算之前会自动转换成相同的类型（两个操作数之间运算），然后再进行运算。运算结果的类型也就是转换后的类型。转换的规则为：

(1) 转换的结果必定是 3 种基本类型：int，long 或 double 型。因此两个 char 型的数据运算，也要先转换成 int 型，运算结果也是 int 型；只要有一个数据是 float 型，都要先转换成 double 型，最后结果也是 double 型。

(2) 各类型级别由低到高的顺序为 char，int，unsigned，long，unsigned long，float，double。除如(1)所述要进行 char 或 short 向 int，float 向 double 的转换外，其余类型的混合运算均按此顺序由低到高自动转换。另外，C 语言规定，有符号类型数据与无符号类型数据进行混合运算，结果为无符号类型。例如，int 型数据和 unsigned 型数据的运算结果为 unsigned 型。

例 2.4 考虑图 2.2 中的类型转换。

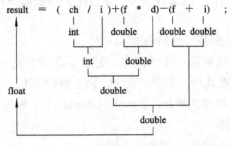

图 2.2 类型转换示例

例 2.5 类型转换。

```
float x;
int i;
x=i=3.14159;
```

则变量 i 的值为 3，而变量 x 的值为 3.0 而不是 3，也不是 3.14159。

（3）可以使用强制类型转换。通过使用强制类型转换(type)，可以强迫表达式的值转换为某一特定类型。一般的形式是：

（类型）表达式

其中类型(type)是 C 语言标准数据类型。例如想确保表达式 x/2 成为 float 型，则可以写成如下形式：

(float)(x/2)

当然，如 x 为整型时则会丢失信息。如写成：

(float)x/2

则表达式的结果为 double 型。

强制类型转换通常被认为是一个运算符。作为一个运算符，它是单目的，运算优先级为 2 级，它的结合方向是自右向左。强制类型转换中类型要用括号括起来。后面如果是表达式也应括起来。

强制类型转换用途之一是两个整型量运算而结果需保留小数部分时，可对其中一个强制为 float 或 double 型，在运算前系统会自动将两个操作数转换为 double 型，运算结果也是 double 型。

例 2.6 整型数据相除。

```
# include <stdio.h>
void main()
{
    int i=100, j=40;
    float f;
    f=i/j;
    printf("f=%f\n", f);
}
```

运算结果：

f=2.000000

上述程序中 f 的结果为 2.0，小数部分丢失。如需保留小数部分，可将"f=i/j;"改写成：

f=(float) i/j;

此时相当于 f=100.0/40，最后 f 的结果为 2.5。

强制类型转换得到的结果是一个瞬间量，它也不改变表达式中的原有数据。如例 2.6 中，(float)i 为 100.0，只在此时为实数，此外 i 仍是整数 100。

强制类型还用于参数类型的转换，如 sqrt((double)i)，因为 sqrt 要求参数是双精度型的，以保证函数参数类型的一致。

关于转换结果可能丢失的信息如表 2.9 所示。

对于赋值运算来说，赋值运算结果按赋值号左边的变量类型进行转换，此时可能遇到

表 2.9 中没有列出的类型转换，可以将一种转换分多次完成。例如，若要将 double 型转换为 int 型，可先转换为 float 型，然后再转换为 int 型，这时数据的损失会更大，使用时要小心。

表 2.9　普通类型转换的结果

目标变量类型	表达式类型	可能的信息丢失
signed char	char	若所赋的值＞127，目标变量将为负数
char	short int	高 8 位
char	int	高 8 位
char	long int	高 24 位
short int	int	无
short int	long int	高 16 位
int	long int	高 16 位
int	float	小数部分，也许更多
float	double	精度降低，结果四舍五入
double	long double	无

2.6.3　空格和圆括号

为了增加程序的可读性，在 C 程序的表达式中可以随意增加空格。如以下两个表达式是等价的：

$$x=10/y-(127/x)$$

$$x \ = \ 10 \ / \ y \ - \ (\ 127 \ / \ x \ )$$

为了改变程序中表达式的求值顺序，可以加入圆括号。使用多余的圆括号并不会降低该表达式运行的速度，也不会引起错误。因此我们提倡使用圆括号来更清晰地表达运算次序，增加程序的易读性。如下列两个表达式哪一个更容易读懂呢？

$$x=y/2-34*temp\&127$$

$$x=(y/2)-((34*temp)\&127)$$

表达式除了由圆括号来改变运算的优先顺序外，应按照运算符的优先顺序来执行(见 2.5.6 节中表 2.8)。

2.7　数据类型、运算符与表达式举例

例 2.7　书写下列算式的表达式。

(1) $v=1/2at^2$

(2) $d=a \leqslant b \leqslant c$

(3) $x_1 = \dfrac{-b+\sqrt{b^2-4ac}}{2a}$

(4) $y = \dfrac{sinx + cosx}{tanx}$

解

(1) v＝0.5＊a＊t＊t

(2) d＝(a<＝b)&&(b<＝c)

根据优先顺序，可省略圆括号，但写上圆括号增加了程序的可读性。

(3) x1＝(−b＋sqrt(b＊b−4＊a＊c))/(2＊a)

表达式中的 sqrt 是求平方根函数，在程序中出现，应在程序首部加上：

　　♯include ＜math.h＞

(4) y＝(sin(x)＋cos(x))/tan(x)

表达式中的三个函数是三角函数，x 的单位是弧度，也属数学库函数，程序处理如(3)。

例 2.8 已知各变量的值，写出类型说明语句并求表达式的值，再指出表达式最后的类型。

已知：a＝12.3，b＝−8.2，i＝5，j＝4，c＝'a'。

求：(1) a＋b＋i/j＋c

　　(2) i％j＋c/i

　　(3) a>b＋c<＝j

　　(4) i<j&&j<c

　　(5) i&j

　　(6) i<<2|j>>1

　　(7) a>b? j:a

解　类型说明语句如下：

　　float　a, b;

　　int　　i, j;

　　char　c;

(1) a＋b＋i/j＋c

　　＝12.3−8.2＋5/4＋'a'

　　＝4.1＋1＋97＝102.1　（double 型）

(2) i％j＋c/i

　　＝5％4＋'a'/5

　　＝1＋97/5＝1＋19＝20　（int 型）

(3) a>b＋c<＝j

　　＝12.3>(−8.2)＋'a'<＝4

　　＝12.3>(−8.2＋97)<＝4

　　＝12.3>88.8<＝4

　　＝0<＝4＝1　（int 型）

(4) i<j&&j<c

　　＝5<4&&4<'a'

=0 （int 型）（注：4<'a'没有判断）

(5) i&j

=5&4=00000101&00000100

=00000100=4 （int 型）

(6) i<<2|j>>1

=5<<2|4>>1

=00010100|00000010

=00010110=22 （int 型）

(7) a>b? j:a

=12.3>(-8.2)? 4：12.3

=1? 4：12.3

=4.0 （double 型）

例 2.9 已知：int a=5。

求：a+=a-=a*=a 的值。

解 自右向左结合：

a=a*a=5*5=25

a=a-a=25-25=0

a=a+a=0+0=0

所以最终结果为 0。

本 章 重 点

◇ 标识符的命名必须是由字母或下划线开头，随后跟字母、数字或下划线任意组合而成的字符序列。例如：count、_sum、_sum1、_1sum 形式是合法的；1count（数字不可打头）、a+b（标识符中出现非法字符）形式是不合法的。

◇ 标识符命名要做到见名知意。如 sum 表示和，score 表示成绩。

◇ 数据类型可分为基本类型、构造类型和指针类型三类。数据类型同时给出了数据所能进行的操作。

◇ 变量有两个基本要素：变量名和所占内存字节数。变量名用于语句对其的引用，所占内存字节数决定了变量所能表示的数据范围。变量需要先声明后使用。例如在 32 位的操作系统上 int 型占用 4 字节，double 型占用 8 字节。

◇ 运算符用于向编译器说明一个特定的数学或逻辑运算操作，如+、-、*、/等。

◇ 运算符、常量以及变量构成了表达式，表达式中需要注意运算符的优先级。尽量使用小括号来确定执行顺序，以免造成难以察觉的错误。

习 题

1. 写出下列各算式的 C 语言表达式：

(1) $(\sin^2 x)\dfrac{a+b}{a-b}$

(2) 条件"$20 < x < 30$ 或 $x < -100$"

(3) $\dfrac{1}{2}\left(ax+\dfrac{a+x}{4a}\right)$

(4) $\sqrt{(\sin x)^{2.5}}$

(5) $\dfrac{3ae}{cd}$

(6) 对整型变量 a 取反后右移 4 位

2. 若有定义

   int a=2, b=3;

   float x=3.5, y=2.5;

则下列表达式的值得多少?

(1) (float)(a+b)/2+(int)x%(int)y

(2) (a+b)%2+(int)y/(int)x

(3) a=(2*a*b)%(b%=2)

3. 假设 m 是一个已知 3 位数,从左到右用 a, b, c 表示各位的数字,则由数 abc 如何求数 bac,写出表达式。

4. 下列程序执行的结果是什么?

```
# include <stdio.h>
void main()
{
    int a=1;
    char c='a';
    float f=2.0;
    printf("(1)：%d\n", a+2! =c-100);
    printf("(2)：%d\n", (a>c)>=(f>4));
    printf("(3)：%d\n", (! a&&1)! =(! c‖1));
    printf("(4)：%d\n", (! (a>2)? 3;0<(f! =1)? 0;1));
    printf("(5)：%d\n", (1,2,3)==(3,3,3));
    printf("(6)：%d\n", (c=='A')? (0,1):(1,0));
    printf("(7)：%d\n", (! (a==0), f! =0&&c=='A'));
    printf("(8)：%d\n", c>>(a+3));
}
```

5. 写出一个表达式,如果变量 C 是大写字母,则将 C 转换为小写字母,否则 C 的值不变。

第3章

<<<<<<<<<<<<<<<<<<<<<<<

C 程序设计初步

3.1 结构化程序设计思想

3.1.1 程序的质量标准

要设计出好的程序，必须先搞懂什么样的程序才是好程序？在计算机发展初期，由于计算机硬件价格比较贵，内存容量和运算速度都受到一定的限制，当时程序质量的高低取决于程序所占内存容量的大小和运行时间的长短。但是现在计算机经过迅猛的发展，除了一些特殊场合，计算机内存容量和运算速度在编写一般程序时，已不成问题。现在已没有必要为了节约很少的内存和运算时间而采取使人难以理解的技巧了。一个难以理解的程序，如果作为"产品"推广出去，所有的用户都要花费大量的时间、精力去理解和消化它。而且在一个软件产品的使用期间往往需要修改和维护它（例如发现程序中的某些错误；增加一些新的功能；或者将程序移植到不同的计算机系统上……），这时程序的可读性和可维护性就变得越来越重要了。

近年来，计算机硬件价格逐步下降，而软件成本（研制和维护的费用）不断上升，这就促使人们考虑怎样才能降低软件成本，提高软件生产和维护的效率。这时，衡量程序质量的首要标准自然就成了"具有良好的结构，容易阅读和理解"。

综合起来，一个好的程序在满足运行结果正确的基本条件之后，首先要有良好的结构，使程序清晰易懂。在此前提之下，才考虑使其运行速度尽可能的快，运行时所占内存应尽量压缩至合理的范围。也就是说，现在的程序质量标准易读性好是第一位的，其次才是效率。因为从根本上说，只有程序具有了良好的结构，才易于设计和维护，所建减少软件成本，从整体来说才是真正提高了效率。

3.1.2 结构化程序设计方法

在程序设计初期，程序设计是手工业式的，每个人都采取自己认为好的技巧，根据自己的风格来设计程序，没有公认的规范。人们没有约定地使用各种不同的方法和技巧，只要符合语言规则，程序能得到正确的结果就可以了。这样的程序过分依赖程序员的技术和素质，质量难以保证。正如用手工方式和大生产方式制造汽车一样，后者必然较前者更容易制造出规格统一，质量稳定的汽车，因为制造者虽各种各样，但每个人的每道工序都必须严格地按照操作规程进行操作。

以上就是软件工程的观点，即把软件的生产也看做一项"工程"，严格地规范，按照规定的步骤逐步展开。结构化程序设计方法就是根据这一思想而提出来的。

所谓结构化程序设计就是要求程序设计者按一定的规范书写程序，而不能随心所欲地设计程序。应能按照"工程化"生产方法来组织软件生产，每个人都必须按照同一规则、同一方法进行工作，使生产的软件有统一的标准、统一的风格，成为"标准产品"，便于推广，便于生产和维护。

结构化程序设计方法的核心有二：

(1) 一个大的程序开发应当采取"自顶向下，逐步细化，模块化"的方法。

(2) 任何程序均由具有良好特性的三种基本模块(顺序、分支、循环)"堆积"搭成，即由基本小单元顺序组成一个大结构，从而避免了使用 goto 语句的缺点。goto 语句的随意跳转，使程序转来转去难以理解。goto 语句非常容易使程序脱离结构化程序设计的轨道，故 goto 语句是结构化程序设计的大敌，除一些特殊情况外应尽可能少用。

采用结构化程序设计方法设计程序时，是一个结构一个结构地写下来，整个程序结构如同一串珠子一样次序清楚，层次分明。在修改程序时，可以将某一基本结构单独取出来进行修改，而不致于过大地影响到其余部分。

3.1.3　结构化程序的标准

采用结构化程序设计方法编制的程序从基本模块到整个程序，都必须满足结构化程序的标准。该标准简述如下：

(1) 程序符合"清晰第一，效率第二"的质量标准。

(2) 具有良好的特性。由"模块"串成而无随意的跳转，不论模块大小，均应满足：

① 只有一个入口。

② 只有一个出口(有些分支结构很容易写成多个出口)。

③ 无死语句(永远执行不到的语句)，也就是说，结构中的每一部分都应当有执行到的机会，即每一部分都应当有一条从入口到出口的路径通过它(至少一次)。

④ 没有死循环(永远执行不完的无终止的循环)。

已经证明，顺序结构、分支结构和循环结构即是具有以上特点的良好结构，并且由这三种结构所构成的程序可以处理任何复杂的问题。一个结构化程序是由具有以上特点的基本结构组成的。也就是说，一个结构化程序不仅本身具有如上特性，而且也必定能分解为三种基本结构的模块。

3.1.4　三种基本模块

在结构化程序设计方法中，模块是一个基本概念。一个模块可以是一条语句、一个程序段或一个函数。一个程序模块在流程图中用一个矩形框来表示。

按照结构化程序设计的观点，任何功能的程序都可以通过三种基本结构的组合来实现。这三种基本结构是：顺序结构、分支结构和循环结构。

1. 顺序结构

顺序结构由两个程序模块串接构成，如图 3.1 所示。

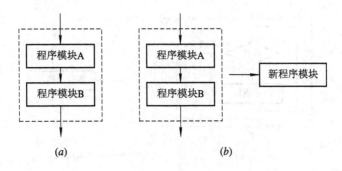

图 3.1 顺序结构

图 3.1 中(a)是用传统流程图方法表示。由图中可以看出，这两个程序模块是顺序执行的，即先执行程序模块 A，然后执行程序模块 B。我们把它们合并成一个新程序模块。通过这种方法，我们可以将许多顺序执行的语句合并成一个比较大的程序模块。但无论怎样合并，生成的新程序模块仍然是一个整体，只能从模块的顶部(入口)进入模块，执行模块中的语句，执行完模块中的所有语句之后，再从模块的底部(出口)退出模块，这是程序模块的基本性质。

2. 分支结构

不是所有的程序都可用顺序结构表示的，当根据逻辑条件成立与否，分别选择执行不同的程序模块时，我们引入了分支结构，也称为选择结构。

图 3.2 中(a)是用流程图方法表示的。当逻辑条件为"真"时，执行程序模块 A，然后执行下一程序模块，否则当逻辑条件为"假"时，执行程序模块 B，然后执行下一程序模块。在分支结构中也只有一个入口，一个出口(下一程序模块)。程序模块 A 和 B 都应该有机会执行到。在实际应用中也可能某一个程序模块为空，这也是允许的。一个分支结构最后可看成一个新程序模块，故对流程图(可用流程线随意跳转)的改进是将一个基本的模块用虚线框起来，使之更符合结构化的程序设计。

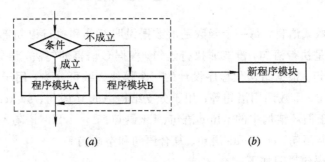

图 3.2 分支结构

3. 循环结构

循环结构分成两种情形：一种是当型循环，如图 3.3 所示，当型循环是当条件满足时执行程序模块，执行完后再去判断条件，一直到条件不成立时退出循环；另一种是直到型循环，如图 3.4 所示，直到型循环是先执行程序模块，然后去判断条件，如条件成立则返回继续执行程序模块，直到条件不成立时退出循环。

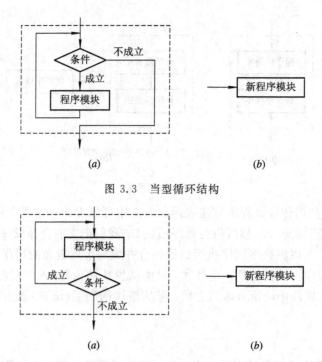

图 3.3 当型循环结构

图 3.4 直到型循环结构

与顺序结构和分支结构一样,循环结构也可抽象为一个新的程序模块。

一个大程序可看作做一个程序模块,它可以由若干个模块顺序构成,而最小的程序模块又必然是上述三种基本结构之一。这样一个大问题就可以细分为若干个小问题,逐步细化至最小模块时就可以由相应的语句实现了。这就是"自顶向下,逐步细化,模块化"的程序设计方法。

3.2 C 语 句 概 述

C语言是函数式语言,每一个函数是由数据说明部分和执行语句部分组成的。C语言中的所有语句均是执行语句,没有非执行语句。根据 C 语言的句法,语句可分为单个语句、复合语句和空语句。根据结构化程序设计的三个模块大致可分为:用于顺序结构中的表达式语句、赋值语句、函数调用语句等;用于分支结构中的 if 语句、switch 语句、转移语句、标号语句等;用于循环结构中的 while 语句、for 语句、do - while 语句。另外在后两种结构中还可出现 break 语句、continue 语句、复合语句和空语句等。

有关各类的语句说明如下:

(1) 逻辑上每个语句最后都必须有一个分号(;),一个语句可分写成几行,几个语句也可合写成一行(但不提倡,因其不利于单步调试)。

(2) 空语句直接由分号(;)组成,常用于控制语句中必须出现语句之处,它不做任何操作,只在逻辑上起到有一个语句的作用。

(3) 复合语句由花括号{ }括起的若干个语句组成,语法上可以看成是一个语句。复合语句中最后一个语句的分号不能省略。如下面是一个复合语句:

```
    {
      z＝x＋y;
      y＝x/z;
      x＝z－y;
    }
```

注意：一对{}在同一列上下对齐，代表一个层次。这种写法利于程序的阅读和调试。

(4) 表达式语句是在各种表达式后加一个分号(；)形成一个语句。如赋值语句由赋值表达式加一个分号构成：

```
    x＝x＋y;
```

再如表达式 x＋＋后加一个分号构成表达式语句：

```
    x＋＋;
```

表达式和表达式语句的区别是表达式后无分号，可以出现在其他语句中允许出现表达式的地方；而表达式语句后有分号，自己独立成一个语句，不能再出现在其他语句的表达式中。如：

```
    if((a＝b)＜0) min＝a;
```

式中(a＝b)为赋值表达式，出现在 if 语句的逻辑表达式中，如写成：

```
    if((a＝b;)＜0) min＝a;
```

编译时将出现语法错误。

表达式能构成语句是 C 语言的一个特色。

(5) 控制语句有条件判断语句(if、switch)、循环语句(for、while、do－while)和转移语句(goto、continue、break、return)，我们将在第四、五、六章中分别介绍。

3.3 赋 值 语 句

赋值语句是由赋值表达式加上一个分号构成的。如"x＝a＋b;"。C 语言的赋值语句具有其他高级语言中赋值语句的一切特点和功能，也有 C 语言自己的特色：

(1) C 语言中赋值号"＝"作为赋值运算符。

(2) 其他高级语言没有赋值表达式这个概念。C 的赋值表达式可以出现在其他表达式能出现的地方，也可出现在其他表达式之中。例如：

```
    if((x＝a＋b)!＝0) t＝10;
```

此语句先执行了 a＋b 的和赋给变量 x，赋值表达式的值为 x 的值，当 x 不等于 0 时，将 10赋给变量 t。而在其他语言中，必须分成两句来写，即写成：

```
    x＝a＋b;
    if(x!＝0) t＝10;
```

C 的这种表达是基于其无真正的逻辑量，而用零和非零表示逻辑值。当(x＝a＋b)!＝0成立时，条件满足，为"真"，而 C 语言中非零也为"真"，所以可写成"if(x＝a＋b) t＝10;"，此时将赋值的结果 x 的值认为是逻辑值，不管 a＋b 算出是几，只要是非零，条件就算成立。

初学者可能会感到有些别扭，但熟悉之后，这种表示方法既灵活，又使程序非常简练，是 C 语言的特色之一，但书写上一定要注意，如写成"if(x＝a＋b;) t＝10;"就错了。因为条件语句中条件部分只能是一表达式而不能是一个语句。

当然此条件语句与"if(x＝＝a＋b) t＝10;"也是不一样的。二者虽在语法上都正确，但条件的含义不一样，后者是 x 与 a＋b 相比较，二者相等时才算条件成立。将关系符"＝＝"少写一个等号变成赋值符"＝"会导致程序结果出错，编译时却能无错通过，这是初学者非常易犯的错误，切记!

3.4 数 据 输 出

数据输出是要把计算机内存中的某些数据送到外部设备上去，如送到屏幕显示器、打印机等等。我们最常用的是要把数据送到 stdout 这个标准输出流去，它是和标准输出设备：屏幕或者显示器相连的。下面我们介绍几个 C 标准输出库函数。它们都是将数据送到显示器上。

3.4.1 putchar()函数(单个字符输出函数)

函数调用形式：

    char ch;
        ⋮
    putchar (ch);

putchar()函数在显示屏上输出括号内字符变量 ch 所代表的字符；括号内也可以是字符常量；ch 还可以是整型变量，此时仅输出低字节所代表的字符。

在使用标准输入/输出函数时，在程序的头部要使用文件包含命令：

    ＃include ＜stdio. h＞

例 3.1 字符数据的输出。

    ＃include ＜stdio. h＞
    void main()
    {
      char a, b;
      a＝'b'; b＝'o';
      putchar(a); putchar(b);
      putchar('y'); putchar('\n');
    }

经编译后运行，在屏幕上显示：

    boy

3.4.2 printf()函数(格式化输出函数)

putchar()函数仅能输出一个字符，当要输出具有某种格式的数据(如实型数、八进制等各种进制整数)时，就要使用格式输出函数 printf()了。

函数的调用形式：

    printf("控制字符串"，参量表);

其中参量表是要输出的变量、常量、表达式等，参量表中参数的个数是 0 个到若干个，当超过一个时，用逗号分隔。"控制字符串"由两种不同类型的内容组成。第一类是一些常规字符，函数将它们原样输出到屏幕上。同样地，它们也可以是转义字符。第二类是格式说明符，它们定义参量的显示格式，一个参量需要一个对应的格式说明符。格式说明符的开头带有一个百分号(%)，后面是一个类型字符。例如：

    printf("The output x＝%d\n", x);

其中，%d 属于格式控制符，x 是待显示的参量，"The out put x＝…\n"是第一类字符，它们都将原样输出。若 x=10，则输出为"The output x=10"。

    printf()的格式说明如表 3.1 所示。

表 3.1   printf()的格式说明

说明符	格式说明
%c	单个字符
%d	十进制整数
%e	科学记数
%f	浮点十进制
%g	使用%e 或%f 中表达较短者
%o	八进制整数
%s	字符串
%u	无符号十进制数
%x	十六进制数
%%	显示百分号
%p	显示一个指针地址
%n	变量应是一个整型指针，其中存放已写字符的个数

    一个格式说明还可以带有几个修饰项，用来确定显示宽度、小数位数及左端对齐等。修饰符有 m，.n，－，l(小写 L)等，下面具体说明：

    (1) %md 表示输出十进制整数，最小宽度为 m 位，即输出字段的宽度至少占 m 列。右对齐，少于 m 位则在数据左端补空格或 0 到 m 位；超过 m 位则 m 不起作用，即突破 m 的限制，按数据的实际位数输出，保证数据的正确性。数据前要补 0，则在 m 前面加个 0，例如：

    %05d 输出 12 为 00012；

    %5d 输出 12 为 ⎵⎵⎵ 12；

    %5d 输出－123456 为－123456。

    类似地还有%mc，%mo，%mx，%mu，%ms 等。

    (2) %m.nf 表示输出数据为小数形式，m 为总宽度(包括小数点)，n 为小数部分位数，小数长度不够则补 0；小数部分超过 n 位，则 n+1 位向 n 位四舍五入，整个数据小于 m 位左补空；超过 m 位，则 m 不起作用。当 m 省略时，则 m 等于 n。例如：

%10.4f 输出 123.45 为 ⎵⎵123.4500；

%10.2f 输出 123.456 为 ⎵⎵⎵⎵123.46；

%4.2f 输出 −123.45 为 −123.45；

%.2f 输出 123.456 为 123.46。

类似地有 %m.ne，%m.ng，其中 e 格式小数部分取 n 位（包括 e 在内），全部长度取 m 位。

（3）当 %m.n 后是字符串格式说明符 s，m 仍是总宽度，但当实际位数超过时不突破，多余者被删除，n 表示只取字符串中左端的 n 位，n<m 时，左边补空格；n>m 时，m 自动取 n 值，保证 n 位字段的正常输出。例如：

%7.3s 输出 "12345" 为 ⎵⎵⎵⎵123；

%7.3s 输出 "12345678" 为 ⎵⎵⎵⎵123；

%5.7s 输出 "12345678" 为 1234567。

（4）− 表示左对齐格式，如没有则为右对齐格式，它出现在 % 后面。例如：

%−10.2f 输出 123.456 为 123.46 ⎵⎵⎵⎵；

%−5d 输出 12 为 12 ⎵⎵⎵。

（5）l 在输出 d，i，o，u，x 等整型量时，在其前加上 l 表示输出的是一个长整型数；在 e，f，g 等实型量前加 l 表示输出的是一个双精度实型数。

控制字符串由一对双引号括起来。

对于 printf() 函数还有如下说明（具体细节比较繁琐，建议读者上机体会，利于掌握）：

（1）数据的格式转换按前面不同类型赋值的方法进行转换。如一个整数可用 %d，%o，%x，%u，%c 来输出。例如：

```
int i=123;
printf("decimal_i=%d,octo_i=%o,hex_i=%x,unsigned_i=%u, ascii_i=%c\
        n", i, i, i, i, i);
```

输出为：

decimal_i=123, octo_i=173, hex_i=7b, unsigned_i=123, ascii_i={

其中逗号为分隔符，在双引号内为普通字符，原样输出，173 是 123 的八进制数，7b 是 123 的十六进制数，'{'的 ASCII 码是 123，按 %c 是输出该码的字符，\n 是回车换行。

（2）一个字符可用 %c 或 %d 来输出，而一个字符串要用 %s 来输出。例如：

```
char    ch='a';
printf("%c, %d, %s\n", ch, ch, "abcd");
```

输出为：

a，97，abcd

一个字符按 %c 是输出其字符，而按 %d 是输出其 ASCII 码值。由于字符串最后一定有截止符'\0'，因此字符串输出会自动结束，但'\0'是不输出的。

（3）一个实数可以按 %f 和 %e 来输出，如按 %f 输出，则能输出全部整数，并保留 6 位小数，但有效位数只有前 5 位。如按 %e 输出，则系统自动给出 6 位小数，小数点前有一位非零整数，后跟一个 e，指数的正、负号占 1 位，数值部分占 3 位（这是 Visual C++ 6.0

环境下的输出格式)。例如：

        float x=123.456;

        printf("%f, %e\n", x, x);

输出为：

        123.456001, 1.234560e+002

例 3.2 不同类型数据的输出。

```
#include <stdio.h>
void main()
{
    int a=-2;
    float b=123.456;
    char c='a';
    printf("a=%3d, %o, %x, %u\n", a, a, a, a);
    printf("b=%10.2f, %.2f␣␣%-10.2f\n", b, b, b);
    printf("c=\'%3c\', \'%-3c\'\n", c, c);
    printf("%3s, %7.2s, %.3s, %-5.3s\n", "CHINA", "CHINA", "CHINA", "CHINA");
}
```

运行结果：

```
a=␣-2, 177776, fffe, 65534
b=␣␣␣123.46, 123.46␣␣123.46␣␣␣␣
c='␣␣a', 'a␣␣'
CHINA␣␣␣␣␣CH, CHI, CHI␣␣
```

例 3.3 无符号十进制格式的输出。

```
#include <stdio.h>
void main()
{
    int i=-1;
    printf("%d, %u\n", i,i);
}
```

运行结果：

```
-1, 65535
```

3.4.3 puts()函数(字符串输出函数)

字符串除了在 printf()函数中用%s 格式输出外，标准输入/输出库中还提供了一个字符串输出函数 puts()。函数的原型是：

        char * puts(char * s)

函数值和参数都是字符指针，这在学习指针后就能理解了。该函数的调用形式是：

        puts(字符串数据)；

puts()函数将字符串数据(可以是字符串常量、字符指针或字符数组名)写在屏幕上并换行。它比使用 printf()函数带来的冗余操作少，它仅用来输出一字符串，不能输出数值也不能进行格式变换。也可使用反斜杠"\"控制符输出转义字符。该函数返回一个指向该字符串首址的指针。

在使用 puts()函数前应加上文件包含命令：

　　♯ include ＜stdio. h＞

例：

　　puts("hello")；

输出为：

　　hello

3.5　数　据　输　入

数据输入是要把计算机外部设备的某些数据送到计算机内存中。如从键盘、磁盘文件等设备读入。最常用的控制台（键盘）上的数据形成了 stdin 标准输入流，我们再通过输入函数读到内存中。下面我们介绍几个标准输入库函数，它们都是从键盘上得到数据。

3.5.1　getche()函数与 getchar()和 getch()函数

getche()函数的调用形式：

　　char　ch；

　　　⋮

　　ch＝getche()；

getche()用于等待从键盘上键入一个字符，返回它的值并在屏幕上自动回显该字符。使用该函数必须在程序的头部使用文件包含命令：

　　♯ include ＜conio. h＞

例 3.4　单个字符的输入和输出。

```
♯ include ＜conio. h＞
♯ include ＜stdio. h＞
void main()
{
  char ch；
  ch＝getche()；
  putchar(ch)；putchar('\n')；
}
```

经编译后运行，输入 a，最后在屏幕上显示：

　　aa

其中：第一个 a 是键盘上输入系统自动回显的；第二个 a 是 putchar(ch)输出的。

getche()有两个重要的变体。第一个是 getchar()，它是 UNIX 系统的字符输入函数原型。这个函数的缺点是它的输入缓冲区一直到键入一个回车符才返回给系统。这样就可能在 getchar()返回之后还留下一些字符在输入排队流中。这个结果与现在使用的内部环境很不协调，所以建议不要使用这个函数。getchar()函数要使用头部文件<stdio.h>。

第二个变体getch()十分常用，它的作用和getche()基本一致，只是不把读入的字符回显在屏幕上。可以利用这一点来编程序避免不必要的显示。例如输入密码，用getch()就不回显。本函数要使用头部文件<conio.h>。

例3.5 多个字符的输入和输出。

```
# include <stdio.h>
# include <conio.h>
void main()
{
    char  a, b, c;
    a=getch(); b=getch(); c=getch();
    putchar(a); putchar(b); putchar(c);
    putchar('\n');
    getch();
}
```

经编译后运行，输入BOY，最后在屏幕上显示：

BOY　　　　　(此显示结果将停留至有一键按下)

从键盘上输入的BOY并不回显，而输出的BOY是三个putchar()函数逐个输出的。

若将例3.5中的前三个getch()换成getche()，结果一样否？请读者上机试之。

3.5.2　scanf()函数(格式输入函数)

getche()函数仅能从键盘上读入一个字符，当要输入具有某种格式的数据时(如实型数、八进制整数等)，就要使用格式输入函数scanf()了。

scanf()函数的调用形式：

scanf("控制字符串"，参量表)；

如scanf("a, b=%d, %d"，&a, &b)；

即要在键盘上输入

a，b=12，−34↙

此时12送给变量a，−34送给变量b，而控制字符串中a, b=和两个%d之间的逗号必须原封不动照样输入。

scanf()函数括号中的参量表是用来接收数据的变量地址，即变量名前加取地址运算符&。也就是说，如不加&则为变量名，而在变量名前加&则是变量的地址。当超过一个参量时，用逗号分隔。参量表不能是表达式。

scanf()函数括号中的控制字符串包含三类不同的字符内容：

(1) 格式说明；

(2) 空白字符；

(3) 非空白字符。

格式说明前也是一个百分号，这个说明告诉scanf()函数下一个将读入什么类型的数据。这些格式说明类似于printf()函数中的格式说明，如表3.2所示。

表 3.2 scanf( )的格式说明

说明符	格　　式
%c	读入一个字符
%d	读入一个十进制整型数
%e	读入一个科学记数的浮点数
%f	读入一个十进制的浮点数
%h	读入一个短整型数
%o	读入一个八进制数
%s	读入一个字符串，以空白字符作为结束
%x	读入一个十六进制数
%p	读入一个指针
%n	接受一个整型数，其值为已读入字串的字符个数

在格式控制字符串中的一个空白字符会使 scanf( ) 函数在读操作中略去输入流中的一个或多个空白字符。空白字符可以是空格($'\sqcup'$)、制表符($'\backslash t'$)或换行符($'\backslash n'$)。例如：

scanf("%d $\sqcup$ %d", &a, &b)；

输入"123 $\sqcup\sqcup\sqcup$ 456↙"，此时变量 a 得到值 123，变量 b 得到值 456。由于控制字符串中有一个空格，因此要略去输入流中的一个或多个(现为三个)空白字符(现为空格)。这些空白字符被读入，但是不存储它们，遇到非空白字符(包括 0 在内)才存储起来。

一个非空白字符会使 scanf( ) 函数在读入时剔除与这个非空白字符相同的字符。例如：

scanf("%d, %d", &a, &b)；

输入"123, 456↙"，此时变量 a 为 123，变量 b 为 456。此时逗号被读入，但不存储。在输入流中必须有这相同的非空白字符，如这特定字符没有找到，scanf( ) 函数就终止了。例如：

scanf("%d, %d", &a, &b)；

输入"123；456↙"，此时变量 a 为 123，而控制字符串中的特定字符逗号没找到(输入为分号)，输入函数就终止了，结果变量 b 未得到任何值。

当输入多个数据项时，有两种分隔方式：第一种控制字符串格式说明符之间有空白字符或无任何间隔，输入数据必须用空格、制表符或回车来分隔，此时标点符号(如逗号、分号、引号等)不能作为分隔符使用；第二种在数据之间使用与控制字符串之间相同的非空白字符(常用逗号)。

例如：

scanf("%d $\sqcup$ %d", &a, &b)；

或

scanf("%d%d", &a, &b)；

在输入时可以用

12 $\sqcup$ 23↙

也可以用

12↙

23↙

但不能是

      12, 23↙

又如：

      scanf("a=%d, b=%d", &a, &b);

在输入时必须用

      a=12, b=23↙

而输入

      12 ⌣ 23↙ 或

      a=12 ⌣ b=23↙

就会出现错误的结果。

一个格式说明还可以带修饰项。用来确定数据的最大位数的修饰符为 m，当输入数据位数少于该数（即遇空白字符或非法字符）表示该数据输入结束；当输入数据位数多于该数，则只读入该数所表示的位数，多余数据将作为下一个数据读入其他变量。例如：

      scanf("%3d%3d", &a, &b);

输入"12345↙"，则 a 变量得到 123，b 变量得到 45（遇回车）。又如：输入"1 ⌣ 2345↙"，则 a 变量得到 1（遇空格）而不是 12 或 102，b 变量得到 234。

一个格式说明中出现"＊"修饰符时，表示读入一个该类型的数据并不存储（即跳过该数据）。

例如：

      scanf("%d%＊c%d", &a, &b);

输入"12/23↙"，则变量 a 得到 12（遇非空白字符），而字符/由于%＊c 而被忽略（不存储，因此也不必有参数与其对应），变量 b 得到 23。

在格式说明符 d，o，x 前加修饰符 l 表示输入长整型数，而格式说明符 f，e 前加修饰符 l 表示输入双精度实型数。

说明：

(1) scanf() 函数中各格式说明符在个数和顺序及类型上与参量表中的变量必须一一对应。

(2) 虽然空格，制表符和换行符可作为数据的分隔符使用，但在读入单个字符且格式说明符为%c 时，它们也被当作其他单个字符一样被读入。例如，输入流为 x ⌣ y 时，

      scanf("%c%c%c", &a, &b, &c);

则返回值 x 给变量 a，空格给变量 b，y 给变量 c。所有字符（包括转义字符）都可以作为字符输入。

(3) 格式说明符%s 是读入字符串的格式说明，在输入字符串时必须以空白字符结束。而参量表内必须是字符数组名或字符指针，在使用字符数组名或指针名时，前面不必加 &，因为数组名是数组存储的起始地址，指针内放的也是地址。

(4) 输入实数时不能规定精度。例如"scanf("%4.1f", &f);"是非法的，如不能企图输入 12.1。

3.5.3 gets() 函数（字符串输入函数）

字符串除了在 scanf 函数中用%s 格式输入外，标准输入/输出库中还提供了一个字符

串输入函数 gets()。函数的原型是：

```
char * gets(char * s);
```

其中 s 是一个字符数组或有存储空间的字符指针。

gets()函数用来从键盘读入一串字符，并把它们送到 gets()函数中的字符数组成字符型指针所指定地址的存储单元中。

在输入字符串后，必须用回车作为输入结束，该回车符并不属于这串字符，由一个"空操作字符('\0')"在串的最后来代替它。此时空格不能结束字符串的输入。gets()函数返回一个指针。

例 3.6 字符串的输入和输出。

```
# include <stdio. h>
void main()
{
    char str[80];
    gets(str);
    puts(str);
}
```

运算结果：

ABC　DEF↙ ABC　DEF

输入以回车结束，第二个字符串是把 str 字符数组中的内容在显示器上输出。

3.6　程序设计举例

例 3.7 输入一个小写字母，按大写输出。

程序一：

```
# include <stdio. h>
# include <conio. h>
void main()
{
    char ch;
    ch=getche();
    putchar(ch-32);
}
```

运行结果：

aA

第一个 a 是键盘输入后由 getche()函数回显的，第二个 A 是'a'减 32 变成'A'由 putchar()函数输出的。

程序二：

```
# include <stdio. h>
# include <conio. h>
void main()
{
```

```
char ch;
ch=getch();
putchar(ch-32);
}
```

运行结果：

A

在输入小写 a 时没有回显，而输出的 A 是'a'减 32 变成'A'，由 putchar()函数输出的。

程序三：

```
#include <stdio.h>
void main()
{
char ch;
ch=getchar();
putchar(ch-32);
}
```

运行结果：

abcdefg↙A

在键盘上输入一个字符串 abcdefg，当回车后系统才接受。取第一个字符'a'送入 ch 变量，减 32 后变成'A'，由 putchar()函数输出。而文字流 bcdefg 将停留在输入流中，由本程序以后的输入函数取用。

例 3.8 输入三角形的三条边长，求三角形的面积。我们假设输入的三边能构成三角形。

分析：三角形面积的计算公式如下：

$$s=(a+b+c)/2$$

$$area=\sqrt{s(s-a)(s-b)(s-c)}$$

程序：

```
#include <stdio.h>
#include <math.h>
void main()
{
float a, b, c, s, area;
scanf("%f, %f, %f", &a, &b, &c);
s=0.5*(a+b+c);
area=sqrt(s*(s-a)*(s-b)*(s-c));
printf("a=%.2f, b=%.2f, c=%.2f\n", a, b, c);
printf("area=%.2f\n", area);
}
```

运行结果：

3, 4, 6↙

a=3.00, b=4.00, c=6.00

area=5.33

其中，sqrt()是平方根函数，属于数学函数，该函数原型在<math.h>头文件中。今后凡用到数学函数时，在程序头部必须使用文件包含命令 # include ＜math. h＞。库函数的具体内容见附录二。

本 章 重 点

◇ 软件质量和软件工程：按照工程规范，采用自顶而下，逐步细化方法开发程序，提升软件质量。

◇ 结构化程序设计的三种基本模块：顺序、分支和循环。上述基本模块可以处理各种问题。

◇ C 语言是函数式语言，语句则是函数的组成部分，也是函数功能实现的执行体。

◇ C 语句必须以分号结束。

◇ 输入/输出语句实现程序与用户的交互，输入函数实现从键盘获得用户的输入，输出函数实现函数运算结果的显示。

◇ 格式控制符是以"％"开头的用于控制后续参量显示格式的特殊字符。

习 题

1. 编程实现：输入圆的半径，输出其周长和面积。

2. 写出利用函数 getche() 和 putchar() 进行字符串的输入/输出，并对字符的个数进行累加并输出结果的程序。

3. 编程求解鸡兔同笼问题：已知鸡兔共有头 a 个，有脚 b 只，计算鸡兔各是多少只？请思考，鸡兔脚的总数 b 可以任意输入吗？

4. 编程从键盘输入一个三位数，将它们逆序输出。例如输入 123，则输出 321。我们经过后续章节的学习，将能解决任意多位数字的逆序输出。

5. 编程从键盘输入一个三角形的三条边长 a、b、c。请计算三角形的面积。$s = 0.5(a+b+c)$，$area = \sqrt{s(s-a)(s-b)(s-c)}$。请思考：三角形的三条边长可任意输入吗？下章将解决这个问题。

第 4 章

«««««««««««««««««««

分支结构的 C 程序设计

在我们实际生活中，经常需要以一定的条件为依据做出判断或选择，决定做什么、或不做什么以及如何去做。在计算机中，这种情况是用分支结构来实现的。

例如，我们曾在上一章的习题中请大家思考：输入三角形的三条边长时，三条边长应满足什么样的条件才能构成一个三角形？

再如，计算一元二次方程 $ax^2+bx+c=0$ 的根，如果 $b^2-4ac>0$，则有两个不相等的实根；如果 $b^2-4ac=0$，则有两个相等的实根；如果 $b^2-4ac<0$，则有一对共轭复根。

对于这一类问题，无法用顺序执行的语句来描述，而是需要根据不同的判断条件执行不同的操作，这就是本章要介绍的分支结构。

对于类似这种需分情况处理的问题，首先要解决两个问题：一个是如何用 C 语言的表达式正确描述判断条件；另一个是如何用 C 语句实现这种分情况处理。下面我们将分节介绍这些问题。

4.1 分支结构中的表达式

在其他高级语言中，分支结构中的表达式仅指关系表达式和逻辑表达式，比较简单，但在 C 语言中却要复杂得多，可以是任何有效的表达式，如算术表达式、赋值表达式、字符表达式、条件表达式，也可以是任意类型的数据，如整型、实型、字符型、指针类型等。

4.1.1 C 语言中的逻辑值

C 语言中没有专门定义逻辑类型的变量和常量，但对逻辑值作了更宽的规定：表达式的值非 0，表示逻辑真；表达式的值为 0，表示逻辑假。也就是说，不管什么类型的表达式，只要值不是 0 就表示真，如 1、2、0.5、'a'，都表示真；只有值是 0、'\0'(字符'\0'的 ASCII 值为 0)时才表示假。

C 语言对逻辑真、假值的这种表达方式，使得所有类型的表达式都能在分支结构中作条件使用，允许我们编制效率更高的程序。

4.1.2 关系表达式

1. 关系表达式的概念

所谓关系表达式，是指用关系运算符将两个表达式连接起来，进行关系运算的式子。例如，下面的关系表达式都是合法的：

a>b, a+b>c−d, (a=3)<=(b=5), ′a′>=′b′, (a>b)= =(b>c)

2. 关系表达式的运算结果

关系表达式的运算结果为逻辑值，C语言用整数"1"表示"逻辑真"，用整数"0"表示"逻辑假"。所以，关系表达式的值，还可以参与其他种类的运算，例如算术运算、逻辑运算等。

例如，假设 num1=3，num2=4，num3=5，则：

(1) num1>num2 的值为 0。

(2) (num1>num2)! =num3 的值为 1。

(3) num1<num2<num3 的值为 1。

(4) (num1<num2)+num3 的值为 6，因为 num1<num2 的值为 1，1+5=6。

4.1.3 逻辑表达式

1. 逻辑表达式的概念

关系表达式只能描述单一条件，例如"x>=0"。如果需要描述"x>=0"，同时"x<10"，就要借助于逻辑表达式了。

所谓逻辑表达式，是指用逻辑运算符将一个或多个表达式连接起来，进行逻辑运算的式子。在C语言中，用逻辑表达式表示多个条件的组合。

例如，(x>=0) && (x<10) 就是一个判断数 x 是否大于等于 0 且小于 10 的逻辑表达式。

2. 逻辑表达式的运算结果

逻辑表达式的值也是一个逻辑值。例如：

(a>b) && (x>y)	等效于	a>b && x>y
(a= =b) || (x= =y)	等效于	a= =b || x= =y
(! a) || (a>b)	等效于	! a || a>b

要根据优先级处理数值运算、关系运算和逻辑运算，想提高某运算的级别或增加运算关系的清晰性，可以加括号。逻辑表达式的求解，在值已能确定的情况下不需要求到最后。如：

(1) 表达式 a && b && c：

当 a=0 时，表达式的值为 0，不必计算和判断 b、c；

当 a=1、b=0 时，表达式的值为 0，不必计算和判断 c；

只有 a=1、b=1，才判断 c。

(2) 表达式 a \|\| b \|\| c：

当 a=1(非 0)时，表达式的值为 1，不必计算和判断 b、c；

当 a=0 时，才判断 b，如 b=1，则表达式的值为 1，不必计算和判断 c；

只有 a=0、b=0，才判断 c。

熟练掌握关系运算符和逻辑运算符，就可以用逻辑表达式表示一个复杂的条件。例如，判断某年 y 是否为闰年。y 满足二者之一为闰年：① y 能被 4 整除，但不能被 100 整除；② y 能被 400 整除。两个条件为或(\|\|)的关系，条件①内的两个条件为与(&&)的关系。判断整除用求余运算%，余数为 0，则能整除。表达式可写成：

(y%4 = =0 && y%100 ! = 0)\|\| y%400 = =0

判断非闰年，则将上述整个条件取反即可：

!（（y%4==0 && y%100!=0）|| y%400==0）

4.1.4 其他形式的表达式

C语言分支结构中的表达式比较复杂，因为它可以是任何有效的表达。常用的还有：

1. 算术表达式

如 if(a * b−3 * c){…}，以算术表达式"a * b−3 * c"的值是否为真决定程序流向，而不必写成逻辑表达式"a * b−3 * c==1"的形式。

if(a){…}、if(3){…}、if(0){…}使用的都是算术表达式。如果写成 if(a==1){…}或 if(a==0){…}，则用的是逻辑表达式，是有冗余且潜在低效的，不是好风格。

2. 赋值表达式

用赋值表达式作分支结构中的条件表达式，清晰度不高，容易使人迷惑。

例如："int a=3，b=5；if(a=b){…}"，请问条件是否成立？有人说不成立，因为3≠5。错了！这里"a=b"是赋值表达式，而不是"a == b"，a为5，因此表达式取a的值，为真。

再如："int a=3，b=0；if(a=b){…}"，请问条件是否成立？有人说不成立，因为3≠0。说条件不成立，是正确的，但理由是"a=b"是赋值表达式，赋值后a为0，表达式取a的值，故为假。

3. 字符表达式

如定义"char c=3；"，则 if(c){…}、if('B'){…}使用的都是字符表达式，其值同样是0为假，非0为真。

还有其他形式的表达式，如逗号表达式等，其逻辑值的取法与上述相同。

4.2 if 语 句

分支结构（又称选择结构）最常用的语句是 if 语句，它用来判定所给定的条件是否满足，并根据判定的结果（真或假）决定执行给出的两种操作中的哪一个。if 语句有三种形式，下面分别介绍。

4.2.1 if 语句的简单形式

if 语句的简单形式如下：

　　if(表达式)语句

其中，表达式不限于逻辑表达式或关系表达式，可以是各种表达式，如算术表达式等。当表达式的值为非零时为"真"，当表达式的值为零时为"假"。

if 语句的执行过程如图4.1所示。

当表达式的值为真时，执行后面的语句，接着执行下一语句；当表达式的值为假时，直接执行下一语句。

if 语句中的"语句"，可以是第3章中介绍过的各种

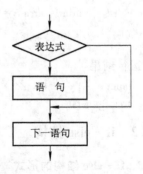

图4.1 if语句执行过程

语句，可以是单个语句，也可以是一组语句。当超过一条语句时，必须用花括号括起来，构成一个复合语句。

例 4.1　打印出不及格的成绩。

```
#include <stdio.h>
void main()
{
    float score;
    scanf("%f", &score);
    if (score<60.0)
        printf("score=%5.1f\n", score);
}
```

运行结果：

68↙

再次运行：

50↙

score=　50.0

if 结构中也可以采用复合语句，如下例。

例 4.2　输入三角形的三条边长 a、b、c，若能构成三角形，则利用海伦公式求出三角形的面积。（海伦公式：$S=sqrt(l*(l-a)*(l-b)*(l-c))$，其中 $l=\dfrac{a+b+c}{2}$。）

```
#include <stdio.h>
#include <math.h>
void main()
{   float a, b, c, l, S;
    printf("Input a, b, c: ");
    scanf("%f %f %f", &a, &b, &c);
    if (a<=0 || b<=0 ||c<=0)
    {
        printf("Illegal input! \n");
        return;
    }
    if (a+b>c && a+c >b && b+c>a)
    {
        l=(a+b+c)/2;
        S=sqrt(l*(l-a)*(l-b)*(l-c));        /* sqrt 是库函数，其功能是求平方根 */
        printf("area S=%.2f\n", S);
    }
}
```

运行结果：

Input a, b, c: 3 4 5↙

area S=6.00

4.2.2　if - else 结构

1. if - else 结构的形式

if - else 结构是 if 语句的基本形式，形式如下：

if(表达式)　　语句 1

else　　语句 2

其执行过程如图 4.2 所示。

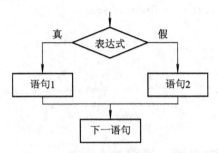

图 4.2　if～else 语句执行过程

当表达式的结果为真(非零)时，执行语句 1，执行完后顺序执行下一语句；当表达式的结果为假(零)时，执行语句 2，执行完后顺序执行下一语句。此属二中选一的情况，必选其一，只选其一。

其中语句 1 和语句 2 可以是单个语句，也可以是复合语句(即用花括号括起来的一组语句)。复合语句中又可以含有 if 语句，这就是后面要讲的 if 嵌套。子句 else 是任选的，当没有 else 子句时，就变成 if 语句的简单形式了。在书写格式上，语句 1、else、语句 2 都可以另起一行，但仍看做是在同一个 if 语句内。

例 4.3　打印成绩，若成绩≥60，则输出"Pass"，否则输出"Fail"。

方法一：用两个简单的 if 语句实现。

```
#inchde <stdio.h>
void main()
{
    float score;
    scanf("%f", &score);
    if(score<60.0) printf("score=%5.1f———Fail\n", score);
    if(score>=60.0) printf("score=%5.1f———Pass\n", score);
}
```

运行结果：

50↙

score=　50.0———Fail

再次运行：

80↙

score=　80.0———Pass

在第二个 if 语句中，if(score>=60.0)是不能缺少的，否则不管 score 是否小于 60，都将打印出第二行的结果。

方法二：用 if～else 语句实现。

```
#include <stdio.h>
void main()
{
```

```
        float score;
        scanf("%f", &score);
        if(score<60.0) printf("score=%5.1f———Fail\n", score);
        else printf("score=%5.1f———Pass\n", score);
    }
```

运行结果：

50↙

 score=   50.0———Fail

再次运行：

80↙

 score=   80.0———Pass

从例 4.3 中可看出，if～else 结构较两个 if 语句简单、清晰，也不易出错。

上例 if 语句和 else 语句后都有一个分号，该分号是 C 语言语句语法所要求的。if 语句后的分号并不是表示 if 结构已结束，而是其后的 printf 语句要求的分号；else 语句后的分号也是其后的 printf 语句要求的，同时表示此 if 语句到此结束，而不必连用两个分号来表示 if～else 结构的结束。

2. 条件运算符的使用

当 if-else 结构中的语句是表达式语句时，就可以使用条件运算符"? :"，即下列 if-else 语句：

    if(表达式 1) 表达式 2；else 表达式 3；

用条件运算符写成通用形式即为

    表达式 1? 表达式 2：表达式 3

说明：

(1) 条件运算符的执行顺序：先求解表达式 1，若为非 0(真)，则求解表达式 2，此时表达式 2 的值就作为整个条件表达式的值；若为 0(假)，则求解表达式 3，此时表达式 3 的值就作为整个条件表达式的值。如

    max=(a>b)? a:b

的执行结果就是将条件表达式的值赋给 max。也就是将 a 和 b 两者中大者赋给 max。

(2) 条件运算符优先于赋值运算符，因此上面赋值表达式的求解过程是先求解条件表达式，再将它的值赋给 max。

条件运算符的优先级比关系运算符和算术运算符都低。因此：

| max=(a>b)? a:b | 等效于 | max=a>b? a:b |
| a>b? a:b+1 | 等效于 | a>b? a:(b+1) |

(3) 条件运算符的结合方向为"自右向左"。如果有以下条件表达式：

    a>b? a:c>d? c:d

相当于

    a>b? a:(c>d? c:d)

如果 a=1，b=2，c=3，d=4，则条件表达式的值为 4。

由于函数调用也返回一个值，因此表达式 2、3 也可出现函数的调用，如：

表达式？函数调用 1：函数调用 2

例 4.4 输入 x 的值，当 x>0 时调用 sqrt(x)，否则调用 fabs(x)。

```
#include <math.h>
#include <stdio.h>
void main()
{
    float x, y;
    scanf("%f", &x);
    y=x>0? sqrt(x)：fabs(x);          /* fabs 是库函数，其功能是取绝对值 */
    printf("x=%f, y=%f\n", x, y);
}
```

运行结果：

9.0↙

x=9.000000, y=3.000000

再次运行：

−9.0↙

x=−9.000000, y=9.000000

本例中使用了数学函数 sqrt(开平方根)和 fabs(求绝对值)，因此在程序头部要加上文件包含命令 #include <math.h>。这两个函数的函数值和自变量均为双精度类型，因此 x 最好定义成双精度型。取整型数的绝对值可使用 abs(x)函数。这些可查附录四的库函数表。

例 4.5 打印 a，b 两个数中较大的一个数。

方法一：用 if~else 结构实现。

```
#include <stdio.h>
void main()
{
    int a, b;
    scanf("%d, %d", &a, &b);
    if (a>b) printf("max=%d\n", a);
    else printf("max=%d\n", b);
}
```

方法二：用条件运算符实现。

```
#include <stdio.h>
void main()
{
    int a, b;
    scanf("%d, %d", &a, &b);
    printf("max=%d\n", a>b? a:b);
}
```

以上两种方法运行结果完全一致，可选用。

3. if 语句的嵌套

if 语句的嵌套是 if-else 结构中的语句 1 或(和)语句 2 又是一个 if~else 结构。

我们直接由例子来说明。

例 4.6 输入一个学生成绩，当成绩≥90 时，打印"Very Good"；当 80≤成绩＜90 时，打印"Good"；当 60≤成绩＜80 时，打印"Pass"；当成绩＜60 时，打印"Fail"。

```
#include <stdio. h>
void main()
{
    float score;
    printf("Input score:");
    scanf("%f", &score);
    if(score >= 80)
      if(score>=90) printf("Very Good\n");
      else   printf("Good\n");
    else if(score>=60) printf("Pass\n");
         else printf("Fail\n");
}
```

运行结果：

```
Input score: 85↙

Good
```

嵌套的 if 语句很容易出错，原因在于不知道哪个 else 与哪个 if 配对。C 语言提供了一个简单规则：从内层开始，else 总是与它上面最近的（未曾配对的）if 配对。例如语句段：

```
if(x)
    if(y) printf("A");
    else printf("B");
```

其中 else 语句是与 if(y)相匹配的。如果 else 语句与 if(x)相匹配，则 if(y)子句必须加花括号写成：

```
if(x)
{ if(y) printf("A"); }
else printf("B");
```

此时 else 语句不知道 if(y)语句，因为它隐藏在一个复合语句中。从本质上讲，if(y)和 else 不在同一个块程序中。为了能区分嵌套的层次，我们常用缩进的方式来表示不同的层次，这样写程序便于阅读，便于查错。我们要求在程序书写时采用按层缩进的格式，使同一层在同一起始位置。

嵌套最多可达 15 层。当一个 if~else 结构嵌在 if 子句中，即语句 1 又是一个 if~else 结构时，非常容易出错，而嵌在 else 子句中，即语句 2 是 if~else 结构时，则不易出错。故建议初学者在写 if 嵌套语句时，尽量写成：

```
if(表达式 1) 语句 1
else if(表达式 2) …
```

这就是 if 语句的第三种常用形式，即 else if 结构。

4.2.3 else if 结构

else if 结构的形式如下：

if(表达式 1) 语句 1
else if(表达式 2) 语句 2
else if(表达式 3) 语句 3
     ⋮
else if(表达式 n) 语句 n
else 语句 n+1

其中语句 1～语句 n+1 的解释同前。表达式 1 到表达式 n 的值应相互独立、无重叠。

else if 结构的执行过程如图 4.3 所示。

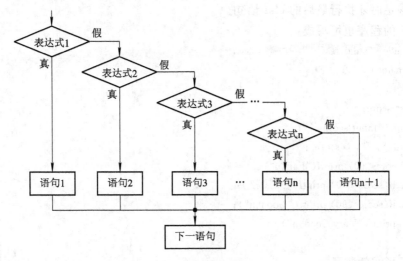

图 4.3　else if 结构的执行过程

该结构的执行过程是按从上到下的次序逐个进行判断的，一旦发现条件满足(表达式值为非零)就执行与它有关的语句，并跳过其他剩余的语句结束本 if 语句，若逐一判断却没有一个条件被满足，则执行最后一个 else 语句。这个最后的 else 语句常起着"缺省条件"的作用。此属多中选一的情况，必选其一，只选其一。如果没有最后的 else 语句，则其他条件都不满足时，什么也不执行。

从 if(表达式 1)到语句 n+1，不管 n 多大，只算一个语句。无论执行的是哪个语句，执行完都转到下一语句执行。不难看出，当 n=1 时，就变成了 if else 形式了。

例 4.7　将例 4.6 用 else if 结构来实现。

```
# include <stdio. h>
void main()
{
    float score;
    printf("Input score：");
    scanf("%f", &score);
    if(score>=90) printf("Very Good\n");
    else if (score>=80) printf("Good\n");
    else if(score>=60) printf("Pass\n");
    else printf("Fail\n");
}
```

运行结果：

Input score：58↙

Fail

说明：

(1) 在 else if 结构中，if 语句…else if 语句…else 语句属于同一程序模块。程序每运行一次，仅有一个分支的语句能得到执行。

(2) 各个表达式所表示的条件必须是互相排除的，也就是说，只有条件 1(表达式 1)不满足时才会判断条件 2，只有条件 2 也不满足时才会判断条件 3，其余依次类推，只有所有条件都不满足时才执行最后的 else 语句。

例 4.7 的程序也可写成：

```
# include <stdio. h>
void main()
{
    float score;
    Printf("Input score：");
    scanf("%f", &score);
    if (score<60) printf("Fail\n");
    else if(score<80) printf("Pass\n");
    else if(score<90) printf("Good\n");
    else printf("Very Good\n");
}
```

如写成以下形式就错了：

```
# include <stdio. h>
void main()
{
    float score;
    printf("Input score：");
    scanf("%f", &score);
    if (score<60) printf("Fail\n");
    else if(score>=60) printf("Pass\n");
    else if(score>=80) printf("Good\n");
    else printf("Very Good\n");
}
```

因为在 else if(score>=60)这个条件中包含了 score>=80，也包含了 score>=90，所以后两个语句再也没有机会执行了。

4.3 switch 语 句

if 语句和 if-else 结构常解决两分支问题，if 结构的嵌套和 else if 结构可解决多分支的问题。此外，C 语言还提供一种用于多分支选择的 switch 语句，又称开关语句。其表达式的取值有特点、有规律，易于统一表示。实际问题如：按成绩分类、年龄分类、数学函数按定义域分类、菜单选项等。这类问题可用 if 语句或其嵌套解决，但往往显得冗长，或嵌套层数多，可读性差。

switch 语句的形式：

switch(表达式)

{

    case 常量 1：语句 1；[break]

    case 常量 2：语句 2；[break]

          ⋮

    default：语句 n

}

switch 语句的执行过程如图 4.4 所示。

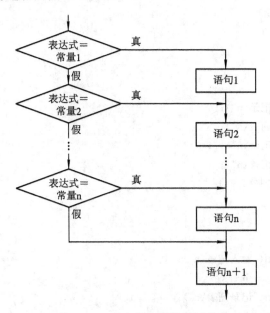

图 4.4　switch 语句的执行过程

switch 语句先计算表达式的值，然后同多个 case 分支后的常量比较，找到相等的 case 常量则执行该常量冒号后的语句段，并从这个入口开始一直执行下面所有冒号后的语句，如果遇到 break 语句则跳出 switch 结构；如果没有 break 语句，则不再判断后面 case 后的条件，直接执行下面所有 case 后的语句，直到碰到 break 语句或 switch 语句结束。如果 switch 语句后表达式的值找不到匹配的 case 常量，就执行 default 后面的语句段直到结束。default 是任选项，如果没有该语句，则在所有配对都失败时，什么也不执行。

说明：

（1）switch 后面的表达式可以是整型、字符型、枚举型。

（2）若语句 1～语句 n 中存在 break 语句，则程序执行到 break 时会跳出 switch 语句，执行其后的语句 n+1。

（3）每个 case 分支只是一个入口，若无 break 语句，则一直执行其后所有 case 后的语句，直至 switch 语句的结束处。因此，若希望只执行一个开关，则必须在 case 后的语句中加 break 语句。

（4）每个 case 分支后也可有多条语句，但不必用{ }，这一点与之前的 if 语句、之后的 while 和 for 语句不同。

（5）switch 语句可以允许有 257 个 case 常量，但同一级的 case 常量不能有相同的值。

（6）switch 语句允许嵌套，即在某一 case 常量后的语句段中又包含一个 switch 语句，此时内、外层的 case 语句可以有相同的常量值。

（7）当若干分支需要执行相同操作时，可利用空语句，将几个 case 分支写在一起，使多个 case 分支共用一组语句。

（8）switch 语句非常适合于菜单的编程，如下例。

例 4.8　在显示器上显示一个菜单程序的模型。

```c
#include <conio.h>
#include <stdio.h>
void main()
{
    void dummy();
    char ch;
    printf("1. 输入记录\n");
    printf("2. 记录列表\n");
    printf("3. 删除记录\n");
    printf("4. 修改记录\n");
    printf("请输入选择(1~4): ");
    ch=getche();
    switch(ch)
    {
        case '1': printf("输入记录\n");
                  fun1(); break;
        case '2': printf("记录列表\n");
                  fun2(); break;
        case '3': printf("删除记录\n");
                  fun3(); break;
        case '4': printf("修改记录\n");
                  fun4(); break;
        default: printf("选择错! \n");
    }
}
void fun1() {}
void fun2() {}
void fun3() {}
void fun4() {}
```

运行结果：

1. 输入记录

2. 记录列表

3. 删除记录

4. 修改记录

请输入选择(1~4)：1↙

1 输入记录

说明：

程序运行后，当执行到 ch＝getche()时，屏幕停留在此，等待用户键入字符。当我们从键盘键入字符"1"后，开始执行"case '1':"后的语句段。程序中的 fun1、fun2、fun3 和fun4 四个函数分别表示在输入相应选项时将执行的函数，为简化程序，我们在该例中将这四个函数定义为空函数，读者可在学习了函数的相关知识后补充完善。

程序前面的 5 个 printf 语句用于显示提示信息即菜单，switch 语句进行判断，case 后的常量必须是字符常量。当然'1'可以写成49，但若写成1则匹配不上，所以 case 后的常量不能是1，2，3，4。由于在 4 个分支中只执行 1 个分支，因此每个 case 结束都必须有 break语句跳出 switch 语句。当 ch 与'1'、'2'、'3'、'4'都不匹配时，就执行 default 语句并结束switch 语句。

4.4 程序设计举例

例 4.9 编写一个可由用户键入简单表达式的程序，形式如下：

number operator number

该程序要计算该表达式并以两位小数显示结果。

我们要识别的运算符 operator 为加、减、乘、除。

```c
#include <stdio.h>
void main()
{
    float value1, value2;
    char operator;
    printf("Input your expression：\n");
    scanf("%f%c%f", &value1, &operator, &value2);
    if (operator=='+')
        printf("%.2f\n", value1+value2);
    else if (operator=='-')
        printf("%.2f\n", value1-value2);
    else if (operator=='*')
        printf("%.2f\n", value1*value2);
    else if (operator=='/')
        if(value2==0.0)
            printf("Division by zero.\n");
        esle
            printf("%.2f\n", value1/value2);
    else
        printf("Unknown operator.\n");
```

}

运行结果：

Input your expression：

123.5+59.3↙

182.80

再次运行：

Input your expression：

198.7/0↙

Division by zero.

再次运行：

Input your expression：

125 $ 28↙

Unknown operator.

例 4.10 用 switch 语句改写例 4.9。

```
# include <stdio. h>
void main()
{
    float value1, value2;
    char operator;
    printf("Input your expression：\n");
    scanf("%f%c%f", &value1, &operator, &value2);
    switch(operator)
    {
        case '+': printf("%.2f\n", value1+value2);
                break;
        case '-': printf("%.2f\n", value1-value2);
                break;
        case '*': printf("%.2f\n", value1 * value2);
                break;
        case '/': if(value2==0.0)
                    printf("Division by zero. \n");
                else
                    printf("%.2f\n", value1/value2);
                break;
        default: printf("Unknown operator. \n");
    }
}
```

本程序运行结果与例 4.9 的结果完全一样。

例 4.11 输入一个字符，请判断是字母、数字还是特殊字符。

```
# include <stdio. h>
# include <conio. h>
void main()
```

```
    {
        char ch;
        printf("请输入一个字符：");    /* 在双引号内的字符串中，可以出现汉字，不影响程序运行 */
        ch=getche();
        if((ch>='a' && ch<='z')||(ch>='A' && ch<='Z'))
            printf("\n 它是一个字母！\n");    /* 注意前后的\n，养成良好的编辑习惯 */
        else if(ch>='0' && ch<='9')
            printf("\n 它是一个数字！\n");
        esle
            printf("\n 它是一个特殊字符！\n");
    }
```

运行结果：

请输入一个字符：A

它是一个字母！

再次运行：

请输入一个字符：＋

它是一个特殊字符！

说明：

本程序能键入可见的 ASCII 字符有 95 个，由于需罗列的情况太多而不适合用 switch 语句。

例 4.12 假设奖金税率如下(a 代表奖金，r 代表税率)：

a<500 部分	r=0
500≤a<1000 部分	r=5%
1000≤a<2000 部分	r=8%
2000≤a<3000 部分	r=10%
a≥3000 部分	r=15%

现要求根据输入的奖金数，计算应缴税款和实得奖金数。

分析： 税率的变化是有规律的，其"变化点"都是 500 的倍数，利用这一特点，可以将奖金数先进行转换，得到某一整数，再利用 switch 语句，根据不同的整数值，计算应缴税款和实得奖金。源程序如下：

```
#include <stdio.h>
void main()
{
    int a, r, d;
    float tax, prize;
    printf("Input a：");
    scanf("%f", &a);
    if(a>=3000)d=6;
    else d=a/500;
    switch(d)
    {
```

```
        case 0：r＝0；break；
        case 1：r＝5；break；
        case 2：
        case 3：r＝8；break；
        case 4：
        case 5：r＝10；break；
        case 6：r＝15；break；
    }
    tax＝a＊r/100；
    prize＝a－tax；
    printf("prize＝%.2f tax＝%.2f\n"，prize，tax)；
}
```

运行结果：

Input a：2360↙

prize＝2124.00 tax＝236.00

说明：

程序中 d，a 是整型变量，因此 a/500 为整数。当 1000≤a＜2000 时，a/500 的值为 2 或 3，由于"case 2："后是空语句，因此"case 2："和"case 3："共用一组操作。当 a≥3000 时，令 d＝6，而不使 d 随 a 增大，这样可用一个 case 语句处理所有 a≥3000 的情况。

在选择结构中是使用 if 语句还是使用 switch 语句，一是根据题目需要，二是根据个人爱好，由自己选择使用，不过二者常常是可以互相替代的。

本 章 重 点

◇ 分支结构使程序具有判断功能，要正确描述分支结构中的表达式。在判断表达式的逻辑值时，非 0 即为真，0 为假。

◇ 掌握 if 语句的简单形式和 if - else 结构，进行单分支和双分支选择结构的编程。

◇ 利用 if 语句的嵌套或 switch 语句，正确进行多分支结构的编程。

◇ 注意 if 语句嵌套结构中实质上的层次关系，即从内层开始，else 总是与它上面最近（末层配对）的 if 配对。书写时应采用缩进形式，以增强程序的可读性。

◇ switch 语句在执行时，匹配的分支只是一个入口，程序从此执行下去，不再判断。若只执行一个分支，则必须在 case 后的语句中使用 break 语句。

◇ 条件运算符在简单的"两选一"的情况下，能使 C 程序更简练，但不适用于复杂的判断。

习　　题

1. 什么是算术运算？什么是关系运算？什么是逻辑运算？

2. 判断下列关系表达式或逻辑表达式的运算结果：

(1) 10 ＝＝ 9＋1

(2) 10 && 8

(3) 6 || 0

(4) !(2+5)

(5) 0 && -3

(6) 设 x=15，y=10：x>=9 && y<=x

3. 求下面各逻辑表达式的值。设 a=3，b=4，c=5。

(1) a+b>c&&b==c

(2) a||b+c&&b-c

(3) !(x=a)&&(y=b)&&0

(4) !(a+b)+c-1&&b+c/2

4. C 语言中如何表示"真"和"假"？系统如何判断一个量的"真"和"假"？

5. 编程求某数 x 的绝对值。

6. 编写一程序：有 3 个整数 a、b、c，由键盘输入，输出其中最大的数。

7. 编程求一元二次方程 $ax^2+bx+c=0$ 的根，其中 a，b，c 可以是任意实数。

8. 有一函数：

$$y = \begin{cases} x & (x<1) \\ 2x-1 & (1 \leqslant x<3) \\ 3x^2-10 & (x \geqslant 3) \end{cases}$$

试编写一程序，输入 x 值，输出 y 值。

9. 编写程序：输入百分制成绩，要求输出成绩等级'A'、'B'、'C'、'D'、'E'。90 分以上为'A'，80～89 分为'B'，70～79 分为'C'，60～69 分为'D'，60 分以下为'E'。

10. 输入两个整数的四则(+、-、*、/)运算式，输出计算结果。如输入：123+456，应该输出 123+456=579。

第5章

<<<<<<<<<<<<<<<<<<<<<

循环结构的 C 程序设计

在编程解决实际问题时，常常会遇到这样的情况：需反复多次执行同一组操作。例如：求若干个数之和或之积、方程的迭代求根、以二维表的形式打印报表等，类似这样的问题都需要用到循环结构。循环结构和顺序结构、选择结构是结构化程序设计的三种基本结构。

循环是一种有规律的重复。循环结构是指当满足某一条件时，对同一段程序重复执行，被重复执行的部分称为循环体，循环执行需要满足的条件称为循环条件。

C语言提供了以下 4 种循环语句组成不同形式的循环结构：while 循环语句、do - while 循环语句、for 循环语句以及用 goto 语句和 if 语句组成的循环结构。

5.1　while 循环语句

while 循环的一般形式如下：
　　while(表达式)
　　　　语句
其流程图如图 5.1 所示。

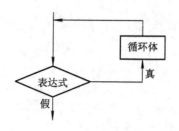

图 5.1　while 循环

while 语句的执行过程是：先计算 while 后面圆括号内表达式的值，如果其值为"真"（非 0），则执行语句部分（即循环体）；然后再计算表达式的值，并重复上述过程，直到表达式的值为"假"（0）时循环结束，程序控制转至循环结构的下一语句。

while 循环中的表达式与分支中的表达式一样，可以是任何有效的表达式，如：关系表达式（如 i<=100）或逻辑表达式（如 a<b&&x<y），数值表达式或字符表达式，同时表达式的值非 0 表示逻辑真，0 表示逻辑假。只要其值非 0，就可执行循环体。

使用 while 语句时，应注意以下几个问题：

(1) while 语句的特点是"先判断，后执行"，即先判断表达式的值，然后执行循环体中的语句。因此，如果表达式的值一开始就为"假"时，则循环体一次也不执行。

(2) 循环体由多个语句组成时，必须用左、右花括号括起来，使其构成一复合语句。如下例：

```
void main()
{
    int i, sum;
    i=5; sum=0;
    while (i>0)
      {
        sum=sum+i;
        i--;
      }
}
```

若其中的循环体无{ }，即循环语句写成：

```
while (i>0)
    sum=sum+i;
    i--;
```

那么循环体中只包含 sum 求和一条语句，而语句 i－－则变为循环结构的下一条语句，尽管 i－－语句也采用了缩进的形式，但计算机执行程序时是按语法进行的。这是循环结构编程的常见错误，要予以重视。

(3) 为使循环最终能够结束，不产生"无限循环"，每执行一次循环体，表达式的值都应向表达式趋于"假"变化。如上例中，若循环体的两条语句未构成复合语句，即 i－－不在循环体内，那么循环表达式 i>0 的值就不会变化，永远为真，程序将无限次的执行下去，即通常所说的，是一个"死循环"。

(4) 要做好循环前的准备工作。如上例中，i 和 sum 的赋值要在 while 语句之前进行，i 的初值要正确，sum 要清零，否则程序就可能出错。

请读者考虑，若 i 的初值为 0 时，结果如何？

例 5.1 利用 while 语句实现：从键盘输入 n(n>0)个数，求其和。

分析：程序流程图如图 5.2 所示。

```
#include <stdio.h>
void main()
{
    int i, n, k, sum;
    i=1; sum=0;
    printf("Input n: ");
    scanf("%d", &n);
    while(i<=n)
    {
        scanf("%d", &k);
        sum=sum+k;
```

```
        i++;
      }
    printf("\nsum is: %d\n", sum);
  }
```
运行结果：

Input n: 6↙

12 34 2 11 9 5↙

sum is: 73

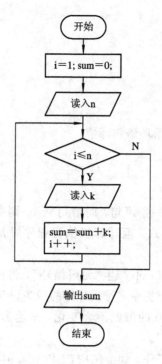

图 5.2　求 n 个数的和

例 5.2　从键盘连续输入字符，直到输入"回车"符为止，统计输入的字符个数。

分析：算法由图 5.3 所示的流程图描述。

```
# include <stdio.h>
# include <conio.h>
void main()
{
  char ch;
  int len=0;
  puts("Type in a sentence, then press <Enter>\n");
  while ((ch=getch())! ='\r')
    {
      putchar(ch);
      len++;
    }
```

```
        printf("\nSentence is %d characters long. \n"，len)；
    }
```
运行结果：

Type in a sentence，then press ＜Enter＞

this is a sentence. ✓

Sentence is 19 characters long.

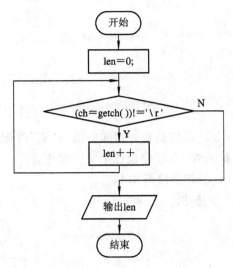

图 5.3　统计输入字符的个数

5.2　do－while 循环语句

do－while 循环的一般形式如下：

　do

　　语句

　while（表达式）；

其流程图如图 5.4 所示。

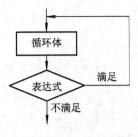

图 5.4　do－while 循环

　　do－while 语句的执行过程是：先执行循环体中的语句，然后计算表达式的值。若表达式的值为"真"（非 0）则再次执行循环体。如此重复，直至表达式的值为"假"（0）时，结束循环。

　　do－while 语句中的表达式的要求同 while 语句。

使用 do - while 语句应注意如下几个问题：

（1）do - while 语句的特点是"先执行，后判断"。因此，无论一开始表达式的值为"真"还是"假"，循环体都至少被执行一次，这一点与 while 语句不同。

（2）while(表达式)后面的"；"不可少。

（3）若 do - while 语句的循环体部分由多个语句组成时，必须用左、右花括号括起来，使其形成复合语句。例如：

```
do
{
    sum+=i;
    i--;
}
while(i>0);
```

（4）C 语言中的 do - while 语句是在表达式的值为"真"时重复执行循环体的，这一点同别的语言中的类似语句有区别，在程序设计中应引起注意。

例 5.3 利用 do - while 语句重做例 5.1。

分析： 算法流程由图 5.5 描述。

```
#include <stdio.h>
void main()
{
    int i, n, k, sum;
    i=1; sum=0;
    printf("Input n: ");
    scanf("%d", &n);
    do
    {
        scanf("%d", &k);
        sum=sum+k;
        i++;
    }
    while(i<=n);
    printf("sum is: %d\n", sum);
}
```

运行结果：

Input n: 6↙

12 3 7 11 23 34 ↙

sum is: 90

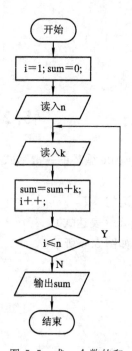

图 5.5 求 n 个数的和

在一般情况下，用 while 语句和 do - while 语句处理同一问题时，若两者的循环体部分是一样的，它们的结果也一样。若 while 后面的表达式一开始就为假时，两种循环的结果是不一样的，while 语句中的循环体一次都不执行，而 do - while 则至少执行一次。请读者比较例 5.1 和例 5.3，仔细分析其执行过程。

5.3 for 循环语句

for 循环语句的一般形式如下：

  for（表达式 1；表达式 2；表达式 3）

   语句

C 语言中的 for 语句使用非常灵活，不仅可以用于循环次数已经确定的情况，而且可以用于循环次数不确定而只给出循环结束条件的情况，它可以代替 while 语句，是一种比 while 循环功能更强的循环语句。

for 语句的流程图如图 5.6 所示。

其执行过程是：

（1）首先求解表达式 1。

（2）求解表达式 2，若其值为"真"（非 0），则执行循环体中的语句，然后执行第（3）步。若为"假"（0），则结束循环，转至第（5）步。

（3）求解表达式 3。

（4）转至第（2）步重复执行。

（5）执行 for 循环语句的下一语句。

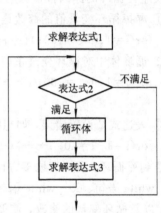

图 5.6 for 循环的执行过程

for 语句的功能可用 while 语句描述如下：

  表达式 1；

  while（表达式 2）

  {

   语句；

   表达式 3；

  }

for 语句是最简单的应用形式，也是最容易理解的形式：

  for（循环变量赋初值；循环条件；循环变量增值）语句

例如：

  for（i＝1；i＜＝50；i＋＋）sum＝sum＋i；

使用 for 语句时，需要注意以下几个问题：

（1）for 语句中的任何一个表达式都可以省略，但其中的分号一定要保留。当省略表达式 2 时，相当于"无限循环"（循环条件总为"真"），这时就需要在 for 语句的循环体中设置相应的语句来结束循环。

（2）如果 for 语句的循环体部分是由多个语句组成的，也必须用左、右花括号括起来，使其形成复合语句。

（3）for 语句中的表达式 1 和表达式 3，既可以是一个简单表达式，也可以由逗号运算符将多个表达式连接起来，如下例，此时表达式 1 和表达式 3 都是逗号表达式。

  for（i＝0，sum＝0；i＜＝100；i＋＋，i＋＋）

sum＝sum＋i;

（4）表达式 2 一般是关系表达式(如 i＜＝100)或逻辑表达式(如 a＜b && x＜y)，但也可以是数值表达式或字符表达式，其形式及逻辑取值与分支结构中的表达式一样，只要其值为非零，就可执行循环体。例如：

for (i＝0; (c＝getchar())! ＝'\n'; i＋＝c)

;

注意此循环体为空语句，把本来要在循环体内处理的内容放在表达式 3 中，作用是一样的，但因可读性差而不宜采用。

（5）避免死循环。

发生死循环的原因很多，主要有以下几个：

① 漏掉循环变量值的修改语句，如：

for(i＝1; i＜＝100;){…}，若循环体中也没有 i 的增值语句，则出现死循环。

② 循环体中对循环变量重新赋值，如：

for(i＝1; i＜＝100; i＋＋){…;i＝2;}，循环体内总使 i 为 2，使得表达式 3 的值总为 3。

③ 表达式 2 设置错误，如想循环 10 次，写成：

for(i＝1; i＝10; i＋＋){…}，表达式 2 是赋值语句，其值永等于 10，恒真。

遇到死循环，要认真地多方面分析程序，可在关键位置增设 printf 语句，或利用 debug 调试。while 语句、do－while 语句也同样会出现这样的情况，必须要注意循环条件的正确书写，以及循环变量的修改，使循环趋于结束。

例 5.4 利用 for 语句重做例 5.1。

```
# include <stdio. h>
void main()
{
int i, n, k, sum＝0;
printf("Input n: ");
scanf("%d", &n);
for (i＝1; i＜＝n; i＋＋)
  {
    scanf("%d", &k);
    sum＝sum＋k;
  }
printf("sum is: %d\n", sum);
}
```

运行结果：

Input n: 6↙

7 11 20 5 2 19↙

sum is: 64

例 5.5 计算 1 至 50 中是 7 的倍数的数值之和。

　　# include <stdio. h>

```
void main()
{
    int i, sum=0;
    for (i=1; i<=50; i++)
        if (i%7==0) sum+=i;
    printf("sum=%d\n", sum);
}
```
运行结果：

    sum=196

5.4 循环的嵌套

    当一个循环体内又包含另一个完整的循环结构时，称为循环的嵌套或多重循环。while、do-while 和 for 这三种循环均可以相互嵌套，即在 while 循环、do-while 循环和 for 循环体内，都可以完整地包含上述任一种循环结构（如图 5.7 所示）。循环的嵌套常用于解决矩阵运算、报表打印等问题。

    下面是两种循环嵌套的结构示意。

(1) while ()
```
    {
        ┇
        while ()
        {
            ┇
        }
    }
```

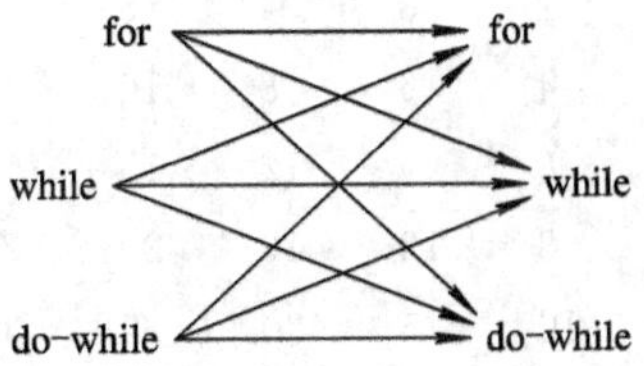

图 5.7 循环嵌套示意图

(2) for (; ;)
```
    {
        ┇
        do
        {
            ┇
        }
        while();
        ┇
    }
```

    当然，还可以有很多种嵌套形式，不管三种循环语句如何搭配，编写循环嵌套结构时要注意以下几点：

    (1) 必须是外层循环"包含"内层循环，不能发生交叉。

    (2) 书写形式上一定要正确使用"缩进式"的形式来明确层次关系，以增强程序的可读性。

    (3) 要注意优化程序，尽量节省程序的运行时间，提高程序的运行速度。循环嵌套写得不好，会增加很多次循环，造成不必要的时间浪费。

例 5.6　输出九九乘法表。

分析：乘法表中输出的是两个数的乘积，在程序中用 i 代表被乘数，j 代表乘数，在九九乘法表中，这两个变量的取值范围都是 1～9。因此需用嵌套循环实现，用外层循环控制被乘数的变化，内层循环控制乘数的变化。源程序如下：

```
#include <stdio.h>
void main()
{
    int i,j;
    for (i=1; i<10; i++)
        printf("%4d", i);
    printf("\n - - - - - - - - - - - - - - - - - - - - - \n");
    for (i=1; i<10; i++)
        for (j=1; j<10; j++)
            printf((j==9)? "%4d\n": "%4d", i*j);
}
```

运行结果：

```
 1   2   3   4   5   6   7   8   9
- - - - - - - - - - - - - - - - - - - - - - - - - - - - -
 1   2   3   4   5   6   7   8   9
 2   4   6   8  10  12  14  16  18
 3   6   9  12  15  18  21  24  27
 4   8  12  16  20  24  28  32  36
 5  10  15  20  25  30  35  40  45
 6  12  18  24  30  36  42  48  54
 7  14  21  28  35  42  49  56  63
 8  16  24  32  40  48  56  64  72
 9  18  27  36  45  54  63  72  81
```

请读者思考：若只打印输出其上三角或下三角，该如何编程？

5.5　break 语句和 continue 语句

5.5.1　break 语句

break 语句能够跳出 switch 语句，而转入下一语句继续执行，这在前面已经介绍过。前面所讲的三种循环语句都是在执行循环体之前或之后通过对一个表达式的测试来决定循环是否结束，这是正常出口。另外，在循环体中，也可以通过使用 break 语句来立即终止循环的执行，直接跳出循环语句，转去执行下一语句。在第四章中，我们已用 break 语句来跳出 switch 语句，并知其形式为

    break;

使用 break 语句应注意如下几个问题：

（1）break 语句只能用于 switch 结构或循环结构，如果在程序中有下列语句：

 if（…）

  break；

则此时的 if 语句一定位于循环体中或 switch 结构中，break 语句跳出的也不是 if 语句，而是跳出包含此 if 语句的循环结构或 switch 结构。

（2）在循环语句嵌套使用的情况下，break 语句只能跳出（或终止）它所在的循环，而不能同时跳出（或终止）多层循环，如：

```
for（…）
{
    for（…）
    {
        …
        break；
    }
    …          /＊ 注 1 ＊/
}
```

上述的 break 语句只能从内层的 for 循环体中跳到外层的 for 循环体中（注 1 所在位置），而不能同时跳出两层循环体。

例 5.7 计算 r＝1 到 r＝10 时的圆面积，直到面积 area 大于 100 为止。

```
# include <stdio. h>
# define PI 3. 1415926
void main()
{
    int r；
    float area；
    for（r＝1；r<＝10；r++）
    {
        area＝PI ＊ r ＊ r；
        if（area>100）break；
            printf("r：%d    area is：%f\n"，r，area)；
    }
}
```

运行结果：

r：1   area is：3. 1415930

r：2   area is：12. 566370

r：3   area is：28. 274334

r：4   area is：50. 265480

r：5   area is：78. 539818

说明：

程序中的"＃define PI 3. 1415926"是宏定义，它将符号 PI 定义为 3. 1415926，此定义后程序中的符号 PI 都将被替换为 3. 1415926。有关宏定义的内容将在后续章节中介绍。从上面的 for 循环可以看到：当 area＞100 时，执行 break 语句，提前终止执行循环，即不再继续执行其余的几次循环。

5.5.2　continue 语句

continue 语句的作用是结束本次循环，即跳过循环体中下面尚未执行的语句，直接进行下一次是否执行循环的判定。

continue 语句的一般形式如下：

continue；

其执行过程是：终止当前这一轮循环，即跳过循环体中位于 continue 后面的语句而立即开始下一轮循环；对于 while 和 do－while 来讲，这意味着立即执行条件测试部分，而对于 for 语句来讲，则意味着立即求解表达式 3。

请读者注意 continue 和 break 语句的区别：continue 语句只结束本次循环，而不是终止整个循环的执行；break 语句则是结束循环，不再进行条件判断。

例 5.8　把 100 到 150 之间的不能被 3 整除的数输出，要求一行输出 10 个数。

```
# include <stdio.h>
void main()
{
    int n, i=0;
    for (n=100; n<=150; n++)
    {
        if (n%3==0)
        continue;
        printf("%4d", n);
        i++;
        if (i%10==0) printf ("\n");
    }
}
```

运行结果：

```
100  101  103  104  106  107  109  110  112  113
115  116  118  119  121  122  124  125  127  128
130  131  133  134  136  137  139  140  142  143
145  146  148  149
```

说明：

变量 i 用来统计一行输出个数。当 n 能被 3 整除时，执行 continue 语句，结束本次循环（即跳过其后的三条语句，进行下一次循环），只有 n 不能被 3 整除时才执行循环体中的后续语句。

请读者思考：此例若不用 continue 语句，该如何编程？

5.6　goto 语句和标号

goto 语句为无条件转向语句，程序中使用 goto 语句时要求和标号配合，它们的一般形式为：

goto 标号；

...

标号：语句；

标号用标识符表示，其定名规则与变量名相同，即由字母、数字和下划线组成，其中第一个字符必须为字母或下划线，但注意不能用整数来作标号。例如："goto label;"是合法的，而"goto 1000;"就是非法的。

goto 语句的功能是：把程序控制转移到标号指定的语句处，使程序从指定标号处的语句继续执行。

C 语言规定，goto 语句的使用范围仅局限于函数内部，不允许在一个函数中使用 goto 语句把程序控制转移到其他函数之内。

一般来讲，goto 语句可以有两种用途：

（1）与 if 语句一起构成循环结构。

（2）退出多重循环。前面指出，使用 break 语句和 continue 语句可以跳出本层循环和结束本层循环，当程序流程需要从多重嵌套的内层循环体中退出多层循环时，使用 goto 语句效率更高。

例 5.9 用 goto 语句和 if 语句构成循环，求 $\sum\limits_{n=1}^{100} n$ 。

```
#include <stdio.h>
void main( )
{   int i=1, sum=0;
    loop: if(i<=100)
        {
            sum=sum+i;
            i++;
            goto loop;
        }
    printf("sum=%d\n", sum);
}
```

运行结果：

sum=5050

需要说明的是，C 语言中的循环语句使用方便，功能完善，因此我们完全不需要用 goto 语句和 if 语句来构成循环结构。同时结构化的程序设计方法也主张有限制地使用 goto 语句，因为滥用 goto 语句将使程序流程无规律，可读性差。

5.7 程序设计举例

例 5.10 用 $\dfrac{\pi}{4} \approx 1 - \dfrac{1}{3} + \dfrac{1}{5} - \dfrac{1}{7} + \cdots$ 公式求出 π 的近似值，直到最后一项的绝对值小于 10^{-6} 为止。

分析：这是一个典型的累加求和问题，但这里的循环次数并不能预先确定，而且各个累加项是以正、负交替的规律出现的。如何解决这类问题呢？

首先需找出累加项的构成规律，我们可用通式表示，即 t＝s/n，其中 s 表示分子，n 表示分母。由于累加项是正、负交替变化的，因此可用赋值语句"s＝－s；"实现，s 的初值取 1.0。分母 n 是按 1，3，5，7 的规律变化的，因此可用语句"n＝n＋2"实现，n 的初值取 1。其次就是要正确地表达循环条件，由于循环次数并不能确定，因此我们用 while 循环结构。根据题目的要求，只要当前累加项 t 的绝对值不小于 10^{-6}，就重复累加求和，即循环条件表达式为 fabs(t)＞＝10^{-6}。具体程序如下：

```c
#include <math.h>
#include <stdio.h>
void main()
{
  int s;
  float n, t, pi;
  t=1; pi=0; n=1.0; s=1;          /* 为各变量赋初值 */
  while(fabs(t)>=1e-6)            /* 判断当前累加项 t 的绝对值是否大于 1e-6 */
  {
    pi=pi+t;
    n=n+2;
    s=-s;                        /* 处理符号 */
    t=s/n;                       /* 计算新的当前累加项值 */
  }
  pi=pi*4;
  printf("pi=%10.6f\n", pi);
}
```

运行结果：

   pi=　3.141594

说明：

此程序中增加了一个头文件 math.h，这是因为在使用 fabs() 函数（求绝对值）时需要包含这一头文件。

例 5.11 从键盘输入一个大于 2 的整数 n，判断 n 是不是素数。

分析： 只能被 1 和它本身整除的数是素数。为了判断 n 是不是素数，可以让 n 除以 $2 \sim n-1$ 之间的每一个数，如果 n 能被 $2 \sim n-1$ 之间的某一个数整除，则说明 n 不是素数，否则 n 是素数。

如此编出的程序有值得优化之处：若 n＝13，则让 13 被 $2 \sim 12$ 之间的数除，因为 $2 \times 6 = 12$，$3 \times 4 = 12$，检验 2 和 3 后，若再检验 13 能否被 4 和 6 整除就重复了。n 值越大，这种没必要的重复就越多，所以将 n 被 $2 \sim \sqrt{n}$ 之间的数整除可以节省不少运行时间。这是编写循环程序时应考虑的。具体程序如下：

```c
#include <stdio.h>
#include <math.h>
void main()
{
  int n, k, i, flag;
```

```
  do
  {
      printf("Input a number: ");
      scanf("%d", &n);
  }
  while(n<=2);
  k=sqrt((double)n);
  flag=1;
  for (i=2; i<=k; i++)
    if (n%i==0)
    {
        flag=0;
        break;          /* 有一数能整除就不是素数，不再循环 */
    }
  if (flag)
      printf("%d is a prime number. \n", n);
  else
      printf("%d is not a prime number. \n", n);
}
```

运行结果：

Input a number: 35↙

35 is not a prime number.

说明：

(1) 在程序的开始处利用了 do - while 循环语句来处理读键盘过程，这是为了保证所读入的数据是一个大于 2 的正整数。如果不满足这一条件，将重复读操作，直到读入的数据满足条件为止。考虑待处理数据的正确性是程序的基本组成部分，也是程序能正确应用的基本保证。

(2) 程序中的 flag 变量是用于设置标志的，当 flag=1 时，说明 n 满足素数条件，最后通过对 flag 的判断来显示相应的提示信息。这是一种很典型的用法，希望读者能掌握。

请读者考虑，如不用此变量，程序应作什么修改？

例 5.12　用牛顿迭代法求方程 $2x^3-4x^2+3x-6=0$ 的根，要求误差小于 10^{-5}。

分析：牛顿迭代法是：先任意设定一个与真实的根接近的值 x_k 作为第一次近似根，由 x_k 求出 $f(x_k)$。再过 $(x_k, f(x_k))$ 点做 $f(x)$ 的切线，交 x 轴于 x_{k+1}，它作为第二次近似根。再由 x_{k+1} 求出 $f(x_{k+1})$，再过 $(x_{k+1}, f(x_{k+1}))$ 点做 $f(x)$ 的切线，交 x 轴于 x_{k+2}。再求出 $f(x_{k+2})$，再做切线，…… 如此继续下去，直到足够接近真正的根 x^* 为止。

从图 5.8 可以看出：

$$f'(x_k)=\frac{f(x_k)}{(x_k-x_{k+1})}$$

因此

$$x_{k+1}=x_k-\frac{f(x_k)}{f'(x_k)}$$

这就是牛顿迭代公式，可以利用它由 x_k 求出 x_{k+1}，然后由 x_{k+1} 推出 x_{k+2}…。

令 $f(x)=2x^3-4x^2+3x-6$，可写成以下形式：

$$f(x)=((2x-4)x+3)x-6$$

用这种方法表示的表达式可以节省运行时间。具体程序如下：

```
#include <stdio.h>
#include <math.h>
void main()
{
  float x, x0, f, f1;
  printf("Enter the first approch x：    ");
  scanf("%f", &x);
  do
  {
    x0=x;
    f=((2*x0-4)*x0+3)*x0-6;          /* 求 f(x0) */
    f1=(6*x0-8)*x0+3;                /* 求 f'(x0) */
    x=x0-f/f1;
  }
  while(fabs(x-x0)>=1e-5);
  printf("The root of equation is：%10.7f\n", x);
}
```

运行结果：

Enter the first approch x：1.5↙

The root of equation is：2.0000000

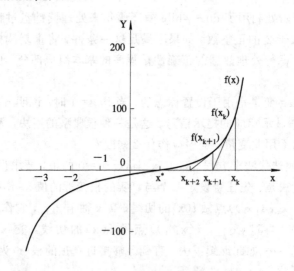

图 5.8　用牛顿迭代法求方程的根

例 5.13　从键盘输入 4 个 9 以内的数字字符，将其转换为 4 位十进制数后显示出来。

分析：这个问题的实质是将键入码转换为对应的十进制数，求解思路可分为两步：

（1）将每个数字字符 c 变成对应的数字，即将以 ASCII 码表示的数字字符变成一位十进制数，方法为：$c-'0'$，如 $c='8'$ 时，$c-'0'=8$。转换中若遇非 '0'～'9' 字符则结束转换。

（2）将每次变换的一位十进制数，从高位开始，按位加权，变成多位的十进制数，放在变量 data 中。如输入 1，2，3，4，则

$$data=1\times10^3+2\times10^2+3\times10+4=(((1\times10)+2)\times10+3)\times10+4$$

结果应是按%d 格式显示的 1234。

具体程序如下：

```
# include <stdio.h>
void main()
{
  char c;
  int i, data=0;
  printf("Input char : ");
  for (i=0; i<4; i++)
  {
    c=getchar();              /* 输入一数字字符 */
    if (c<'0' || c>'9')       /* 判断输入字符是否在'0'~'9'范围内 */
      break;
    data=data * 10+c-'0';     /* 计算当前 data 值 */
  }
  printf("data=%d\n", data);
}
```

运行结果：

```
Input char：1463↙
data=1463
```

说明：

本程序中的循环结构有两个出口：一为输入的 4 位均是'0'~'9'字符，如 1463↙，输出 data=1463；另一为 4 位以内即遇到非'0'~'9'字符，如键入 123d↙，则输出 data=123。

例 5.14 Fibonacci 数列，前几个数为 0，1，1，2，3，5，…，其规律是

$$F_1=0 \qquad (n=1)$$
$$F_2=1 \qquad (n=2)$$
$$F_n=F_{n-1}+F_{n-2} \qquad (n\geqslant3)$$

编程求此数列的前 40 个数。

分析：这是一个递推问题，其递推公式为 $F_n=F_{n-1}+F_{n-2}$，初始条件为 $F_1=0$，$F_2=1$。$n\geqslant3$ 的每项都可按照递推公式推算出来。我们可以假设需要的当前项为 f，它的前一项为 f1，前两项为 f2，则算法如图 5.9 所示。

具体程序如下：

```
# include <stdio.h>
void main()
{
  long int f1, f2;
  int i;
  f1 = 1; f2 = 1;
  for(i = 1; i<=20; i++)
  {
```

```
        printf("%12ld  %12ld", f1, f2);
        if(i%2==0) printf("\n");
        f1 =f1+f2;
        f2 =f2+f1;
    }
}
```

运行结果：

1	1	2	3
5	8	13	21
34	55	89	144
233	377	610	987
1597	2584	4181	6765
10946	17711	28657	46368
75025	121393	196418	317811
514229	832040	1346269	2178309
3524578	5702887	9227465	14930352
24157817	39088169	63245986	102334155

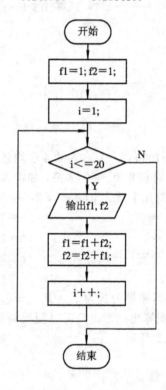

图 5.9　求 Fibonacci 数列的前 40 项

说明：

程序中在 printf() 函数中输出格式符用"%12ld"，而不是用"%12d"，这是由于在第 22 个数之后，整数值已经超过 int 类型的最大值 32 767，因此必须用"ld"格式输出。循环中 if 语句的作用是使输出 4 个数后换行。因为 i 是循环变量，当 i 为偶数时换行，而 i 每增值 1，就要计算和输出 2 个数 f1 和 f2，因此 i 每隔 2 换一次行相当于每输出 4 个数后换行。

本 章 重 点

◇ 循环结构能够解决内容需要重复处理的问题。C 语言有三种循环结构，分别是 while 循环、do－while 循环和 for 循环，应熟练掌握这三种循环的使用方法。

◇ while 循环是先判断表达式，再决定是否执行循环体；而 do－while 循环则是先执行循环体，再判断表达式，因此 do－while 循环至少要执行一次循环体语句。要注意在循环体中应有使表达式趋于结束的语句，以避免"无限循环"。

◇ for 循环最为灵活，它既可以用于循环次数确定的情况，也可用于循环次数不确定而只给出循环结束条件的情况，可以完全取代 while 循环和 do－while 循环。

◇ 如果循环体有多条语句，则必须用花括号{ }括起来，构成复合语句。

◇ 在使用循环嵌套结构时，不能交叉嵌套，即外层的循环结构一定要完全包含内层的循环。书写时也应采用缩进形式，以增强程序的可读性。

◇ 注意 break 语句和 continue 语句的区别。利用 break 语句可以提前结束循环，但只能跳出所在层次的循环。而 continue 语句则是结束本次循环，执行下一次是否执行循环的判定。

◇ 虽然利用 goto 语句和 if 语句一起也可构成循环结构，但 goto 语句易使程序流程无规律，可读性差，不符合结构化程序设计的思想，因此不提倡使用。

习 题

1. 编程计算 $1+\frac{1}{3}+\frac{1}{5}+\cdots+\frac{1}{51}$ 的累加和。

2. 编程计算 $1! +2! +3! +\cdots+10!$ 的值。

3. 读入一系列整数，统计出其中正整数的个数 n 和负整数的个数 n，读入 0 则结束。

4. 编程求满足不等式的最小正整数 N：

(1) $1+2+3+\cdots+N\geqslant1000$；

(2) $1+\frac{1}{2}+\frac{1}{3}+\cdots+\frac{1}{N}\geqslant2$。

5. 输入两个正整数 m 和 n，求其最大公约数和最小公倍数。

6. 编程输出以下图案：

7. 用 $\frac{\pi}{2} = \frac{2}{1} \times \frac{2}{3} \times \frac{4}{3} \times \frac{4}{5} \times \frac{6}{5} \times \frac{6}{7} \times \cdots$ 前 100 项之积计算 π。

8. 编程输出如下三角形式的九九乘法表。

```
     1  2  3  4  5  6  7  8  9
     ─────────────────────────────
1
2    4
3    6  9
4    8  12 16
5    10 15 20 25
6    12 18 24 30 36
7    14 21 28 35 42 49
8    16 24 32 40 48 56 64
9    18 27 36 45 54 63 72 81
```

9. 两队乒乓球比赛，各出三人。甲队为 A、B、C，乙队为 X、Y、Z。抽签决定比赛名单，已知 A 不和 X 比，C 不和 X、Z 比。请编程找出对阵名单。

10. 编程求出 100～150 之间的全部素数。

11. 用迭代法求 $x = \sqrt{a}$。求平方根的迭代公式为 $x_{n+1} = \frac{1}{2}\left(x_n + \frac{a}{x_n}\right)$，要求前后两次求出的 x 的差的绝对值小于 10^{-5}。

第6章

<<<<<<<<<<<<<<<<<<<<<<<<<

数　组

6.1　数组的概念

利用前几章所介绍的各种基本数据类型和程序结构,我们已可以设计出各种各样的程序来解决一些数据量少的问题。但是在处理一些大量的、具有相同性质的数据时,以前所介绍的数据类型还不能完全满足问题的需要。请大家先看下例。

例 6.1　输入 5 个学生某门课的成绩,要求按与输入次序相反的顺序输出。

```
# include <stdio. h>
void main()
{
    float s1, s2, s3, s4, s5;
    printf("Enter five scores: ");
    scanf("%f, %f, %f, %f, %f", &s1, &s2, &s3, &s4, &s5);
    printf("\nThe score in reverse order are: ");
    printf("%f\n", s5);
    printf("%f\n", s4);
    printf("%f\n", s3);
    printf("%f\n", s2);
    printf("%f\n", s1);
}
```

从上例不难看出,程序比较繁琐。若输入的不是 5 个学生的成绩,而是 20 个,甚至 3000 个学生的成绩,这样来编写程序就显得太笨了。本章我们将介绍一种新的数据类型——数组,它在处理大量的、同类型的数据时,非常方便。

数组是由相同类型的数据组成的有序集合,集合中的每一个数据称为数组的元素,每个数组元素用数组名和下标唯一标识访问,在程序中可方便地按下标组织循环来访问数组元素。下面用数组来改写例 6.1,请读者体会数组的作用。

```
# include <stdio. h>
void main()
{
    float s[5];
```

— 111 —

```
        int i;
        printf("Enter five scores:");
        for(i=1; i<=5; i++)
            scanf("%f", &s[i]);
        printf("\nThe score in reverse order are: ");
        for(i=5; i>=1; i--)
            printf("%f", s[i]);
    }
```

　　从程序中不难看出，引入数组就不需在程序中定义大量的变量，大大减少了程序中变量的数量，使程序简洁，而且数组含义清楚，使用方便，明确地反映了数据间的联系。

　　前面所使用的整型、实型和字符型都是基本类型，而数组是构造类型。数组包含的元素都具有相同的名字和相同的数据类型。一个数组被顺序存放在一块连续的内存中，为确定数组元素与内存单元的对应关系，就需对数组中的元素编号，即下标。这样，用数组名和下标就可以唯一地确定某个数组元素。数组按下标的个数分为一维数组、二维数组等，C语言对数组的维数是不作限制的，但三维以上的数组很少使用。

　　在实际中对批量数据处理时，如对一组数据进行排序、在给定的一组数中查找某个数、求均值、矩阵运算等，通常都是用数组来处理的。熟练地使用数组，可提高编程的效率，增强程序的可读性。

6.2　一　维　数　组

6.2.1　一维数组的定义和引用

　　一维数组的定义方式如下：
　　　类型标识符 数组名[常量表达式];
其中，类型标识符表明数组中的每个数据(称为数组元素)所具有的共同的数据类型；数组名起名的规则和变量名相同，遵循标识符定名规则；常量表达式的值是数组的额定长度，即数组中所包含的元素个数。

　　例如，例6.1中的学生成绩可存放于如下的一维数组中：
　　　float score[5];
其中，score是数组名，常量5表明这个数组有5个元素，每个元素都是float型。

　　在定义数组时，需要注意的是：

　　(1) 表示数组长度的常量表达式，必须是正的整型常量表达式。

　　(2) 相同类型的数组、变量可以在一个类型说明符下一起说明，互相之间用逗号隔开。例如，
　　　int a[5], b[10], i;

　　(3) C语言不允许定义动态数组，即数组的长度不能依赖于程序运行过程中变化着的量，下面这种数组定义方式是不允许的。
　　　int i;
　　　scanf("%d", &i);

int a[i];

因为 C 语言是在编译阶段为数组开辟单元的，而运行时才能得到的变量值远晚于编译阶段，是无法实现的。

数组必须先定义，后使用。C 语言规定只能逐个引用数组元素，而不能一次引用整个数组。数组元素的引用方式如下：

数组名[下标表达式]

其中，下标表达式可以是整型常量或整型表达式。当数组的长度为 n 时，下标表达式的取值范围为 0，1，…，n−1，即 C 语言中的各数组元素总是从 0 开始编号的。如 int a[5] 之后，数组 a 共有 5 个元素，分别用 a[0]，a[1]，a[2]，a[3]，a[4] 来表示。

需要强调指出的是，在程序设计中，C 语言的编译系统对数组下标越界（即引用 a[5]，a[6]，…），并不给出错误提示，因此用户在编程时应格外注意，以免影响系统的正常运行。

例 6.2 用数组来处理 Fibonacci 数列问题。

分析：求 Fibonacci 数列的问题已在第五章中接触过，现在用数组来处理。我们可用数组中的 20 个数来代表数列中的 20 个数，从第 3 个数开始，可用表达式 $f[i]=f[i-2]+f[i-1]$ 求出各数。请读者比较用数组和不用数组时的两个程序。

程序如下：

```c
#include <stdio.h>
void main()
{
    int i, n;                        /* n用来统计输出元素的个数 */
    long int a[20];
    a[0]=1;    a[1]=1;
    printf("%12ld   %12ld ", a[0], a[1]);
    n=2;
    for(i=2; i<20; i++)
    {
        a[i]=a[i-1]+a[i-2];
        printf("%12ld ", a[i]);
        n++;
        if(n%4==0)                    /* 每行输出 4 个元素 */
            printf("\n");
    }
}
```

运行结果：

```
   1          1          2          3
   5          8         13         21
  34         55         89        144
 233        377        610        987
1597       2584       4181       6765
```

显然，使用数组后，再配合循环语句，给处理大量数据的程序设计带来了极大的方便。

6.2.2　一维数组的初始化

可以在程序运行后用赋值语句或输入语句使数组中的元素得到值，也可以使数组在程序运行之前（即编译阶段）就得到初值，后者称为数组的初始化。

对数组元素的初始化可以用以下方法实现。

在定义数组时对数组元素赋以初值，如：

　　　int s[5]={78, 87, 77, 91, 60};

也可以只给一部分元素赋值。例如：

　　　int s[5]={78, 87, 77};

其结果是：s[0]=78，s[1]=87，s[2]=77，s[3]=0，s[4]=0，即花括号内的值只赋给了数组的前几个元素，后几个元素的值为 0。

若对全部数组元素赋初值时，可以不指定数组长度。例如：

　　　int s[5]={1, 2, 3, 4, 5};

可以写成：

　　　int s[ ]={1, 2, 3, 4, 5};

一维数组元素是按下标递增的顺序连续存放的，即数组占有连续的存储空间。如 s 数组在内存中的存储顺序如图 6.1 所示。

s[0]	s[1]	s[2]	s[3]	s[4]

图 6.1　一维数组的存储顺序

例 6.3　用冒泡排序法对给定的 15 个整数按递增的顺序排序。

分析：冒泡排序也称起泡排序，其基本思路是将待排序的相邻数据元素两两比较，若逆序（与最终排序要求次序相反）则交换。当从前向后依此扫描比较之后，最大的数会被放在最后一个位置，这个过程称为一趟排序。第二趟扫描仍从第一个数据元素开始，到倒数第二个数结束。扫描结束时，次大数被放在倒数第二个位置。这个过程重复进行，直到所有待排数据按大小次序排列。由于在排序过程中，小的数像气泡一样逐趟"上浮"，而大的数则逐趟"下沉"，所以形象地将这种排序称为冒泡排序。

排序过程可以从前向后扫描，也可以从后向前扫描。若从前向后扫描，则每趟排序将大数后移，而从后向前扫描，则每趟排序将小数前移，但最终排序结果都是一样的。若待排序的数据元素为 n 个，则整个排序最多需 n−1 趟。若从前向后扫描，则排序过程如图 6.2 所示。

```
待排序数：    13    23    1    9    6
第一趟排序：  [13   23    1    9    6]
              [13    1   23    9    6]
              [13    1    9   23    6]
              [13    1    9    6]  23
第二趟排序：  [ 1    9    6]  13   23
第三趟排序：  [ 1    6    9]  13   23
第四趟排序：  [ 1]   6    9   13   23
```

图 6.2　冒泡法排序过程

具体程序如下：

```
#define N 15
#include <stdio.h>
void main( )
{
    int i, j, t;
    int a[N]={10, 1, 23, -5, 0, 78, 11, 104, 65, -1, 12, 23, 36, 3, 53};
    printf("待排数据：");
    for(i=0; i<N; i++)
        printf("%d ", a[i]);
    for(j=1; j<=N-1; j++)          /* 外循环控制排序趟数 */
      for(i=0; i<=N-j; i++)        /* 每趟排序时对相邻的两个数进行比较 */
        if(a[i]>a[i+1])            /* 逆序就交换 */
        {
           t=a[i];
           a[i]=a[i+1];
           a[i+1]=t;
        }
    printf("\n 排序后：");
    for(i=0; i<N; i++) printf("%d ", a[i]);
}
```

运行结果：

待排数据：10 1 23 -5 0 78 11 104 65 -1 12 23 36 3 53
排序后：-5 -1 0 1 3 10 11 12 23 23 36 53 65 78 104

说明：

若待排元素为 n 个，则冒泡排序至多需进行 n-1 趟排序。但上面的程序还可改进，若在某趟排序过程中没有元素交换，则说明待排的数据已经达到有序状态，则后面的若干趟排序可不必进行。请读者思考，如何修改完善以上程序？

6.3 二维数组

6.3.1 二维数组的定义和引用

二维数组的定义形式如下：

类型标识符 数组名[常量表达式][常量表达式];

例如，"int a[3][2];"表示数组 a 是一个 3×2(3 行 2 列)的数组，共有 6 个元素，每个元素都是 int 型。

二维数组的应用之一是矩阵和行列式。其中，左起第一个下标表示行数，第二个下标表示列数。我们也可以把二维数组看成是一种特殊的一维数组：它的元素又是一个一维数组。例如，可将以上的 a 数组看成是一个一维数组，它有 3 个元素，分别是 a[0]，a[1]，a[2]，每个元素又是一个包含 2 个元素的一维数组，如图 6.3 所示，因此可以把 a[0]， a[1]，a[2]看做是三个一维数组的名字。上面定义的二维数组就可理解为定义了三个一维数组，即相当于

    int a[0][2]，a[1][2]，a[2][2]；

$$a\begin{bmatrix} a[0]\text{——}a[0][0] & a[0][1] \\ a[1]\text{——}a[1][0] & a[1][1] \\ a[2]\text{——}a[2][0] & a[2][1] \end{bmatrix}$$

图 6.3　二维数组 a[3][2]

    C 语言的这种处理方法在对字符串操作和用指针表示时显得很方便，这一点我们在以后的学习过程中可进一步体会。

    二维数组的引用与一维数组类似，其表现形式如下：

    数组名[下标表达式][下标表达式]

其中，下标表达式可以是整型常量或整型表达式。如：

    int a[3][2]；

它共有 6 个元素，分别用 a[0][0]，a[0][1]，a[1][0]，a[1][1]，a[2][0]，a[2][1]来表示（注意 a[3][0]，a[0][2]，a[3][2]等均越界，不能引用）。

    数组中的每个元素都具有相同的数据类型，且占有连续的存储空间。一维数组的元素是按下标递增的顺序连续存放的，二维数组元素的排列顺序是按行存放的，即在内存中，先顺序存放第一行元素，再存放第二行元素。

    以此类推，我们不难掌握多维数组的定义及存放顺序。简单地讲，多维数组存放时，各元素仍然是连续存放，且其最右边的下标变化最快。图 6.4 给出了二维数组的存储顺序。

a[0][0]	a[0][1]	a[1][0]	a[1][1]	a[2][0]	a[2][1]

图 6.4　二维数组的存储顺序

6.3.2　二维数组的初始化

    对二维数组元素赋初值，可以用分行赋值的方法，例如：

    int a[3][2]={{1，2}，{3，4}，{5，6}}；

其中内{ }代表一行元素的初值。经过如此的初始化后，每个数组元素分别被赋以如下各值：

    a[0][0]=1，a[0][1]=2，a[1][0]=3，a[1][1]=4，a[2][0]=5，a[2][1]=6

写成行列式形如：

$$\begin{bmatrix} 1 & 2 \\ 3 & 4 \\ 5 & 6 \end{bmatrix}$$

    这种初始化的方式也可以只为数组的部分元素赋值，例如：

    int a[3][2]={{1}，{2，3}，{4}}；

这样，数组的前几个元素的值为：

    a[0][0]=1，a[1][0]=2，a[1][1]=3，a[2][0]=4

而其余元素的初值将自动设为 0。

在初始化时，也可将所有数据写在一个花括号内，按数组的排列顺序对各元素赋初值。如：

    int a[3][2]={1, 2, 3, 4};

其结果是：a[0][0]=1，a[0][1]=2，a[1][0]=3，a[1][1]=4，其余元素的值自动设为 0。

若对全部元素都赋初值，则定义数组时对第一维的长度可以不指定，但对第二维的长度不能省。如：

    int a[ ][2]={1, 2, 3, 4, 5, 6};

系统会根据数据总个数分配存储空间，一共 6 个元素，每行 2 列，当然可确定为 3 行。需要强调的是，如果没有进行初始化，则在定义二维数组时，所有维的长度都必须给出。

例 6.4 从键盘为一个 N×N 的整型数组输入数据，并将每一行的最小值显示出来。

```c
# define N 6
# include <stdio. h>
void main()
{
  int a[N][N], m[N], i, j;
  printf("Input numbers: \n");
  for (i=0; i<N; i++)
    for (j=0; j<N; j++)
      scanf("%d", &a[i][j]);
  for (i=0; i<N; i++)
  {
    m[i]=a[i][0];
    for (j=1; j<N; j++)
      if (m[i]>a[i][j]) m[i]=a[i][j];          /* 找出每行的最小值 */
  }
  printf("Min is: ");
  for (i=0; i<N; i++)
    printf("%d ", m[i]);
}
```

运行结果：

```
Input numbers:
12   3    4   67  22    9↙
 8  23   61   19  20    8↙
 3  78    5    7  12   15↙
19  89    1    6   8    2↙
11  22   81   36   2    4↙
53  32   17   19  11    5↙
Min is: 3  8  3  1  2  5
```

6.4 字符数组与字符串

字符数组就是用来存放字符类型数据的数组，每个数组元素存放一个字符。当然，相应内存单元中存放的是用整数表示的该字符的 ASCII 码。

在 C 语言中，只有字符串常量的概念，但没有字符串变量的概念，即没有字符串数据类型，这一点和许多其他语言不同。C 语言是用字符数组来处理字符串的。

6.4.1　字符数组的定义和初始化

字符数组的定义方式与前面介绍的类似，形式如下：

　　char 数组名[常量表达式]；

如："char c[6];"，则定义 c 为字符数组，包含 6 个元素。赋值方法与一般的一维数组是一样的，例如：

　　c[0]='s'; c[1]='t'; c[2]='r'; c[3]='i'; c[4]='n'; c[5]='g';

需要说明的是，由于字符型与整型是互相通用的，故字符数组的处理基本上与整型数组相同，只不过每个元素的值都是小于 255 的整数而已。

字符数组的初始化即是在定义时将字符逐个赋给数组中各元素。例如：

　　char c[6]={'s', 't', 'r', 'i', 'n', 'g'};

其存储情况如图 6.5 所示。但应注意的是，初值个数应小于等于数组长度，否则作语法错误处理。

c[0]	c[1]	c[2]	c[3]	c[4]	c[5]
s	t	r	i	n	g

图 6.5　字符数组的初始化

如果提供的初值个数与预定的数组长度相同，在定义时可省略数组长度，系统就会自动根据初值个数确定数组长度。如：

　　char c[ ]={'s', 't', 'r', 'i', 'n', 'g'};

对于二维字符数组的定义与初始化，我们不难以此为基础类推。例如：

　　char ch[3][2]={{'1', '2'}, {'2', '2'}, {'3', '2'}};

内存中如图 6.6 所示。

ch[0][0]	ch[0][1]	ch[1][0]	ch[1][1]	ch[2][0]	ch[2][1]
49	50	50	50	51	50

图 6.6　二维字符数组的内存存储

6.4.2　字符串

字符串常量是用双引号括起来的字符序列。一个字符串在数组中是按串中字符的排列顺序依次存放的，每个字符占一个字节，但须在末尾存放一个字符'\0'（其 ASCII 码值为 0），以它作为字符串结束的标记。例如字符串"string"共有 6 个字符，但在内存中占 7 个字节，最后一个字节存放'\0'。

一个字符数组中存储的串的长度是指从第一个字符元素到串结束标记'\0'之间的字符个数，注意'\0'不算在内。在程序设计中通常通过检测'\0'来判定字符串是否结束，而不是根据字符数组长度。在定义字符数组存放字符串时，应保证字符数组的长度大于将存放的字符串的长度。

需要提醒读者注意，字符串与字符的区别："0"为一字符串，在内存中占两个字节，而'0'为字符，只占一个字节。

为了方便字符数组对字符串的处理，C语言规定可以直接用字符串常量来初始化一个字符数组，而不必使用一串单个字符。例如：若将字符串"string"存放在字符数组中，则

  char c[ ]={"string"};

或 char c[ ]="string";

经过上述初始化后，c数组中每个元素的初值如下：

  c[0]='s', c[1]='t', c[2]='r', c[3]='i', c[4]='n', c[5]='g', c[6]='\0'

应注意的是，字符串常量的最后由系统自动在末尾加上结束字符'\0'，所以c数组有7个元素。但若如上节逐个元素初始化，则要显式加'\0'，即char c[]={'s', 't', 'r', 'i', 'n', 'g', '\0'}。

需要说明的是，C语言并不要求所有的字符数组的最后一个字符一定是'\0'，但如果字符数组是用来存放字符串的，往往需要以'\0'作为字符串的结尾（这也是字符数组编程上不同于其他类型数组之处）。同时，C语言库函数中有关字符处理的函数，一般都要求所处理的字符串必须以'\0'结尾，否则将会出现错误。

例 6.5 统计某一给定字符串中的字符数，不包括结束符'\0'。

```
#include <stdio.h>
void main()
{
    char str[]={"string"};
    int i=0;
    while (str[i]!='\0') i++;
    printf("The length of string is: %d\n", i);
}
```

运行结果：

  The length of string is : 6

6.4.3 字符数组的输入和输出

字符数组的输入和输出有两种形式：

（1）采用"%c"格式符，逐个输入、输出。例6.5中的str[ ]数组，若执行

  printf("%c", str[5]);

则输出结果为g。

（2）采用"%s"格式符，整个字符串一次输入、输出。例6.5中的str[ ]数组，若执行

  printf("%s", str);

则输出结果为string。

使用"%s"格式来输入、输出字符串时，应注意以下几个问题：

① 用格式符"%s"输出字符串时，printf函数中的输出项是字符串常量或字符数组名，且字符数组中存放的必须是字符串，即必须包含串结束标志'\0'。这是因为格式符"%s"对字符串的输出过程是：从字符串的内存起始地址（数组名即代表字符串的内存起始地址）开始逐个字符进行输出，直到遇到'\0'结束，但输出字符不包括结束符'\0'。

② 使用 scanf()函数来输入字符串时,应直接写字符数组的名字,而不应写取地址运算符,如 scanf("%s", str),而不是 scanf("%s", &str),因为数组名就代表数组的首地址。

③ 输入字符串时,串长度应小于已定义的字符数组长度,因为系统在有效字符后会自动添加字符串结束标志'\0'。

④ 字符串的输入是以"空格"、"Tab"或"回车"来结束输入的。通常,在利用一个 scanf()函数来同时输入多个字符串时,字符串之间以"空格"为间隔,最后按"回车"结束输入。如执行 scanf("%s%s%s", c1, c2, c3)时,键入:c is fun↙,其结果如图 6.7 所示。

按%s 格式输出字符串时,printf()函数中的输出项也要求是字符数组名,而不是数组元素名。

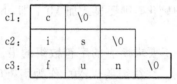

图 6.7　字符串存储示例

6.4.4　常用字符串处理函数

在 C 的函数库中有很多用来处理字符串的函数,这些函数大大方便了字符串的处理。下面介绍几种常用的字符串处理函数。

1. gets 字符串输入函数

调用形式:gets(字符数组)

功能:从标准输入文件(详见第 10 章)中读取一个字符串到字符数组中。它读取字符直到遇到换行符'\n',并将换行符转换为字符结束标志符'\0'存放到字符数组中。函数调用成功则返回字符数组的起始地址,否则返回空地址 NULL(NULL 在头文件 stdio. h 中已被定义为 0)。

2. puts 字符串输出函数

调用形式:puts(字符串常量或字符数组名)

功能:将字符串(以'\0'为字符串结束标志)输出到标准输出设备。在输出时将字符串结束标志'\0'转换成换行符'\n',即输出字符串后换行。

3. strcmp 字符串比较函数

调用形式:strcmp(字符串常量或字符数组 1,字符串常量或字符数组 2)

功能:将两个字符串从左至右逐个进行比较(按 ASCII 码值大小比较),直到出现不同的字符或遇到'\0'为止。比较的结果由函数值带回。

函数值=0 —— 字符串 1=字符串 2

函数值>0 —— 字符串 1>字符串 2

函数值<0 —— 字符串 1<字符串 2

4. strcpy 字符串拷贝函数

调用形式:strcpy(字符数组 1,字符串常量或字符数组 2)

功能:将字符串常量或字符数组 2 拷贝到字符数组 1 中去。如果函数调用成功,则函数返回字符数组 1 的起始地址。

　　说明：字符数组 1 必须定义得足够大，以便容纳被拷贝的字符串。

　　还有一个与 strcpy 函数功能类似的函数 strncpy，其形式为：

　　　　strncpy(字符数组 1，字符数组 2 或字符串常量，n)

其中 n 为整型常量，其功能是将字符数组 2 或字符串常量的前 n 个字符复制到字符数组 1 中。

5．strcat 字符串连接函数

　　调用形式：strcat(字符数组 1，字符串常量或字符数组 2)

　　功能：将字符串常量或字符数组 2 接到字符数组 1 中字符串的后面，结果放在字符数组 1 中。如果函数调用成功，函数返回字符数组 1 的起始地址。

　　说明：字符数组 1 必须足够大，以便容纳连接后的新字符串。

6．strlen 字符串长度测试函数

　　调用形式：strlen(字符串常量或字符数组)

　　功能：测试字符串常量或字符数组的长度，函数的返回值为字符串常量或字符数组的实际长度(不包括'\0')。

7．strlwr 字符串转换函数

　　调用形式：strlwr(字符串常量或字符数组)

　　功能：将字符串常量或字符数组中大写字母转换成小写字母。

8．strupr 字符串转换函数

　　调用形式：strupr(字符串常量或字符数组)

　　功能：将字符串常量或字符数组中的小写字母转换成大写字母。

　　需要说明的是，库函数并非 C 语言本身的组成部分，而是人们为使用方便编写的公共函数，每个编译器提供的函数数量、函数功能都不尽相同，使用时要小心，必要时查一下库函数手册。当然，有一些基本的函数(包括函数名和函数功能)，不同的编译器所提供的是相同的，这就为程序的通用性提供了基础。ANSI C 标准要求在使用字符串函数时要包含头文件<string.h>。

　　例 6.6　有三个字符串，要求找出其中最大者。

　　分析：设一个二维的字符数组 str(3×20)，每一行可容纳 20 个字符，可以把它们如同一维数组那样处理。我们用 gets 函数分别读入三个字符串，经过二次比较，就可得到最大值，把它放在一维字符数组 string 中。具体程序如下：

```
#include <stdio.h>
#include <string.h>
void main()
{
  char string[20];
  char str[3][20];
  int i;
  for (i=0; i<3; i++)
    gets(str[i]);
```

```
if (strcmp(str[0], str[1])>0) strcpy(string, str[0]);
    else strcpy(string, str[1]);
if (strcmp(str[2], string)>0) strcpy(string, str[2]);
    printf("\n the largest string is : %s\n", string);
}
```

运行结果：

CHINA↙

HOME↙

A CHINESE↙

the largest string is：HOME

注意：用 gets 读入字符串与用 scanf("％s"，str)是不同的，它以回车作为字符串的结束符，一行中的空格也作为字符串的一个元素读入。

6.5 程序设计举例

例 6.7 用选择排序法对数组中的 N 个整数排序，按由小到大顺序输出。

分析：选择排序法的思路是：先在 a[0]～a[N−1]中选出最小的数，将它与数组中的第一个元素对换；然后抛开 a[0]，再将 a[1]～a[N−1]中的最小的数与 a[1]对换；…… 每比较一轮，找出一个未经排序的数中最小的一个，逐步缩小排序范围直至完成排序。若数组中的元素个数为 N，则共需进行 N−1 轮比较。

具体程序如下：

```
# define N 10
# include <stdio.h>
void main()
{
int array[N], i, j, k, t;
printf("Input %d number: \n", N);
for (i=0; i<N; i++)
    scanf("%d", &array[i]);
printf("\n");
for (i=0; i<N-1; i++)                   /* 外循环，控制 N-1 轮比较，即找 N-1 遍 */
{
  k=i;
  for (j=i+1; j<N; j++)                 /* 内循环，用 k 记住所找数中最小数的下标 */
    if(array[j]<array[k]) k=j;
  if (i! =k)                           /* 将最小数换至最前面 */
  {
        t=array[k];
        array[k]=array[i];
        array[i]=t;
  }
}
```

```
        printf("The sorted numbers：\n");
        for (i=0；i<N；i++)
            printf("%d ", array[i])；
    }
```

运行结果：

Input 10 numbers：

4 6 7 10 13 2 1 9 20 3↙

The sorted numbers：

1 2 3 4 6 7 9 10 13 20

例 6.8 将数组 a 的内容逆置重放。要求不得另外开辟数组，只能借助于一个临时存储单元。

分析： 假定 a 数组有 8 个元素，它们原始存放的内容如下：

a[0]	a[1]	a[2]	a[3]	a[4]	a[5]	a[6]	a[7]
4	7	2	8	12	5	10	3

现要求改变成如下的存放形式：

a[0]	a[1]	a[2]	a[3]	a[4]	a[5]	a[6]	a[7]
3	10	5	12	8	2	7	4

完成以上操作，只需按以下箭头所指的形式，将两个元素中的内容对调就行了。若用 i，j 分别代表进行对调的两个元素的下标，则首先需要确定 i 和 j 的关系，其次需要确定 i 变化的范围。

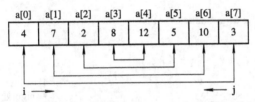

假定有 n 个元素，当 i=0 时，j 应该指向第 n−1 个元素；当 i=1 时，j 应指向第 n−2 个元素；所以 i 和 j 的关系为 j=n−i−1。

i 移动的起始位置为 0，终止位置为 p，p=n/2−1。若 n 是偶数，假定为 8，则 p 等于 3，如上例所示，最后使 a[3] 和 a[4] 对调。如果 n 是奇数，假定为 9，则 p 等于 3，最后使 a[3] 和 a[5] 对调，即 a[4] 在中间没有移动。

根据以上分析，具体程序如下：

```
# define N 8
# include <stdio. h>
void main()
{
    int a[N]，i，j，p，t；
    printf("Input %d number to the array：", N)；
    for(i=0；i<N；i++)
        scanf("%d", &a[i])；
    p=N/2−1；
    for (i=0；i<=p；i++)
```

```
        {
            j=N−i−1;
            t=a[i]; a[i]=a[j]; a[j]=t;
        }
    printf("\nThe array has been inverted: ");
    for(i=0; i<N; i++)
        printf("%d ", a[i]);
}
```

运行结果：

Input 8 number to the array: 4 7 2 8 12 5 10 3✓

The array has been inverted: 3 10 5 12 8 2 7 4

例 6.9　将字符串 s 转换成相应的双精度浮点数。

分析：这种转换在词法分析程序及其他场合经常是有用的。其实，系统的库函数中已提供了这种功能的函数。现在我们自己来设计程序完成这一功能。

首先应对字符串中出现的 '+' 和 '−' 进行处理，其次处理 '.' 前的部分，即将每一个数字字符转换成相应的数值，并加权累加成相应的整数部分。最后处理 '.' 后的部分（如果有的话），转换结果存放在变量 number 中。程序如下：

```
# include <stdio. h>
void main()
{   char s[8];
    double val, power, number;
    int i, sign;
    printf("Input string of a number: ");
    gets(s);
    i=0;
    sign=1;
    if (s[i]=='+' || s[i]=='−')                     /* sign 处理符号 */
        sign=(s[i++]=='+')? 1: −1;
    for (val=0; s[i]>='0' && s[i]<='9'; i++)        /* 处理整数数字部分 */
        val=10 * val+s[i]−'0';
    if (s[i]=='.')
        i++;
    for (power=1; s[i]>='0' && s[i]<='9'; i++)      /* 处理小数数字部分 */
    {
        val=10 * val+s[i]−'0';
        power *=10;
    }
    number=sign * val/power;
    printf("\nnumber=%f\n", number);
}
```

运行结果：

Input string of a number: −234.55✓

number=−234.550000

— 124 —

例 6.10 输入一个由若干单词组成的文本行(最多 80 个字符),每个单词之间用若干个空格隔开,统计此文本行中单词的个数。

分析:要统计单词的个数首先要解决如何去判断一个单词。假定把一个文本行放在 str 数组中,那么这一辨别工作即从 str[0]开始去逐个检查数组元素,跳过所有的空格后,找到的第一个字母就是一个单词的开头,这时计数器就可加 1,在此之后如果连续读到的是非空格字符,则这些字符是属于刚统计过的那个单词,因此不应计数。下一次计数应在读到一个或几个空格后再遇到非空格字符时进行。

根据以上分析,对单词个数加 1 必须同时满足两个条件:第一,当前所检查的这个字符是非空格;第二,所检查字符的前一个字符是空格。假设 num 用来统计单词的个数,prec 存放所检查的前一个字符,nowc 存放当前所检查的字符。

程序如下:

```c
#include <stdio.h>
void main()
{
    char str[80], prec, nowc;
    int i, num;
    printf("Input a text line: ");
    gets(str);
    prec=' '; num=0; i=0;
    while (str[i]!='\0')
    {
        nowc=str[i];
        if (nowc!=' ' && prec==' ') num++;      /* 是新单词,个数加 1 */
        prec=nowc;                              /* 将已检查的字符保存至 prec,继续查 */
        i++;
    }
    printf("\nThe number of words is: %d", num);
}
```

运行结果:

```
Input a text line: the big car↙
The number of words is : 3
```

例 6.11 输入 3 行 4 列的矩阵,找出在行上最大,在列上最小的那个元素。如果没有这样的元素,则打印出相应的信息。

分析:在一个矩阵中符合上述条件的元素称为鞍点。为简单起见,假定每行和每列中的元素值各不相同。算法可描述如下:

(1) 找出第 i 行上最大的元素。记下所在的列号 c,最大元素的值 rmax。

(2) 在第 c 列上,把 rmax 和该列上的其他元素比较,判断在该列上 rmax 是否是最小的元素。只要发现有一个元素小于或等于它,则说明 rmax 在该列上不是最小的元素。

(3) 若 rmax 是第 c 列上的最小元素,则找到鞍点,打印此鞍点的值。

(4) 重复以上步骤,使 i 从第 1 行到第 3 行重复以上步骤,并且一旦找到一个鞍点就退出循环。

程序如下：

```c
#include <stdio.h>
void main()
{
    int a[3][4], i, j, r, c, k, rmax, find;
    printf("The matrix is: \n");
    for(i=0; i<3; i++)
        for(j=0; j<4; j++)
            scanf("%d", &a[i][j]);
    find=0; i=0;                          /* find 为 0,标志还未找到鞍点 */
    while(i<3 && (find==0))               /* 若未找到鞍点,则重复查找矩阵每一行 */
    {
        rmax=a[i][0]; c=0;
        for(j=1; j<4; j++)
            if (rmax<a[i][j])
            { rmax=a[i][j]; c=j; }        /* 某行最大值→ramx,所在列号→c */
        find=1; k=0;                       /* 先假设行上的最大值即为列上的最小值 */
        while(k<3 && find==1)              /* 内循环查 rmax 是否为 c 列上的最小数 */
        {
            if (k!=i)
                if (a[k][c]<=rmax) find=0; /* 若列上有一数小于 rmax,则置 find=0,结束循环 */
            k++;
        }
        if (find==1)
            printf("The saddle pointer is: a[%d][%d]=%d\n", i, c, a[i][c]);
        i++;
    }
    if (find==0) printf("not been found");
}
```

运行结果：

```
The matrix is:
18  12  19  13
79  65  52  38
63  88  71  49
The saddle pointer is: a[0][2]=19
```

例 6.12　用计算机洗扑克牌。

分析：将 54 张扑克牌统一编号为 0，1，2，…，52，53，然后随机地从中一一抽取一张牌，并依此放起，形成新的序列。具体要解决两个问题：

(1) 如何存储 54 张扑克牌。

我们可用数组 pk 来存储 54 张扑克牌。每个数组元素是一位 3 位整数，表示每张扑克牌，其中第一位表示牌种类，后两位表示牌号，例如：

101，113：分别表示红桃 A，红桃 K；

201，213：分别表示方块 A，方块 K；

301，313：分别表示梅花 A，梅花 K；

401，413：分别表示黑桃 A，黑桃 K；

501，502：分别表示大、小王。

(2) 在此基础上如何一一抽取。

我们先介绍将用到的库函数，rand()用于产生随机数，srand 函数是随机数发生器的初始化函数，它需要提供一个种子，如 srand(1)，不过通常使用系统时间来初始化，即使用 time 函数来获得系统时间，它的返回值为从 00：00：00 GMT，January，1，1970 到现在所持续的秒数。

在进行抽取操作时，首先在 0~53 之间产生一个随机数 r(=rand()%53)，将 pk[0] 与 pk[r] 交换；接着在 1~53 之间产生一个随机数 r(=rand()%(53-1)+1)，将 pk[1] 与 pk[r] 交换，即在 i~53 之间产生一个随机数 r(=rand()%(53-i)+i)，将 pk[i] 与 pk[r] 交换……直到前 53 张牌被全部交换。

程序如下：

```
# include <stdio. h>
# include <stdlib. h>
# include <time. h>
void main()
{
    int i, temp, r;
    int pk[54]={501, 502,
      101, 102, 103, 104, 105, 106, 107, 108, 109, 110, 111, 112, 113,
      201, 202, 203, 204, 205, 206, 207, 208, 209, 210, 211, 212, 213,
      301, 302, 303, 304, 305, 306, 307, 308, 309, 310, 311, 312, 313,
      401, 402, 403, 404, 405, 406, 407, 408, 409, 410, 411, 412, 413};
    printf("\n");
    srand(time(0));                /* 用随机函数设置随机数序列的起点 */
    for(i=0; i<53; i++)
    {
        r=rand()%(54-i)+i;         /* 产生 i 到 53 之间的随机数 */
        temp=pk[i];
        pk[i]=pk[r];
        pk[r]=temp;
        printf("%d, ", pk[i]);
    }
    printf("%d\n", pk[i]);
}
```

运行结果：

111，306，411，305，403，313，105，312，402，204，207，311，208，206，106，404，201，301，406，102，309，405，211，108，109，205，412，101，409，107，113，110，308，209，213，310，302，501，103，407，202，307，304，408，410，401，104，303，210，502，212，203，112，413

本 章 重 点

◇ 数组可以将一组同类型的数据按顺序关系组织起来，其特点是利用下标来区分不同数据。

◇ 数组中的元素按顺序存放在一片连续的存储空间中。一维数组中的元素按下标递增的顺序连续存放，二维数组中的元素是按行存放的。

◇ 数组需要确定的空间，因此在定义时要用常量表达式来确定数组元素的个数。C 语言不能定义动态数组。

◇ C 语言规定数组的下标从 0 开始，最大值即为定义的长度减 1。由于 C 语言的编译系统不检查数组越界错误，所以初学者在使用数组时应注意避免因越界而导致程序的错误结果。

◇ 可以通过赋值语句或输入函数使数组中的元素得到初值，也可对数组进行初始化，即使数组在程序运行之前得到初值。

◇ C 语言中没有提供字符串数据类型，对字符串的操作是借助于一维字符数组处理的。字符数组和字符串形式上的区别是字符串有结束标志符'\0'。字符串标志'\0'也占用一个字节的存储单元，但它不计入字符串的实际长度。

◇ C 语言的库函数中提供了一些用于处理字符串的函数，利用这些函数便于对字符串进行操作。但在使用这些库函数时，应在程序中包含头文件 string. h。

习 题

1. 指出下列说明语句中哪些是正确的，哪些是错误的，并说明原因。

(1) int n＝10, a[n];

(2) ♯ define MAX 512

　　char a[MAX * 2];

(3) int a[5], b[5];

　　scanf("%d", &a);

　　b＝a;

(4) int a[]＝{0};

2. 从键盘输入 10 个整数，用冒泡排序法将其按递减次序排列并输出。

3. 分别求出一个 4×4 矩阵的两条对角线元素之和。

4. 若数组 a 包含 10 个整型元素，将 a 中所有的后项除以前项的商取整后，存入数组 b 中，并按每行 3 个元素的形式输出。

5. 打印出以下的杨辉三角形(要求打印出 10 行)。

```
1
1  1
1  2  1
1  3  3  1
1  4  6  4  1
```

```
        1    5    10   10   5    1
       ...  ...  ...  ...  ...  ...
```

6. 输入一个字符串,将其中的字符逆置后输出。

7. 从键盘输入字符串 a 和 b,要求不用库函数 strcat 把串 b 的前 5 个字符连接到串 a 中;如果 b 的长度小于 5,则把 b 的所有元素都连接到 a 中。

8. 输入 n 个字符串,将它们按字母大小的顺序排列并输出。

9. 输入一段正文,并统计其中的某个单词出现的次数。

10. 有一行电文,已按下面规律译成密码:

A→Z   a→z

B→Y   b→y

C→X   c→x

...   ...

即第 1 个字母变成第 26 个字母,第 i 个字母变成第 $(26-i+1)$ 个字母。非字母字符不变。要求编程将密码译回原文,并打印输出密码和原码。

第7章

函数及变量存储类型

7.1 函数基础与 C 程序结构

经过前面几章的介绍，我们已经学习了 C 语言中的最基本的语句，可以在一个 main() 函数中用三种基本模块结构完成简单的程序设计。当程序要解决的问题稍复杂一些时，若只用一个复杂 main() 函数完成所有的功能，程序的可读性就差了。为了遵循"清晰第一、效率第二"的程序设计原则，传统的面向过程的程序设计采用结构化程序设计方法，其基本思想我们已在第三章叙述过了，本章再结合 C 语言的函数特性和 C 程序的结构予以深入探讨。

7.1.1 C 程序的结构化设计思想

当设计一个解决复杂问题的程序时，传统的面向过程的程序设计方法为了能清楚地描述程序的运行过程，要求将一个复杂的任务划分为若干子任务，每个子任务设计成一个子程序，称为模块。若子任务较复杂，还可以将子任务继续分解，直到分解成为一些容易解决的子任务为止。每个子任务对应于一个子程序，子程序在程序编制（即代码）上相互独立，而在对数据的处理上又相互联系，数据和程序代码是分开存储的。完成总任务的程序由一个主程序和若干子程序组成，主程序起着任务调度的总控作用，而每个子程序各自完成一个单一的任务。这种自上而下逐步细化的模块化程序设计方法就是所谓结构化程序设计方法。

结构化程序设计的优点是：程序编制方便，易于修改和调试，可由多人分工合作完成；程序结构模块化，可读性、可维护性及可扩充性强；子程序代码公用（当需要完成同样任务时，只需要一段代码，可多次调用），使程序简洁。

C 语言是函数式语言，没有子程序，程序员可利用函数来实施结构化程序设计，即单一的程序任务由独立的函数来完成，不要试图在一个函数中完成所有的任务，一个函数只应完成一件单一的任务。一个成功的 C 程序应该是由多个功能简单、独立的函数构成的。要善于利用函数，以减少重复编程。

组成一个 C 程序的各函数可以分开编辑成多个 C 源文件。一个 C 源文件中可以含有 0 个（源文件中可以没有函数，仅由一些说明组成，例如定义一些全局变量）或多个函数，因而一个 C 程序可以有一个或多个源文件，每个源文件是一个编译单位。源文件被编译之后生成二进制代码形式的目标程序文件，组成一个 C 程序的所有源文件都被编译之后，由连接程序将各目标文件中的目标函数和系统标准函数库的函数装配成一个可执行的 C 程序。

C 程序结构示意图如图 7.1 所示。

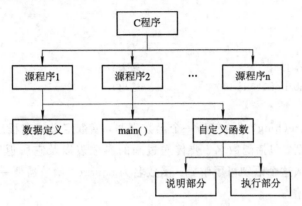

图 7.1　C 程序结构示意图

7.1.2　函数概述

在 C 程序设计中，函数是独立的 C 程序模块，它完成一个特定任务并可选择是否将一个值返回调用程序。在 C 语言中，子程序被称为函数，它相应于其他高级语言中的过程（无返回值的子程序）和函数（通过函数名返回一个值的子程序）。一个 C 程序一般由多个函数组成，其中必须有一个且仅有一个名为 main 的主函数，其余为被 main()函数或其他函数调用的函数，无论 main()函数位于程序中的什么位置，C 程序总是从 main()函数开始执行。

main()函数可调用其他函数来实现所需的功能。被 main()函数调用的函数分为两类。一类是由系统提供的标准库函数，例如，标准输入/输出函数（scanf，printf，getche，putchar，…）、数学计算函数（sin，cos，fabs，sqrt，…）、数据格式转换函数（atoi，atof，sscanf，sprintf，…）、字符串处理函数（strlen，strcpy，strcmp，…）和文件读/写函数（fread，fwrite，fopen，…）等。这类函数可以由用户程序直接调用。另一类是用户在自己的程序中定义的函数，即需要由用户自己编写的函数。

例 7.1　用户自定义函数——求数的平方。

```c
#include <stdio.h>
long square(long);                    /* 函数声明 */
void main()
{
    long in_num, result;
    printf("Input an integer: ");
    scanf("%ld", &in_num);
    result = square (in_num);          /* 函数调用 */
    printf("\nThe square number of %ld is %ld", in_num, result);
}
long square (long x)                   /* 函数定义 */
{
```

```
    long x_square;                          /* 说明部分 */
    x_square = x * x;                       /* 执行部分 */
    return x_square;
}
```

运行结果：

Input an integer: 100↙   （输入）

The square number of 100 is 10000   （输出）

分析：

(1) "long square(long);"语句是一个函数声明，函数定义将在程序的后面出现。函数声明指出了函数原型，包括函数名、要传送过来的参数表以及它所返回的函数值的类型。程序员和编译系统从这个语句可了解到：函数名为 square，函数需要一个 long 型参数，并将返回一个 long 型值。

(2) 语句"result = square(in_num);"调用 square()函数并将变量 in_num 作为实参传送给它。该函数的返回值赋予变量 result。注意 in_num 和 result 为 long 型变量，以便与函数原型相匹配。

(3) long square(long x)开始函数定义，函数定义的首部(即第一行)给出函数的返回类型、函数名和形参描述。围在大括号中的是函数体，其中包括函数内部的一些说明和变量定义以及函数在被调用时要执行的语句。

(4) 函数以一个 return 语句终结，return 语句将一个值传回调用程序并结束函数的调用。本例中，返回变量 x_square 的值。

比较 square()函数与 main()函数的结构可知它们是类似的，注意 main()虽是一个函数，但不可被调用。本书已用过的 printf()和 scanf()函数是库函数，与用户定义函数不同，但用户在调用时的操作是相似的。

由此可总结，C 程序中的函数具有以下特性：

(1) 每个函数都有唯一的名字(如 square)，用这个名字，程序可以转去执行该函数所包括的语句，这种操作称为调用函数。一个函数能被另一个函数调用，如在 main()函数中调用 square()函数。

(2) 一个函数执行一个特定的任务，此任务是程序必须完成的全部操作中一个独立的操作行为，如将一行正文传送到打印机，将一个数组按数值顺序排列，求一个立方根等等。

(3) 函数的定义是独立的、封闭的。一个函数的定义应该不受程序其他部分的干预，也应不干预其他部分而完成自身的任务。

(4) 函数能给调用程序返回一个值。在程序调用一个函数时，此函数所包含的语句便会执行，必要时，还能将信息传回调用程序。

C 程序中的函数，只有在被调用时，其中的语句才能执行。程序在调用一个函数时，可用一个或多个实参将信息传送到函数，实参往往是函数在执行任务时所需的数据。函数中的语句执行后，就完成了指定的任务。当函数的语句全部完成后，程序返回到该函数被调用处，函数也能以返回值的形式将信息传送回程序。

7.2 函数的定义和声明

7.2.1 函数的定义

函数的定义就是对函数所要完成功能的操作进行描述的过程。它一般包括函数名的命名和类型说明、形式参数的类型说明、必要的变量定义、操作语句等等。

下面首先看一个函数定义的实例，然后给出函数定义的一般形式。

例 7.2 计算 x 的 n 次方，x＝2，−3；n＝1，2，…，9。

分析：根据题意，x 有两个取值，每个 x 值对应于 9 个 n 值，因此程序要计算 18 次 x 的幂值。所以最好将计算 x 的幂定义成函数，函数名为 power，参数为 x 和 n。main()函数每次用不同的 x 和 n 值调用 power()函数，并输出计算结果。

程序如下：

```
#include<stdio.h>
int main(void)                    /* 测试 power()函数 */
{
    int i;
    double power(int, int);       /* 函数声明 */
    for(i=1; i<10; i++)
        printf("power(2, %d)=%8.4f, power(-3, %d)=%11.4f\n",
                i, power(2, i), i, power(-3, i));
    return 0;
}


double power(int x, int n)        /* 函数首部 */
{
    int i;                        /* 说明部分 */
    double p;
    p=1;                          /* 执行部分 */
    for(i=1; i<=n; i++)
        p *= x;
    return(p);                    /* 返回 p 值 */
}
```

输出：

```
power(2, 1)=  2.0000, power(-3, 1)=    -3.0000
power(2, 2)=  4.0000, power(-3, 2)=     9.0000
power(2, 3)=  8.0000, power(-3, 3)=   -27.0000
power(2, 4)= 16.0000, power(-3, 4)=    81.0000
power(2, 5)= 32.0000, power(-3, 5)=  -243.0000
power(2, 6)= 64.0000, power(-3, 6)=   729.0000
power(2, 7)=128.0000, power(-3, 7)= -2187.0000
```

power(2,8)=256.0000，power(-3,8)=　6561.0000
power(2,9)=512.0000，power(-3,9)=-19683.0000

函数名 power 是一个标识符，power()函数具有 double 类型的返回值，它有两个 int 类型的参数 x 和 n。〔 〕括起来的部分是函数体，其中的说明部分"int i；double p；"说明 i、p 是在 power()函数内部使用的局部变量。执行部分的"return(p)；"语句将表达式 p 的值返回给 main()函数的调用处，p 的值就是 power()函数的返回值(简称函数值)。

函数定义的一般形式为：

存储类型标识符　类型标识符　函数名(形式参数表列及类型说明)
　〔
　　说明部分
　　语句部分
　〕

函数定义由函数首部和函数体两部分组成。函数首部即定义一个函数时的第一行，包括存储类型标识符、类型标识符、函数名和由()括起来的参数表；〔 〕部分称为函数体，语法上是一个复合语句。各部分说明如下：

1）存储类型标识符

存储类型标识符说明函数的存储类型，它规定了函数可被调用的范围。可用于函数的存储类型标识符有 static 和 extern，指定为 static 的函数为静态函数，静态函数只能由和它在同一文件中定义的函数调用；不指定存储类型标识符时为缺省的存储类型 extern，缺省或指定为 extern 存储类型的函数是外部函数，例如，例 7.2 中的 power()函数是外部函数。

2）类型标识符

C 程序中定义的函数可以什么也不返回而只完成某项工作。无返回值的函数，类型标识符为 void，又称为"空类型函数"，即此函数不向主调函数返回值，主调函数也禁止使用此函数的返回值。

C 程序中定义的函数也可以返回一个值，这时，类型标识符说明函数返回值的数据类型(常简称为"函数值的类型"或"函数的类型")，例如，例 7.2 中的 power()函数是一个 double 类型的函数，main()是 int 类型的函数。函数的类型可以为任何基本类型、结构体类型。还可以定义返回值为指针的函数，但不能定义返回数组的函数。int 型函数定义时可以省略类型标识符 int，因为 int 是有返回值函数的缺省类型(提倡明确指出 int)。

3）函数名

函数名是一个标识符，一个程序中除主函数 main()外，其余函数的名字可以任意取，最好取有助于记忆的名字。考虑到与外部联接的需要，函数名一般不要超过 6 个字符长，如 max()、power()和 factor()等。外部函数的名字要作用于整个程序，因而外部函数相互之间不能同名。静态函数可以和外部函数同名，但同一文件中的函数不能同名。

4）参数表

函数定义中的参数表说明函数参数的名称、类型和数目。参数表由零个或多个参数说明组成，如果函数没有参数，可只写一对括号(此为函数标志，不可省略)，但最好将参数表指定为 void。有多个参数时，多个参数之间用逗号隔开。函数定义中的参数表习惯上称为形参表。

形参说明的一般形式为：

类型标识符　形参名

每个类型标识符对应于一个形参名，当有多个形参时，相互间用逗号隔开。

例如，例 7.2 中的 main()函数没有参数，形参表为 void；power()函数有两个形参，其形参表示为：

int x, int n

形参是局部变量，仅在本函数内有定义，任何其他函数不能使用它们进行存取。

5) 函数体和函数返回值

函数定义中最外层{}括起来的部分称为函数体，函数体由说明部分和执行部分组成。说明部分是局部说明，执行部分是可执行语句的序列，完成本函数要完成的具体任务。局部说明中说明的变量和函数其有效范围局限于该函数内部，同形参一样，不能由其他任何函数存取(或调用)。例 7.2 的 main()函数中，变量 i 是 main()函数的局部变量，power()函数中的变量 i 和 p 是 power()函数的局部变量。其中 main()和 power()使用了同名变量 i，但它们各自有自己的存储单元，是完全不同的两个变量。

函数体语法上是一个复合语句，它可以没有说明部分而只有执行部分，也可以两者都没有。因此，最简单的合法函数是形参表为空(void)且函数体也为空的函数(称为哑函数)。例如：

void dummy(void){ }

dummy()函数被调用时，它不执行任何操作，仅在调用程序的流程控制中占有一个位置。当调用程序的功能需要扩充时，可编写一个具有新功能的函数，并用对新函数的调用取代相应的哑函数调用。这在程序开发的初级阶段是非常有用的，读者可参考配套的《〈C 程序设计〉学习指导(第四版)》书中的综合课程实验来体会。

void 类型函数不含 return 或含不带表达式的 return 语句。有返回值的函数必须至少包含一个带表达式的 return 语句，表示函数调用至此结束，返回到主调函数的函数调用处。

return 表达式；

或

return (表达式)；

表达式的值就是函数的返回值。对于基本类型，表达式的类型和函数的类型不相同时表达式的值自动转换为函数的类型；对于指针，表达式的类型和函数的类型不相同时，须使用类型强制符将表达式的值转换为函数的类型；对于结构体，表达式值的类型与函数定义的类型必须相同。

例如，可以将 power()函数定义为：

```
double power(int x, int n)
{
    int i; long p;
    ⋮
    return(p);
}
```

其中，"return(p)"将表达式 p 的值作为 power() 函数的返回值。p 被自动转换成 double 类型。

7.2.2　函数的声明(函数原型)

C 语言允许函数先调用后定义，或被调用函数在其他文件中定义。对于此种情况之一的非 int 型函数，必须在调用函数之前作函数声明，其目的是指出被调用函数的类型和参数的类型，否则编译程序认为被调用函数为 int 类型。但是我们需要注意最新的 C++ 标准已不再支持默认的 int() 函数和变量，因此，建议大家在定义变量和函数时，不要省略类型标识符。

函数声明的一般形式为：

存储类型标识符　类型标识符　函数名(形参表)；

外部函数声明时可指定 extern 或存储类型标识符缺省，静态函数声明时必须指定 static；参数表可以只列出参数的类型名而不需给出参数名。例如：

```
      double power(int, int);
和    double power(int x, int n);
和    double power(int a, int m);
```

都是等价的。power() 函数是 double 类型，它有两个 int 参数。声明时给出的参数名 x、n 被编译忽略，因为参数的存储分配是在函数被调用时进行的。

对于无参数表的函数，声明时参数表应指定为 void。

函数声明可位于调用函数体内或函数体外(一般位于程序开头部分)。在函数体外声明的函数可在声明之后直至该源文件结束的任何函数中调用，在函数体内声明的函数只能在声明所在的函数体内调用。在函数体中声明时，还可以写成"double power();"这种形式，在早期的 C 语言书籍中多采用该形式；而目前流行的形式是采用函数体外部声明。例如，在例 7.2 中 main() 函数调用了 power() 函数，power() 函数的定义在 main() 函数的定义之后，且类型为非 int 类型，所以在 main() 的说明部分要对 power() 函数作声明：

```
      double power(int, int);
```

也可以在 main() 函数外面声明：

```
      double power(int, int);
      int main(void)
      {
          int i;
          ⋮
      }
```

带参数表的函数声明称为函数原型。标准库函数的原型在系统提供的相应头文件中，因此，程序中调用标准库函数时，只需用 #include 预处理控制包含所需的头文件，而不需写函数声明。实际上，不管是否必须，对所有被调用函数均进行声明是较好的编程习惯，既符合现代程序设计风格，又方便了程序的检查和阅读。

7.3 函数的调用

一个函数可以被其他函数多次调用，每次调用时可以处理不同的数据，因此函数是对不同数据进行相同处理的一种通用的程序形式。

通常将函数定义时在参数表列出的参数称为形式参数，简称形参。形参是函数要处理的数据名称（形式上的变量），在函数定义时并未开辟相应的存储单元，只有到函数调用时，系统才为形式参数分配与其类型长度相同的存储单元，并将实际要处理的参数送到形参对应的存储单元。每次调用时，使用不同的实际数据从而实现对不同数据的相同处理。调用时被送到形参单元的实际数据通常称为实际参数，简称实参。形参是变量，实参是形参在每次调用时得到的值。

7.3.1 函数调用的方式和条件

函数调用的一般形式为：

    函数名（实参 1，实参 2，…，实参 n）

（）部分称为实参表列，实参可以是常量、变量或表达式，有多个实参时，相互间用逗号隔开。实参和形参应在数目、次序和类型上一致。对于无参数的函数，调用时实参表为空，但（）不能省。

函数调用在程序中起一个表达式或一个语句的作用。对于有返回值的函数，函数调用一般作为表达式出现，即凡程序中允许出现表达式的位置上均可出现函数调用；也可作为语句（即表达式语句）出现。对于无返回值函数的调用，只能以语句形式出现。

例如：

(1) getch()；

getch()函数调用作为语句出现。

(2) c=getchar()；

getchar()函数调用作为表达式出现（赋值表达式的右操作数）。

(3) while(putchar(getche())!='?')；

getche()函数调用作为 putchar()函数调用的实参（表达式）出现，putchar()函数调用作为关系表达式的左操作数（表达式）出现。

(4) while((c=getch())!='?')

    putchar(c)；

putchar()函数调用作为 while 语句的循环体（语句）出现。

函数调用的一般过程为：

(1) 主调函数在执行过程中，一旦遇到函数调用，系统首先计算实参表达式的值并为每个形参分配存储单元，然后把实参值复制到（送到或存入）对应形参的存储单元中。实参与形参按位置一一对应。

(2) 将控制转移到被调用的函数，执行其函数体内的语句。

(3) 当执行 return 语句或到达函数体末尾时，控制返回到调用处，如果有返回值，同时回送一个值。然后从函数调用点继续执行主调函数后面的操作。

除了正确地编写函数的定义及调用语句，要想成功地调用某个函数还必须满足下列三个条件之一：

（1）被调用函数的定义出现在主调函数的定义之前。

（2）在主调函数中或主调函数之前的外部对被调用函数进行声明。

（3）被调用函数为标准函数时，在函数调用前已包含了相应的头文件。

7.3.2 形参与实参的数值传递

函数调用时将实参传送给形参称为参数传递。C 语言中，参数的传递方式是"单向值传递"，形参和实参变量各自有不同的存储单元，被调用函数中形参变量值的变化不会影响实参变量的值。

例 7.3 形参与实参的数值传递。

```
# include <stdio. h>
void swap(int x, int y)
{
  int z;
  z=x; x=y; y=z;
}
void main()
{
  int a, b;
  a=10; b=20;
  swap(a, b);
  printf("a=%d\tb=%d\n", a, b);
}
```

运行结果：

 a=10 b=20

可以看到，在调用 swap() 函数时，实参 a 和 b 的值是 10 和 20。进入被调函数时，先开辟形参单元 x 和 y，再将 a 和 b 的值分别传递给形参变量 x 和 y（如图 7.2(a)所示），执行 swap() 函数使 x 和 y 的值进行了交换，但交换的结果并不会使实参变量 a 和 b 交换，所以 a 和 b 的值仍然为 10 和 20（如图 7.2(b)所示）。

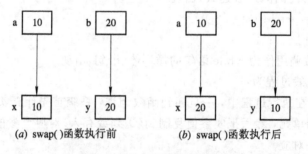

(a) swap() 函数执行前   (b) swap() 函数执行后

图 7.2　swap() 函数的传递

因此，在执行一个被调用函数时，形参的值如果发生改变，并不会改变主调函数实参的值。实际上当实参为常量或表达式时，这一点更容易理解。

在参数传递时有三个问题需要注意：

（1）实参与形参的一致性，实参的数目和类型应该与形参保持一致。如果参数的数目不一致或类型不一致，则调用的效果不确定，这是程序得不到正确结果的原因之一。

（2）C语言中可以定义参数数目可变的函数。定义这种函数时，要求至少要给出一个形参，在列出的最后一个形参后面用逗号后再跟三个点，即"，…"来声明该函数的参数数目可变。调用参数数目可变的函数时，实参的数目不能少于（可以多于）形参表中列出的形参的数目，即最后一个逗号之前的形参的数目。实参在类型和次序上同样应与形参一致。printf()和scanf()函数就是C中最常用的参数数目可变的函数。例如，printf()函数调用的一般形式为：

> printf(格式字符串，参数1，参数2，…);

其中第一个参数（格式字符串）是必需的，调用时系统根据第一个参数中的格式说明项的数目和格式说明字符来确定其余参数的数目和类型，例如：

> printf("x＝%d y＝%f", x, y);

因为第一个参数中有两个格式说明项，分别为%d和%f，所以确定printf()在本次调用中还有两个输出参数，分别为整数和浮点数。

（3）函数调用时，每一实参为一表达式，实参与实参间的逗号是分隔符，不是顺序求值运算符，它不保证参数的求值顺序按从左至右进行，参数的求值顺序由具体系统确定。多数编译程序在计算参数值时按从右至左的顺序进行。例如在Turbo C中运行下列程序。

例7.4 参数的求值顺序。

```
# include <stdio. h>
void main(void)
{
    int x＝0;
    printf("x＝%d\n", x);
    printf("x++＝%d    x++＝%d\n", x++, x++);
    printf("x＝%d\n", x);
}
```

执行时输出：

```
x＝0
x++＝1    x++＝0
x＝2
```

在该程序的第二个printf语句中，右边的x++先求值，左边的x++后求值，因此右边的x++的输出为0，左边的为1。

7.3.3 函数的返回值

当函数为有返回值的函数时，在函数中要用return后跟一个C表达式构成的语句完成。在执行到返回语句时，表达式求值，并将其值返回到调用程序，函数的返回值就是该表达式的值。

例7.5 函数的返回值。

```
# include <stdio. h>
```

```
    float max(float x, float y)
    {
        if(x>=y)    return(x);
        else        return(y);
    }
    void main()
    {
        float a, b, c;
        scanf("%f%f", &a, &b);
        c=max(a, b);
        printf("max=%5.2f\n", c);
    }
```

还可以写成：

```
(1) float max(float x, float y)
    {
        if (x>=y)
            return x;
            return y;
    }
(2) float max(float x, float y)
    {
        return x>y? x:y;
    }
```

运行结果：

```
2.5 5.6
max= 5.00
```

在 max() 函数被调用时，函数体中的语句执行到 return 语句，return 终止函数的执行并将 y 的值返回给调用程序，return 关键字之后的表达式可以是任意的 C 表达式。如例 7.5 所示，函数中可包含多个 return 语句。

可以看到函数的类型与 return 语句中的表达式的值不一致，此时以函数类型为准。对数值型数据，可以自动进行类型转换，即函数类型决定返回值的类型。一般情况下提倡函数类型与 return 语句中的表达式的值一致。

若函数不需要返回值时，可以用 void 定义函数类型，此时函数中不可有带表达式的 return 语句。如果函数的类型不是 void，即使函数中没有 return 语句，函数也有返回值，只是返回值为不确定的值。

需要说明的是，现代的 C++ 语法要求越来越严格，新的编译系统甚至已经不支持返回值为 int 型的函数省略"int"返回类型的写法，即认为 max(int x, int y) 这种形式是非法的，必须写成 int max(int x, int y)。因此，我们在编写函数时，必须写出函数的返回值类型，当有返回值时，一定要有 return 语句。

在 C 语言中，main() 函数是一个特殊的函数，它由操作系统调用，然后返回到操作系统。因此，一般来讲，main() 函数是有返回值的，其返回值为 int 类型。我们在编写程序时，如果 main() 函数的形式是 int main(){…}，函数的结尾必须有"return 1；"之类的语句；而经常地，我们也把 main() 函数写成 void main(){…}这种形式，表示没有给操作系统返回任何值，无需写"return 1；"这样的语句，从而显得更简洁。在本书中，我们多用 void main()这样的形式。

7.4 函数的嵌套与递归

当一个函数作为被调用函数时，它也可以作为另一个函数的主调函数，而它的被调用函数又可以调用其他函数，这就是函数的嵌套调用。当一个函数直接或间接地调用它自身时，称为函数的递归。C 语言规定任何函数都可以调用其他函数，且除了 main() 函数以外的任何函数都可以作为其他函数的被调用函数。

7.4.1 函数的嵌套调用

函数的定义是不允许嵌套的，但调用是可以的。实际上，在稍微复杂一点的程序中，嵌套调用是常常发生的。

例 7.6 用牛顿迭代法求根。方程为 $ax^3 + bx^2 + cx + d = 0$，系数由主函数输入。求 x 在 1 附近的一个根。求出根后由主函数输出。

分析：牛顿迭代法的公式是 $x = x_0 - (f(x)/f'(x))$，假设迭代到 $|x - x_0| \leqslant 10^{-5}$ 时结束。求解时，先计算函数 $f(x_0)$，再计算 $f'(x_0)$ 和 x 的值，利用循环精确到六位小数。程序如下：

```
# include <stdio. h>
# include <math. h>
double f(double a, double b, double c, double d, double x)
{
        return a * x * x * x+b * x * x+c * x+d;
}
double df(double a, double b, double c, double x)          / * f(x)的微分函数 * /
{
        return 3 * a * x * x+2 * b * x+c;
}
double Newton(double a, double b, double c, double d, double x0,    double eps)
{
        double x=x0,   t;
        do
        {
        t=f(a, b, c, d, x)/df(a, b, c, x);
        x=x0-t;
        x0=x;
        }while(fabs(t)>=eps);
        return x;
}
```

```
void main()
{
        double a, b, c, d, eps;
        printf("\nInput a, b, c, d, eps\n");
        scanf("%lf %lf %lf %lf %lf", &a, &b, &c, &d, &eps);
        printf("\nx=%10.7f\n", Newton(a, b, c, d, 1, eps));
}
```

运行结果：

Input a, b, c, d, eps

1 2 3 4 1e-6↙

x=-1.6506292

可以看到在程序运行时，函数 main()调用了函数 Newton()，而函数 Newton()又调用了函数 f()和 df()，这样就形成了函数的嵌套调用。

7.4.2 函数的递归及条件

递归是一种特殊的解决问题的方法，要用递归解决问题，应满足两个条件：

（1）函数直接或间接地调用它本身；

（2）应有使递归结束的条件。

例 7.7 用递归方法求 n!。

分析：求 n! 可以用递推方法，即从 1 开始，乘 2，再乘 3……一直乘到 n；也可以用递归方法实现，即 5! 等于 4!×5，而 4!=3!×4，…，1!=1。可以用下面的递归公式表示：

$$n! = \begin{cases} 1 & (n=0,1) \\ n \cdot (n-1) & (n>1) \end{cases}$$

程序如下：

```
# include <stdio.h>
float fac(int n)
{
    if(n == 0||n == 1)
            return 1;
    return n * fac(n-1);
}


void main()
{
    int n;
    float y;
    printf("input a integer number: ");
    scanf("%d", &n);
    y=fac(n);
    printf("%d!=%15.0f", n, y);
}
```

运行结果：

input a integer number：10✓

10！=362800

例 7.8 求 Fibonacci 数列：1，1，2，3，5，8，…即

$$Fib(n) = \begin{cases} 1 & (n=1,2) \\ Fib(n-1)+Fib(n-2) & (n \geqslant 3) \end{cases}$$

程序如下：

```
#include <stdio.h>
double fib (int n)
{
    if(n==1 || n==2)
        return 1;
    return fib(n-1)+fib(n-2);
}


void main()
{
    int n;
    printf("n= ");
    scanf("%d", &n);
    printf("%lf", fib(n));
}
```

思考：main()函数可否进行递归调用？

7.5 变量的存储类别

C 语言的数据有两种属性：数据类型和存储类型。因此完整的变量说明的一般形式为：

存储类型标识符　类型标识符　变量名；

其中类型标识符说明变量的数据类型，在前面章节已经讲述了数据类型，如整型、实型等。本节讲述数据的存储类型，C 语言的数据有四种存储类型，分别由四个关键字（称为存储类型标识符）表示：auto(自动)、extern (全局)、static(静态)和 register(寄存器)。

7.5.1 变量的作用域和生存期

变量的作用域是指一个范围，这个范围内程序的各个部分都可访问该变量。换句话说，变量在这个范围内是可使用的或"可见的"。本书中，"可见的"可以指所有的 C 数据类型，即简单变量、数组、结构、指针等等，也可以指由 const 关键字定义的常量。

例 7.9 变量的作用域。

```
#include <stdio.h>
int x=999;                    /* 定义全局变量 x */
void print_value(void);
void main()
```

```
    {
        printf("%d\n", x);
        print_value();
    }
    void print_value(void)
    {
        printf("%d\n", x);
    }
```

输出：
```
999
999
```

在程序的最开始处定义了变量 x，在 main() 函数中用 printf() 显示 x 的值，然后调用函数 print_value() 再次显示 x 的值。可看到 x 并未作为一个实参传送到函数 print_value()，而是直接作为 printf() 中的一个实参。这是因为变量 x 的作用域包括了 main() 函数和 print_value() 函数。现对程序做一点小修改，将变量 x 的定义移到 main() 之内，则新的源程序如下：

例 7.10　变量的作用域。
```
    #include <stdio.h>
    void print_value(void);
    void main()
    {
        int x=999;                  /* 定义局部变量 x */
        printf("%d\n", x);
        print_value();
    }
    void print_value(void)
    {
        printf("%d\n", x);
    }
```

上述程序在编译时将会提示在第 11 行有错误——未定义变量 x。这是因为变量 x 的定义位于 main() 函数内，它的作用域也只限于 main() 内，在 print_value() 函数内，变量 x 未被定义或者说是不可见的。上面两个例子的唯一区别在于变量 x 定义的位置，将 x 的定义移位，其作用域发生了变化。在例 7.9 中，x 定义在函数的外部并位于文件的最前面，其作用域为整个程序，在 main() 函数与 printf_value() 函数内都是可访问的。在例 7.10 中，x 定义在 main() 函数的内部，其作用域局限于 main() 函数中。

为了理解变量作用域的重要性，可复习一下在本章前面所讲的结构化程序设计思想。结构化方法将程序划分为分别执行特定任务的独立函数，为了具备真正的独立性，每个函数中的变量必须隔离以避免来自其他函数的干扰。函数之间的完全数据隔离并不总是必要的。但是，通过指定变量的作用域，程序员可更进一步地控制数据隔离的程度。

当使用一个变量时，需要首先在内存中给这个变量开辟相应的存储单元，这时可以说这个变量存在了，或说它处于生存期内。如果这个变量所占用的内存单元被释放，那么这个变量就不存在了，或说在生存期之外。所以生存期指变量在内存中占用内存单元的时间。当一个程序运行时，程序中所包含的变量并不一定在程序运行的整个过程中都占用内存单元，往往是在需要时占用内存，而在使用结束后释放内存，这样做可以提高内存单元的使用效率，所以就产生了变量的生存期问题。

7.5.2 动态存储和静态存储

内存中供用户使用的存储空间可分为程序区、动态存储区和静态存储区，如图 7.3 所示。

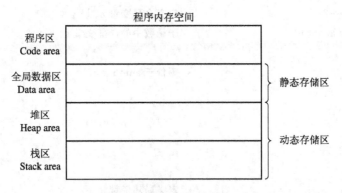

图 7.3 程序的内存使用

程序区用来存放程序代码，动态存储区和静态存储区用来存放数据，即数据与处理数据的程序是分离的，这是面向过程的程序设计方法的特点。

静态存储区即全局数据区，用来存放程序的全局数据和静态数据。

动态存储区又分为堆区和栈区。堆区用来存放程序的动态数据；栈区用来存放程序的局部数据，即各个函数中的数据。

动态存储和静态存储是指 C 对数据存储的两种方式。动态存储是指存储一些数据的存储单元可在程序运行的不同时间分配给不同的数据，而静态存储是指存储单元在程序运行的整个过程中固定地分配给某些数据。

动态存储区中数据的生存期一般是程序运行中的某个阶段，而静态存储区中数据的生存期为整个程序运行过程。

决定数据存放在内存的哪个区域，是由变量定义时存储类型标识符和变量定义的位置所决定的。

7.5.3 局部变量

局部变量又称内部变量，是在一个函数内定义，其作用域限制在所定义的函数中。main()函数中定义的变量也是局部变量，像例 7.10 中的变量 x 那样，该变量在 main()函数内定义，并像编译该程序所表明的那样，该变量仅在 main()函数内是可见的，即 main()函数中所定义的局部变量只能在 main()函数内使用，不可在其他函数中使用，而且 main()函数也不可以使用其他函数所定义的局部变量。函数的形式参数被认为是局部变量，在函数被调用时才会在内存的动态存储区中开辟存储单元，函数调用结束时与此函数内的其他局部自动变量一样释放所占有的内存单元。

局部变量的存储类型可以通过类型标识符 auto 和 static 来规定。利用 auto 定义的变量存放在动态存储区中，auto 可以缺省；利用 static 定义的变量存放在静态存储区中。编译器并不将局部自动变量预置为 0。如果一个局部变量未在定义时初始化，其值是不确定的或无意义的。程序员必须在局部变量开始使用之前确切地给它们赋值。

不同函数中可以使用相同名字的局部变量，它们代表不同的变量，相互不会形成干扰。局部变量还可以与全局变量同名，此时在局部变量的作用域内，全局变量不起作用。

例 7.11 局部变量与全局变量同名。

```
#include <stdio.h>
int a=1, b=2;                   /* 定义全局变量 a、b */
int max(int a, int b)           /* 子函数中的局部变量 a、b */
{
    int c;                      /* 等价于 auto int c; */
    c=a>b? a: b;
    return(c);
}
void main()
{
    int a=8;                    /* 定义局部变量 a */
    printf("%d", max(a, b));
}
```

运行结果：

8

程序中有两个全局变量 a、b，在 max() 函数中有形参 a、b，形参相当于局部变量，在函数调用时它们的值来自于实参的值，与同名全局变量无关。而在 main() 函数中有局部变量 a，在函数中使用的变量 a 为局部变量，值为 8，与同名全局变量无关，使用的变量 b 为全局变量，值为 2。所以 max() 函数形参得到的值分别为 8 和 2，最后返回值为 8。

例 7.11 中的局部变量定义时都缺省了存储类型的说明，这就相当于用 auto 标识符进行定义，也就是说定义为局部自动变量，在动态存储区中存放。局部变量可以用 static 标识符定义为局部静态变量，在静态存储区中存放。局部静态变量的作用域仍然是定义它的函数内，但因为它是静态存储类型，所以它的生存期为程序运行的整个过程。局部静态变量与局部动态变量在使用上也有较大区别。

7.5.4 局部静态变量的使用

局部静态变量具有一定的特殊性，它在程序运行的整个过程中都占用内存单元，当其所在的函数被调用时，它才可以被使用，而在函数调用结束后，该变量虽然仍在内存中存在，但是不可以被调用。

例 7.12 局部静态变量的使用。

```
#include <stdio.h>
void f()
{
```

```
        int a, b=3;
        static int c, d=5;
        a=3; c=5;
        a++; b++; c++; d++;
        printf("%d \t %d \t %d \t %d\n", a, b, c, d);
    }
    void main()
    {
        f(); f();
    }
```

运行结果：

```
 4    4    6    6
 4    4    6    7
```

在函数 f() 中，a 和 b 为局部自动变量，在每次调用 f() 时，a 和 b 都会重新开辟内存单元。对于变量 b 来说，也会重新赋初值，这样两次调用得到的结果是一样的。而变量 c 和 d 为局部静态变量，它们在程序运行开始时就获得了内存中的存储单元，且变量 d 进行了赋初值，而 c 未赋初值。在调用函数 f() 时，对变量 c 进行了赋值，对它们进行了自增运算后，输出的结果都为 6。在函数 f() 调用结束后，它们仍然存在于内存中，且它们的值还被保存着。当第二次调用函数 f() 时，它们不会重新开辟内存单元，所以变量 d 不会再次赋初值，那么它的值仍然为 6，而变量 c 进行了一次赋值操作，它的值被赋为 5，变量 c 和 d 自增后输出的结果分别为 6 和 7。

从例 7.12 中可以清楚地看到局部自动变量和局部静态变量的区别，同时可以看到对于局部静态变量初始化和赋值会导致不同的结果。局部静态变量的特性可用来优化程序，这一点可从例 7.13 中可以看出。

例 7.13 打印 1 到 5 的阶乘。

```
#include <stdio.h>
int fac(int n)
{
    static int f=1;
    f * =n;
    return(f);
}
void main()
{
    int i;
    for(i=1; i<=5; i++)
        printf("%d! =%d\n", i, fac(i));
}
```

运行结果：

```
 1! =1
 2! =2
```

```
3! = 6
4! = 24
5! = 120
```

在例 7.13 中，每次调用函数 fac()，打印出一个数的阶乘，同时保留这个结果，避免了重复的运算，此时利用的就是局部静态变量的特点。

7.5.5 全局变量

全局变量(也称外部变量)是在所有函数、包括 main() 函数之外定义的。全局变量是存放在静态存储区中的，它的作用域是从全局变量定义之后直到该源文件结束的所有函数；通过用 extern 作引用说明，全局变量的作用域可以扩大到整个程序的所有文件。在定义全局变量时可以使用 static 存储类型标识符，它与普通全局变量的区别在于变量的作用域。普通全局变量不仅对文件中的所有函数都是可见的，而且能被其他文件中的函数所用；而 static 型的全局变量仅对其所在文件中定义处之后的函数是可见的，不能被其他文件使用。这种差别适合于程序源代码包含在两个或多个文件中的情况。

全局变量初始化是在全局变量定义时进行的，且其初始化仅执行一次，若无显式初始化，则由系统自动初始化为与变量类型相同的 0 初值：

整型变量初始化为整数 0；

浮点型变量初始化为浮点数 0.0；

字符型变量初始化为空字符'\0'。

在有显式初始化的情况下，初值必须是常量表达式。全局变量存放在静态存储区中，全局变量在程序执行之前分配存储单元，在程序运行结束后才被收回。

例 7.14 输入以秒为单位的一个时间值，将其转化成"时：分：秒"的形式输出。将转换工作定义成函数。

```
#include<stdio.h>
int hh, mm, ss;
void convertime(long seconds)
{
    hh = seconds/3600;
    mm = (seconds - hh * 3600L)/60;
    ss = seconds - hh * 3600L - mm * 60;
}
void main(void)
{
    long seconds;
    printf("hh=%d, mm=%d, ss=%d\n", hh, mm, ss);
    printf("input a time in second: ");
    scanf("%ld", &seconds);
    convertime(seconds);
    printf("%2d: %2d: %2d\n", hh, mm, ss);
}
```

执行时输出：

hh=0，mm=0，ss=0

input a time in second：41574 ✓   （输入）

11：32：54   （输出）

这里的 hh、mm、ss 是全局于整个程序的 int 类型全局变量，其初值为 0，它们可以在 main() 函数和 convertime() 函数中被引用。在 main() 函数中，没有对它们赋值的语句，第一个输出语句输出的值 0 是由系统自动赋予的初值。在 convertime() 中分别将转换后的小时、分、秒赋予 hh，mm，ss；从函数返回后 main() 函数中的输出语句输出的 hh，mm，ss 就是在 convertime() 函数中被赋予的值。

上面的例子表明，全局变量是除参数和返回值外函数之间进行数据通信（传递）的又一方式。但对于一个可由任何程序调用的通用函数而言宜采用参数进行数据通信。因为参数方式只需遵守数据类型和数目上的规定，不需要实参变量与形参变量同名；用全局变量传递数据则要求调用函数和被调用函数必须使用相同的变量名，且不能与被调用函数的局部变量同名，这样会降低函数的通用性，对程序的结构化设计不利。

7.5.6 寄存器变量

计算机的中央处理单元(CPU)中包含多个寄存器(数据存储单元)，诸如加法、除法等实际的数据操作都在其中进行。在处理数据时，CPU 将数据从存储器通过总线移到这些寄存器，处理完毕后，再将数据通过总线移回存储器。CPU 的速度可以很快，而总线的速度则要慢得多，所以运算时间主要消耗在数据从存储器读出或写入上。如果一开始就将一个特定变量保存在一个寄存器中，变量的处理就要快得多。C 语言允许用户向编译程序申请，将局部自动变量保存在 CPU 的寄存器中而不是在常规存储器中。在一个自动变量的定义中包含 register 关键字，其作用是请求编译器将变量保存在一个寄存器中。

寄存器变量除在可能情况下用寄存器分配存储以及不能取地址之外，其余特性完全与自动变量相同。对于使用频繁的值，使用寄存器变量可以提高程序运行速度。下面的例子可说明寄存器变量的用法。

例 7.15 计算 $s=x^1+x^2+x^3+\cdots+x^n$，x 和 n 由终端输入。

```
#include<stdio.h>
long sum(register int x, int n)
{
    long s;
    int i;
    register int t;
    t=s=x;
    for(i=2; i<=n; i++)
    {
        t*=x;
        s+=t;
    }
    return(s);
}
```

```
void main()
{
    int x, n;
    printf("Input x, n:");
    scanf("%d %d", &x, &n);
    printf("s=%ld\n", sum(x, n));
}
```

执行时输出：

Input x, n: 4 5

s=1364

其中 4 和 5 分别为键入的 x 和 n。

计算机的寄存器是有限的，为确保寄存器用于最需要的地方，应将使用最频繁的值说明为寄存器存储类型，通常用于使用最频繁的整型或字符型值。说明为寄存器存储类型的局部变量首先在寄存器中分配存储，如果无足够的寄存器，则和自动变量一样在内存中分配存储。

目前，大部分编译系统（如 Turbo C、Visual C++ 等）都不支持真正的 register 变量，而仍然把 register 变量保存在存储器中，因此，一般不必使用 register 变量。

7.6　编 译 预 处 理

C 语言提供编译预处理的功能，这是它与其他高级语言的一个重要区别。在 C 编译系统程序进行通常的编译前，先对程序中这些特殊的命令进行"预处理"，然后将预处理的结果和源程序一起再进行通常的编译处理，以得到目标代码。C 语言通过预处理程序提供了一些语言功能，预处理程序从理论上讲是编译过程中单独进行的第一个步骤。

C 语言提供的预处理功能主要有三种，即宏定义、文件包含和条件编译，分别用宏定义命令、文件包含命令、条件编译命令来实现。为了与一般 C 语句区别，这些命令以符号"#"开头。

7.6.1　宏定义

宏定义即#define 指令，具有如下形式：

　　#define　名字　替换文本

它是一种最简单的宏替换——出现各自的名字都将被替换文本替换。宏定义是由源程序中的宏定义命令完成的。宏替换是由预处理程序自动完成的。在#语言中，"宏"分为有参数和无参数两种。下面分别讨论这两种"宏"的定义和调用。

1. 不带参数的宏定义

用一个指定的标识符（即名字）来代表一个字符串，它的一般形式为：

　　#define　标识符　字符串

其中的"#"表示这是一条预处理命令。凡是以"#"开头的均为预处理命令。"define"为宏定义命令。"标识符"为所定义的宏名。"字符串"可以是常数、表达式、格式串等。正常情况下，替换文本是♯define指令所在行的剩余部分，但也可以把一个比较长的宏定义分成若干行，这时只需在尚待延续的行后加上一个反斜杠"\"即可。

宏定义的使用可以简化程序修改。例如我们在程序中将圆周率 π 取精度为 3.14，这个数字在程序中多次使用，如果现在想将精度改为 3.1415926，就需要修改程序中所有出现 3.14 的地方，这样既繁琐也容易疏漏出错。一个比较好的办法就是使用宏定义，可以定义宏名 PI 表示圆周率 π，宏名后的字符串定义为"3.14"。在对源程序进行编译时，将先由预处理程序进行宏代换，即将 3.14 去置换所有的宏名 PI。日后若需修改圆周率 π 的精度时，则只需修改宏名后的字符串，而不必改动程序中其它地方的代码。

例 7.16 利用宏定义计算圆周长和圆面积。

```
#include <stdio.h>
#define PI 3.14
void main()
{
    float r,c,s;
    printf("Input radius:");
    scanf("%f",&r);
    c=2*PI*r;
    s=PI*r*r;
    printf("Circumference is %.2f\n",c);
    printf("Area is %.2f\n",s);
}
```

上例程序在运行前会将 PI 替换成 3.14，即经过宏展开后，语句 c＝2＊PI＊r 变为 c＝2＊3.14＊r。

说明：

(1) 宏名一般习惯用大写字母表示，以与变量名区别。但这并非规定，也可用小写字母。

(2) 使用宏名代替一个字符串，可以减少程序中重复书写某些字符串的工作量。

(3) 宏定义是用宏名代替一个字符串，也就是作简单的置换，不作语法检查。

(4) 宏定义不是 C 语句，不必在行末加分号，如果加了分号则会连分号一起进行置换。

(5) ♯define 命令出现在程序中函数的外面，宏名的有效范围为定义命令之后到本源文件结束。通常，♯define 命令写在文件开头、函数之前，作为文件的一部分，在文件范围内有效。

(6) 可以用♯undef 命令终止宏定义的作用域。例如：

```
#define PI 3.14159
void main()
{
    ⋮
}
#undef PI 的作用域
void f1()
{
```

```
         ⋮
   }
```
表示 PI 只在 main() 函数中有效,在 f1() 中无效。

(7) 在进行宏定义时,可以引用已定义的宏名,并层层替换。

(8) 对程序中用双引号括起来的字符,即使与宏名相同,也不进行替换。例如:
```
#include <stdio.h>
#define OK 100
void main()
{
    printf("OK");
}
```
定义宏名 OK 表示 100,但在 printf 语句中 OK 被引号括起来,因此不作宏代换。程序的运行结果为:OK。这表示把"OK"当字符串处理。

2. 带参数的宏定义

带参数的宏定义不仅是进行简单的字符串替换,还要进行参数替换。其定义的一般形式为:

#define 宏名(参数表) 字符串

字符串中包含在括弧中所指的参数。如:

   #define S(a, b) a * b

   area=S(3, 2);

对带参的宏定义是这样展开置换的:在程序中如果有带实参的宏(如 S(3, 2)),则 #define 命令行中的字符串从左到右进行置换。如果串中包含宏中的形参(如(a, b)),则将程序语句中相应的实参(可以是常量、变量或表达式)代替形参,如果宏定义中的字符串中的字符不是参数字符(如 a * b 中的 * 号),则保留。这样就形成了字符串,见图 7.4。

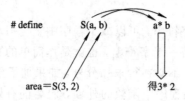

图 7.4 带参数的宏定义的置换

说明:

(1) 对带参的宏展开只是将语句中的宏名后面的括号内的实参字符串代替 # define 命令行中的形参。

(2) 在宏定义时,在宏名与带参的括号之间不应加空格,否则将空格以后的字符串都作为代替字符串的一部分。

(3) 定义宏时,最好将参数和宏体用括号括起来。如:# define square(n)n * n,调用时 s=square(a+1),则变成了 s=a+1 * a+1,与预期效果不同。

7.6.2 文件包含处理

所谓的文件包含处理，是指一个文件可以将另外一个文件的全部内容包含进来，即将另外的文件包含到本文件之中。C 语言提供了 #include 命令来实现文件包含的操作。其一般形式为：

  #include "文件名"

例如：

  #include "stdio. h"

  #include "math. h"

图 7.5 表示文件包含的含意。图 7.5(a)为文件 file1. c，它有一个 #include<file2. c>命令，而且还有其他内容(以 A 表示)。图 7.5(b)为另一文件 file2. c，文件内容以 B 表示。在编译处理时，要对 #include 命令进行文件包含处理：将 file2. c 的全部内容复制插入到 include<file2. c>命令处，即 file2. c 被复制到 file1. c 中，得到图 7.5(c)所示的结果。在编译中，将"包含"以后的 file1. c(即图 7.5(c)所示)作为一个源文件单独进行编译。

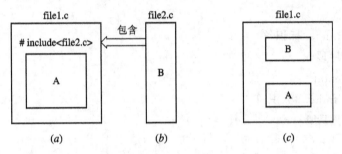

图 7.5 文件包含

用在文件头部的被包含的文件称为标题文件或头部文件，常以". h"为后缀。如果需要修改一些常数，不必修改每个程序，只需修改一个文件(头部文件)即可。头部文件除了可以包括宏定义外，也可以包括结构体类型定义、全局变量声明等。

说明：

(1) 一个 #include 命令只能指定一个被包含文件，如果要包含 n 个文件，就要用 n 个 #include 命令。

(2) 如果文件 1 包含文件 2，而文件 2 中要用到文件 3 的内容，则可以在文件 1 中用两个 #include 命令分别包含文件 2 和文件 3，而且文件 3 要出现在文件 2 之前，即在 file1. c 中定义。

(3) 在一个被包含文件中可以包含另一个被包含文件，即文件包含是可以嵌套的。

(4) 在 #include 命令中，文件名可以用双引号或尖括号括起来。例如：

  #include "stdio. h"

  #include <math. h>

二者的区别是：使用双引号，系统首先在引用被包含文件的源文件所在的目录中查找要包含的文件，若未找到，再按系统指定的标准方式检索其他目录；用尖括号时，不检查源文件所在的目录而直接按照系统标准方式检索文件目录。一般地说，用双引号比较保险，如果已经知道要包含的文件不在当前的子目录内，那么可以用"<文件名>"形式。被包含的文件本身也可包含♯include指令。一般地，将系统提供的库文件采用尖括号形式，而用户自定义的文件采用双引号形式，这样程序的可读性就更好些。

7.6.3　条件编译

一般情况下，源程序中所有的行都参加编译。但是有时候希望对其中一部分内容只在满足一定条件下进行编译，也就是对一部分内容指定编译的条件，这就是"条件编译"。

条件编译命令有以下几种形式：

形式一：♯ifdef　标识符
　　　　　程序段1
　　　　　♯else
　　　　　程序段2
　　　　　♯endif

它的功能是，如果标识符已被♯ define命令定义过，则对程序段1进行编译；否则对程序段2进行编译。如果没有程序段2（它为空），本格式中的♯else可以没有，即可以写为：

　　　　　♯ifdef　标识符
　　　　　程序段1
　　　　　♯endif

形式二：♯ifndef　标识符
　　　　　程序段1
　　　　　♯else
　　　　　程序段2
　　　　　♯endif

只是第一行与形式一不同：将"ifdef"改为"ifndef"。它的功能是，如果标识符未被♯ define命令定义过，则对程序段1进行编译；否则编译程序段2。这种形式与形式一的功能正好相反。

形式三：♯if 常量表达式
　　　　　程序段1
　　　　　♯else
　　　　　程序段2
　　　　　♯endif

它的功能是，如指定的表达式的值为真（非零），就编译程序段1，否则编译程序段2。可以事先给定一定条件，使程序在不同条件下执行不同的功能。

例7.17　计算矩形或圆的面积。

```
♯ include <stdio.h>
♯ define R 1
void main()
{
    float c, r, s;
```

```
      printf ("input a number：");
      scanf("%f", &c);
      #if R
      r=3.14159 * c * c;
      printf("area of round is：%f\n", r);
        #else
      s=c * c;
      printf("area of square is：%f\n", s);
        #endif
}
```

本例中采用了形式三的条件编译。在程序第一行宏定义中，定义 R 为 1，因此在条件编译时，常量表达式的值为真，故计算并输出圆面积。

本节介绍的预编译功能是 C 语言特有的，有利于程序的可移植性及增加程序的灵活性。

7.7　程序设计举例

例 7.18　编写函数嵌套调用程序，利用矩形法计算定积分 $s = \int_a^b f(x)dx$，其中 $f(x)=x^2+\sin x$。

分析：函数的定积分 $s = \int_a^b f(x)dx = \lim_{n \to \infty} \sum_{i=1}^n hf(a+ih)$，其中 $h=(b-a)/n$，表示矩形的一条边长，n 为迭代次数，将决定最后的计算精度。具体的程序如下：

```
#include <stdio.h>
#include <math.h>
double f(double x)
{
      return x * x+sin(x);
}
double integral(double a, double b, int n)
{
      double h=(b-a)/n, s=0;              /* s 为累积面积，即积分结果，初始值为 0 */
      int i;
      for(i=0; i<n; i++)
          s+=h * f(a+i * h);
      return s;
}
void main()
{
      double a, b, s;
      int n;
      printf("please input a, b, n：\n");
      scanf("%lf%lf%d", &a, &b, &n);
```

```
    s=integral(a, b, n);
    printf("s=%lf\n", s);
}
```

运行结果：

```
please input a, b, n
0 1 10000
s=0.792939
```

例 7.19　编写函数 rindex(char s[], char t[])，它返回在数组 s 中 t 出现的最右边位置。如果在 s 中没有与 t 匹配的字符串，就返回 −1。

程序如下：

```
int rindex(char s[], char t[])
{
    int i, j, k, pos;
    pos = −1;
    for(i=0; s[i]! ='\0'; i++)
    {
        for(j=i, k=0; t[k] ! = '\0' && s[j]==t[k]; j++, k++)
            ;
        if(t[k]=='\0')
            return i;
    }
    return −1;
}
```

例 7.20　用函数递归方法以字符串形式打印一个整数。

分析：将一个整数按字符串的形式打印，必须从这个整数的高位开始。如果这个整数为负数，则需要先打印一个负号。然后判断这个整数，如果它除以 10 的商的整数部分非零，则将商的整数部分再除以 10，直到商的整数部分为零，则从商的余数所对应的字符开始打印，直到将整个数打出。这一过程用 printd() 函数的递归调用完成。程序如下：

```
# include<stdio. h>
void printd(int n)
{
    if(n<0)
    { putchar('−');
        n=−n;
    }
    if(n/10)
    printd(n/10);
    putchar(n%10+'0');
}
void main()
{
    int number;
```

```c
    scanf("%d", &number);
    printd(number);
}
```

例 7.21　扩充函数 atof()，使它能处理科学表达式：1.2345e-6。在这里，一个浮点数后面可以跟 e 或者是 E，以及带任意符号的指数。

程序如下：

```c
double atof(char s[])
{
    double val, power;
    int exp, i, sign;
    for(i=0; s[i]==' '||s[i]=='\n'||s[i]=='\t'; i++)     /*跳过空格*/
        ;
    sign=1;                                              /*符号*/
    if(s[i]=='+' || s[i]=='-')
        sign=(s[i++]=='+')? 1: -1;
    for(val=0; s[i]>='0'&&s[i]<='9'; i++)                /*整数部分*/
        val=10*val+s[i]-'0';
    if(s[i]=='.')
        i++;
    for(power=1; s[i]>='0'&&s[i]<='9'; i++)              /*分数部分*/
    {
        val=10*val+s[i]-'0';
        power*=10;
    }
    val=sign*val/power;
    if(s[i]=='e'||s[i]=='E')                             /*科学表达式*/
    {
        i++;
        sign=1;
        if(s[i]=='+'||s[i]=='-')
            sign=(s[i++]=='+')? 1: -1;
        for(exp=0; s[i]>='0'&&s[i]<='9'; i++)
            exp=10*exp+s[i]-'0';
        if(sign==1)                                      /*正指数*/
            while(exp-->0)
                val*=10;
        else                                             /*负指数*/
            while(exp-->0)
                val/=10;
    }
    return val;
}
```

本 章 重 点

◇ C 语言是函数式语言，因此我们可以将通用功能封装成函数，增加代码的复用性。

◇ C 程序总是从 main 函数开始执行的，无论该函数位于程序中的什么位置。

◇ 函数的定义就是对函数所要完成的功能进行实现的过程。它一般包括函数名的命名、类型说明和操作语句等。

存储类型标识符 返回值类型 函数名(形式函数列表及类型说明)
```
{
    说明语句；      //声明变量
    语句部分；      //实现功能
}
```

◇ 函数的定义一般由存储类型标识符、类型标识符、函数名、参数表、函数体组成。

◇ 函数必须先声明后使用，否则会提示编译错误。

◇ 当一个函数直接或间接地调用它自身时，称为函数的递归。递归函数必须有使递归结束的条件。

◇ 变量的作用域指出了变量可访问的范围。根据变量所在内存的位置可将其分为局部变量、局部静态变量和全局变量。局部变量在栈上分配空间，局部静态变量和全局变量在静态存储区分配空间。局部变量在函数体内声明，局部静态变量在函数体内声明并加上 static 修饰符，全局变量在函数体外声明。

◇ 编译预处理是编译之前通过预编译器对源文件所进行的本质为替换的操作。预编译指令均以字符'♯'开头。

◇ 宏定义分为参数宏和不带参数的宏。通常宏名采用全大写的标识符(如 MAX_LOOP)。定义参数宏时最好将参数和宏体用括号括起来，以免在参数替换后出现难以察觉的错误。

习　　题

1. 定义一个带参数的宏(swap(x1, y1)实现两个整数之间的交换)，并利用它将数组 x 和 y 进行交换。

2. 对输入的一行纯字母组成的字符串，使用条件编译使之按统一的大写字母格式或小写字母格式输出。

3. 输入一半径 r，求圆的面积和周长，用带参数的宏实现。并求半径为 r+1 的圆的面积和周长。

4. 编写两个函数，分别求两个整数的最大公约数和最小公倍数，用主函数调用这两个函数，并输出结果。两个整数由键盘输入。

5. 编写一个函数，由实参传来一个字符串，统计此字符串中字母、数字、空格和其他字符的个数，在主函数中输入字符串及输出上述结果。

6. 利用弦截法计算方程 $x^3 - 5x^2 + 16x - 80 = 0$ 的根。

7. 用递归方法求 n 阶勒让德多项式的值，递归公式为

$$P_n(x)=\begin{cases} 1 & n=0 \\ x & n=1 \\ ((2n-1)x-P_{n-1}(x)-(n-1)P_{n-2}(x))/n & n>1 \end{cases}$$

8. 用函数递归方法以字符串形式输出一个整数。

9. 编写函数，根据整型参数 m 的值，计算公式

$$t=1-\frac{1}{2\times 2}-\frac{1}{3\times 3}-\cdots-\frac{1}{m\times m}$$

的值。例如：m＝5，则应输出 0.536389。

10. 编写函数 factor(n)，求 n!，再用它求出表达式 $\dfrac{m!}{n!\ (m-n)!}$ 的值。

第 8 章

▸▸▸▸▸▸▸▸▸▸▸▸▸▸▸

指　针

指针类型是 C 语言的一种特殊数据类型，由于指针有时是表达某些运算时唯一的方法，而且使用指针编写的程序在代码质量(存储体积和运行速度)上比用其他方法效率更高，因此指针在 C 程序中用得非常多。可以这样说，没有指针，C 语言与其他高级语言相比就没有多少特色。

指针是 C 语言的重点和难点，不能充分地理解指针的概念并且熟练地使用指针编写程序，就谈不上会使用 C 语言。

8.1　指针的概念与定义

8.1.1　指针的概念

指针就是用来存放地址的变量。某个指针存放了哪个变量的地址，就可以说该指针指向了哪个变量。实际上，指针还可以指向数组、字符串等对象，甚至可以用来存放函数的入口地址。

为了理解指针的概念，程序员要有关于计算机如何在存储器中存储信息的基本知识。以下简单地介绍个人计算机中存储器存储的情况。

个人计算机中 CPU 可以直接访问的、用来存储程序和数据的记忆部件称为内存储器，内存储器由成千上万个顺序存储单元组成，每个单元由一个唯一的地址标识。给定计算机的存储器地址范围为从 0 到所安装的存储器数量的最大值。在计算机上运行的每一个程序都要使用存储器。例如，操作系统要占用一些计算机存储空间，每个应用程序也要占用计算机存储空间。按照面向过程的结构化程序设计方法，程序代码和程序要处理的数据是分开存储的，所以，一个程序在内存中要占两部分空间：数据部分和指令代码部分。

本节考察数据段在存储器中的存储情况。当 C 程序中定义一个变量时，编译器划分出一定数目的存储器单元来存储这个变量，存储器单元的数目由变量的类型确定。编译器将这几个存储单元与变量名联系起来，当程序引用这个变量名时，自动地访问相应的存储器单元，当然程序也可以通过该变量的地址来访问这些存储器单元。

程序中的变量所需存储单元的数目由变量的类型决定。例如，一个 int 变量占据的存储单元可能为 2 字节(16 位机)或 4 字节(32 位机)，一个 float 变量为 4 字节，一个 char 变量为 1 字节等。变量所占据的存储单元的地址就是变量的地址，变量的地址表示为表达式

&　变量名

其中，& 是单目运算符，称为取地址运算符。例如：

　　char c='A'；

则 &c 是字符变量 c 的地址，如图 8.1 中的 0018FF40。该图给出了 32 位系统中变量在内存中的分配示例。

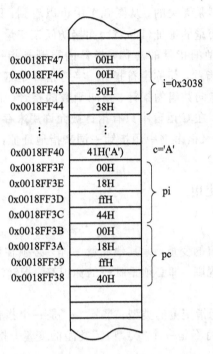

图 8.1　内存分配表

　　存放变量的地址的变量称为指针。如果 pc 是存放字符变量地址的变量，则语句

　　pc=&c；

将 c 的地址存入指针 pc，如图 8.1 所示，称"pc 指向 c"，或"pc 是 c 的指针"，被 pc 指向的变量 c 称为"pc 的对象"。"对象"就是一个有名字的内存区域，即一个变量。

```
#include <stdio.h>
void main()
{
    int i = 0x3038;
    char c = 'A';
    int * pi = &i;
    char * pc = &c;
    printf("i=%x, c=%c, * pi=%d, * pc=%c\n", i, c, * pi, * pc);
    printf ("&i=%p, &c=%p, &pi=%p, &pc=%p\n", pi, pc, &pi, &pc);
}
```

运行结果：

i=3038, c=A, * pi=12344, * pc=A

&i=0018FF44, &c=0018FF40, &pi=0018FF3C, &pc=0018FF38

— 161 —

该程序在 Visual C++ 6.0 下编译后，各变量的存储内容和内存分配情况如图 8.1 所示。可以看到，在内存中，整型变量 i 占 4 个字节，字符型变量 c 占 1 个字节，指针变量 pi 和 pc 各占 4 个字节(在这里，我们应该看到，不管指针变量的类型是什么，它在内存中所占的字节数是一定的；16 位系统下是 2 个字节，32 位系统下是 4 个字节)，这是因为指针保存的是地址，与具体类型是无关的。从图 8.1 中可以看到，既可以通过变量名直接访问内存的数据，又可以通过变量的地址(即指针)间接访问该变量。

指针类型是对所有类型的指针的总称，指针的类型是指针所指对象的数据类型。例如，pc 是指向字符变量的指针，简称字符指针。字符指针是基本类型的指针之一，除各种基本类型之外，允许说明指向数组的指针、指向函数的指针、指向结构体和共用体的指针以及指向各类指针的指针。在 C 语言中只有指针被允许用来存放地址的值，其他类型的变量只能存放该类型的数据。(很多书中用指针一词来指地址值，或用指针变量来代表指针，阅读中应注意其具体含义。)

8.1.2 指针的定义及使用

1. 指针的定义

指针是一种存放地址值的变量，像其他变量一样，必须在使用前定义。指针变量的命名遵守与其他变量相同的规则，即必须是唯一的标识符。指针定义的格式如下：

    类型名 *指针名；

其中，"类型名"说明指针所指变量的类型；星号"*"是一个指针运算符，说明"指针名"是一个"类型名"类型的指针而不是一个"类型名"类型的变量。指针可与非指针变量一起说明，如例 8.1 所示。

例 8.1 指针与非指针的定义。

    char * pc1, * pc2;   /* pc1 和 pc2 均为指向 char 型的指针 */
    float * pf, percent;   /* pf 是 float 型的指针，而 percent 为普通的 float 型变量 */

指针的类型是使用指针时必须注意的问题之一。在例 8.1 中，pc1、pc2 和 pf 都是指针，它们存放的都是内存的地址，但这并不意味着它们的类型相同。实际上 pc1 和 pc2 是同类型的，而它们与 pf 的类型却不同。在使用中，pc1 和 pc2 只能够存放字符型变量的地址，而 pf 只能够存放浮点型变量的地址。

指针的当前指向是使用指针的另一个需特别注意的问题。程序员定义一个指针之后，一般要使指针有明确指向，这一点可以通过对指针初始化或赋值来完成。与常规的变量未赋初值相同，没有明确指向的指针不会引起编译器出错，但对于指针可能导致无法预料的或隐蔽的灾难性后果。

例 8.2 指针的指向。

    int * point;
    scanf("%d", point);

例 8.2 中指向整型的指针 point 在定义之后直接使用了，这两条语句在编译时不会出现语法错误，但在使用时却几乎肯定会出问题。表面上看，scanf()函数的参数要求给出的是地址，而 point 的值就代表的是地址，但是 point 的值究竟是多少，也就是说 point 究竟指向哪里，我们无法得知，在这种情况下就对 point 指向的单元进行输入操作，将冲掉

point 指向的单元的原有内容,假如这个单元是操作系统的所在处,就破坏了操作系统,显然是一件危险的事。

2. 指针的有关运算符

两个与指针有关的运算符:

&:取地址运算符。

*:指针运算符(或称"间接访问"运算符)。

例如:&a 为变量 a 的地址,*p 为指针 p 所指向的存储单元的内容。

& 运算符只能作用于变量,包括基本类型变量和数组的元素、结构体类型变量或结构体的成员(具体内容见第 9 章),不能作用于数组名、常量或寄存器变量。例如,定义:

```
double r,a[20];
int i;
register int k;
```

则表达式 &r、&a[0]、&a[i] 是正确的,而 &(2*r)、&a、&k 是非法表示。

单目运算符 * 是 & 的逆运算,它的操作数是对象的地址,* 运算的结果是对象本身。单目 * 称为间访运算符,"间访"就是通过变量的地址而不是变量名存取(或引用)变量。例如,如果 pc 是指向字符变量 c 的指针,则 *(&c) 和 *pc 表示同一字符对象 c。因而赋值语句:

```
*(&c)='a';
*pc='a';
c='a';
```

效果相同,都是将 'a' 存入变量 c。指针可以由带有地址运算符的语句来使之有明确指向,如例 8.3 所示。

例 8.3 取地址运算符。

```
int variable,*point;
point=&variable;
```

3. 指针的使用

在定义了指针并明确了它的指向后,就可以使用指针了。例 8.4 和例 8.5 给出了指针使用的简单例子。为了说明简便,假设以下程序示例中的 int 型在某计算机系统中占 2 个字节,指针变量占 2 个字节。

例 8.4 指针的使用。

```
#include <stdio.h>
void main()
{
    int a,b,*p1,*p2;
    a=10;b=20;
    p1=&a;p2=&b;
    printf("%d\t%d\n",*p1,*p2);
    p1=&b;p2=&a;
    printf("%d\t%d\n",*p1,*p2);
}
```

运行结果：

```
10    20
20    10
```

说明：

（1）在两个 printf()函数调用语句中的 * 是指针运算符，这一单目运算符的运算对象应该是指针或地址，它的作用是得到指针指向变量的值。

（2）在第一个 printf()函数调用时，可以假设内存的分配如图 8.2 所示。

假设变量 a 占用的内存单元为 FFF4H 和 FFF5H，变量 b 占用的内存单元为 FFF2H 和 FFF3H，指针 p1 占用的内存单元为 FFF0H 和 FFF1H，指针 p2 占用的内存单元为 FFEFH 和 FFF0H，则它们的值分别是：10（000AH），20（0014H），FFF2H，FFF4H。* p1 和 * p2 的值分别是 20（0014H）和 10（000AH），这就是第一个 printf()函数调用所得到的结果。

（3）在第二个 printf()函数调用时，可以假设内存的分配如图 8.3 所示。

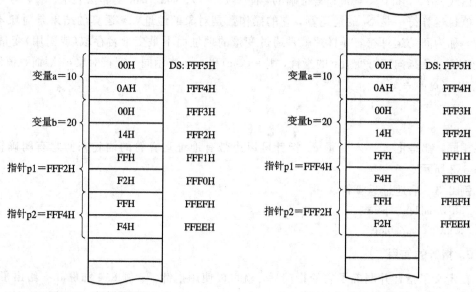

图 8.2 内存分配表（一）　　　　　　　　图 8.3 内存分配表（二）

此时各变量所占用的内存单元不变，但 p1 和 p2 的值分别为 FFF4H 和 FFF2H，也就是它们此时分别指向 b 和 a。这样 * p1 和 * p2 的值分别是 10（000AH）和 20（0014H），所以第二个 printf()函数调用所得到的结果为 10（000AH）和 20（0014H）。

例 8.5　指针的使用。

```
# include <stdio. h>
void main()
{
    int a，* pi;
    float f，* pf;
    a=10；f=20.5；
    pi=&a；pf=&f；
    printf("%d\t%4.1f\n"，a，f)；
```

```
    printf("%d\t%4.1f\n", * pi, * pf);
  }
```

运行结果：

```
10    20.5
10    20.5
```

说明：

（1）printf()函数调用时，可以假设内存的分配如图8.4所示。

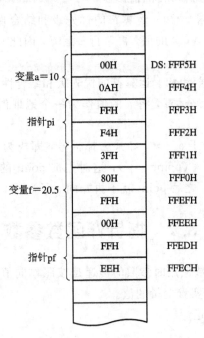

图 8.4　内存分配表

假设变量 a 占用的内存单元为 FFF4H 和 FFF5H，浮点型变量 f 占用的内存单元为 FFEEH，FFEFH，FFF0H 和 FFF1H，指针 pi 占用的内存单元为 FFF2H 和 FFF3H，指针 pf 占用的内存单元为 FFECH 和 FFEDH，则它们的值分别是：10(0AH)，20.5(3F80 FF00H)，FFF4H，FFEEH。* pi 和 * pf 的值分别是 10(0AH) 和 20.5(3F80 FF00H)，这就是 printf() 函数调用所得到的结果。

（2）printf()函数调用语句中的 * pi 和 * pf 虽然都是指针运算，但 * pi 是将 pi 的值（2000）开始的两个内存单元的值（10）作为运算结果，而 * pf 是将 pf 的值（2002）开始的四个内存单元的值作为运算结果。这就是指针类型不同所带来的结果，指针运算符会根据它的运算对象的类型进行相应的运算。

（3）* 既可用作指针运算符，也可用作乘号运算符。不必担心编译器不能分辨。在 * 附近总会有足够的信息使编译器能分辨是指针运算符还是乘号。

（4）用变量名来访问变量的内容称为直接访问；用指针来访问变量的内容称为间接访问，即间接地从指针中找到地址值，再据此地址访问变量。直接访问和间接访问的结果是一样的，正如本例中的两条 printf 输出的结果是相同的。

& 和 * 运算符在使用指针时经常用到，且二者优先级相同，结合方向为自右至左，下面进行一些说明。

假设已定义了整型变量 a 和整型指针 point，并已执行了"point=&a;"语句，则：

（1）& * point 的含义，根据 & 和 * 运算符的优先级和结合性可知，先进行 * point 运算，它就是变量 a，再执行 & 运算。因此 & * point 和 &a 相同，也就是 point 本身。

（2）* &point 的含义，根据 & 和 * 运算符的优先级和结合性可知，先进行 &point 运算，得到 point 的地址值，因为 point 作为一个变量，在内存中分配单元，所以有确定的地址值。再执行 * 运算，又得到 point 的值。

（3）* &a 的含义，根据 & 和 * 运算符的优先级和结合性可知，先进行 &a 运算，得到 a 的地址值，它就是指针 point 的值，再执行 * 运算，因此 * &a 和 * point 相同，也就是 a 本身。

（4）& * a 的含义，根据 & 和 * 运算符的优先级和结合性可知，先进行 * a 运算，此时将整型变量 a 作为一个指针来运算，将 a 的值作为一个地址值对待，这是不允许的，所以 & * a 不允许使用。

（5）（* point）++ 相当于 a++。如果去掉括号，即成为 * point++，根据运算符的优先级和结合性，它相当于 *（point++），这时先按 point 的原值进行 * 运算，得到 a 的值，然后使 point 的值改变，之后 point 就不再指向 a 了。

8.2　指针作函数参数

前面已经讲过，C 在函数调用时参数的传递是按照单向值方式传递的，因而在被调用函数中形参的变化不能改变实参变量的值。

例 8.6　函数参数的传递。

```
#include <stdio.h>
void swap(int x, int y);
main()
{
    int a, b;
    a=10; b=20;
    swap(a, b);
    printf("a=%d, b=%d\n", a, b);
}
void swap(int x, int y)
{
    int temp;
    temp=x;
    x=y;
    y=temp;
}
```

运行结果：

a=10, b=20

可以看到，虽然在 swap() 函数中交换了 x 和 y 的值，但 main() 函数中 a 和 b 的值并未交换。其原因可在图 8.5 和图 8.6 中看出，在 swap() 函数调用时，a 和 b 的值传递给 x 和 y，而在 swap() 函数调用结束时虽然 x 和 y 的值交换了，但是它们所占用的存储单元也随 swap() 函数调用结束而释放了，a 和 b 的值并未改变。

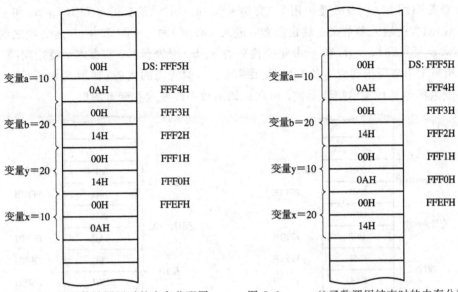

图 8.5　swap() 函数被调用时的内存分配图　　图 8.6　swap() 函数调用结束时的内存分配图

为了达到交换主调函数中的变量 a 和 b 的目的，需要用指针作参数。通过将主调函数中变量的地址传给被调用函数的指针形参，这样，在被调用函数中对形参所指向内容进行交换就是对主调函数中的变量 a、b 交换，从而达到交换变量 a、b 的值这一目的。

例 8.7　指针作函数参数。

```c
#include <stdio.h>
void swap(int * x, int * y);
main()
{
    int a, b, * p1, * p2;
    a=10; b=20; p1=&a; p2=&b;
    swap(p1, p2);
    printf("a=%d, b=%d\n", a, b);      /* 或 printf("%d  %d", * p1, * p2) */
}
void swap(int * pa, int * pb)
{
    int temp;
    temp= * pa;
    * pa= * pb;
    * pb=temp;
}
```

运行结果：

a=20，b=10

可以看到，上例中主函数中以整型指针 p1、p2 作为 swap() 函数的实参，调用前已用赋值语句使 p1 指向变量 a，p2 指向变量 b。swap() 函数的形参 pa 和 pb 也是整型指针。从图8.7 中可以看到，在 swap() 函数被调用时，实参指针 p1 和 p2 分别把它们的值传递给形参指针 pa 和 pb，可以认为指针 p1 和 pa 都指向变量 a，而指针 p2 和 pb 都指向变量 b。所以 * pa 就是引用 a，* pb 就是引用 b，交换 * pa 和 * pb 就是交换 a 和 b。* pa 和 * pb 既是 swap() 函数的输入参数又是输出参数，进入 swap() 时，* pa 和 * pb 是交换之前的 a、b，从 swap() 返回时，* pa 和 * pb 是交换后的 a、b，因为形参、实参本来就指向同一内存单元，相当于形参所指向内容的改变"返回"给了实参所指的内容（如图 8.8 所示）。可见，通过将变量的地址传递给被调函数，可在被调函数中改变这些变量的值。

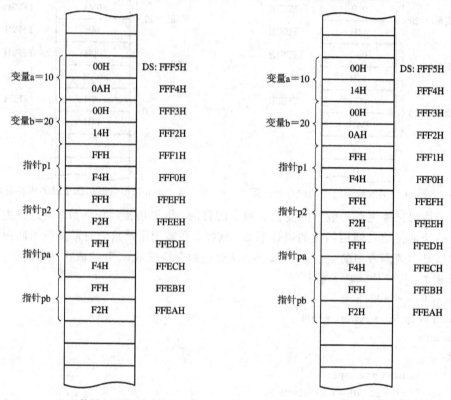

图 8.7 swap() 函数被调用时的内存分配图　　　图 8.8 swap() 函数调用结束时的内存分配图

程序运行的结果使 a 和 b 的值得以交换。是不是用指针作函数参数时，参数的传递就不是单向值传递了呢？事实上，用指针作函数参数时，参数的传递仍然符合由实参到形参的单向值传递。从图 8.7 可以看到，在函数 swap() 调用过程中，交换了 pa 和 pb 所指向变量的内容（注意，并未交换 pa 和 pb 本身的值），也就是交换了变量 a 和 b 的值。形参 pa，pb 和实参 p1，p2 本身的值均未改变。

swap() 的形参 pa 和 pb 都是整型指针。于是，调用 swap() 时，传给 pa 和 pb 的分别是 a 的地址和 b 的地址，为了对指针作函数参数进行充分说明，将例8.7 进行一些改变，让我们来分析下面两个例子。

例 8.8　指针作函数参数。

```
# include <stdio.h>
```

```
void swap(int * , int * );
void main()
{
    int a, b, * p1, * p2;
    a=10; b=20; p1=&a; p2=&b;
    swap(p1, p2);
    printf("a=%d, b=%d\n", a, b);
}
void swap(int * pa, int * pb)
{
    int * temp;
    temp=pa;
    pa=pb;
    pb=temp;
}
```

运行结果：

a=10，b=20

例 8.8 与例 8.7 的不同之处在于例 8.8 的 swap() 函数中交换的是 pa 和 pb 本身的值，而并未交换它们所指向的变量 a 和 b 的值，所以最后得到的结果是变量 a 和 b 的值并未交换。从图 8.9 和图 8.10 中可以看到，函数 swap() 调用结束时指针 pa 和 pb 的值进行了交换，但这一交换不会影响到变量 a 和 b，同样也不会影响到指针 p1 和 p2，这完全符合函数参数的单向值传递。

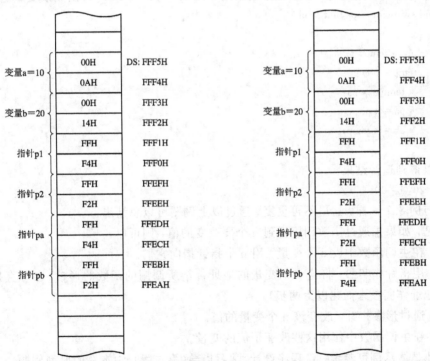

图 8.9　swap() 函数被调用时的内存分配图　　　图 8.10　swap() 函数调用结束时的内存分配图

例 8.9 指针作函数参数。

```
#include <stdio.h>
void swap(int * , int * );
void main()
{
    int a, b, * p1, * p2;
    a=10; b=20; p1=&a; p2=&b;
    swap(p1, p2);
    printf("a=%d, b=%d\n", a, b);
}
void swap(int * pa, int * pb)
{
    int * temp;
    * temp= * pa;
    * pa= * pb;
    * pb= * temp;
}
```

对于这个例子我们没有给出运行结果,这是因为这个例子中有不安全的因素。swap()
函数中的指针 temp 在没有明确指向的情况下就试图对它所指向的变量进行了操作,这是
指针使用中所不允许的。当然,也许在某些系统中,这个程序可以得到运行结果,即

  a=20, b=10

但这个程序还是有问题的,必须要经过改进才可以。可以将 swap() 函数改变成这样:

```
void swap(int * pa, int * pb)
{
    int * temp, t;
    temp=&t;
    * temp= * pa;
    * pa= * pb;
    * pb= * temp;
}
```

此时可以得到运行结果:

  a=20, b=10

其原因与例 8.7 一样,这里不再重复。通过以上例题可以总结出:

可见,如果想通过函数调用得到 n 个要改变的值,则可以:

(1) 在主调函数中设 n 个变量,用 n 个指针指向它们。

(2) 用指针作实参,将这 n 个变量的地址传给所调用的函数的形参(也可直接用 n 个
变量的地址作实参来简化以上两步)。

(3) 通过形参指针,改变该 n 个变量的值。

(4) 在主调函数中使用这些改变了值的变量。

其他具体示例可参考《〈C 程序设计〉学习指导(第二版)》中本章的典型例题。

不论是用普通变量还是用指针作函数参数,都不违反函数参数的由实参到形参的单向

值传递，只是用指针作函数参数时，因为指针的值就是地址，所以传递的是地址，此时虽然形参的改变仍无法返回给实参，但利用形参指针对其所指向单元内容的操作，就有可能改变主调函数中的变量的值。这样往往使函数的功能更为完善和强大，C 的许多标准函数都采用这种方式，结构化程序设计方法要求函数间以此种方式来传递数据，所以这是指针的一个很重要的应用，需要进行大量的实践去体会与掌握。

8.3 指 针 与 数 组

C 语言中数组与指针有着密切的联系，在编程时完全可以用指针代替下标引用数组的元素，且使数组的引用更为灵活、有效。当一个数组被定义后，程序会按照其类型和长度在内存中为数组分配一块连续的存储单元。数组名成为符号常量，其值为数组在内存中所占用单元的首地址，也就是说数组名就代表了数组的首地址。指针就是用来存放地址的变量，当某个指针存放数组中第一个元素的地址时，可以说该指针指向了这个数组，这样我们可以通过指针运算间接访问数组中的元素。

8.3.1 指向一维数组的指针

我们已经知道，如下的语句：

        int a[10];

定义了 a 是长度为 10 的一个整型数组，a[i](i＝0，1，…，9)是 a 的第 i 个元素。为了用指针表示 a 的元素，需要定义一个与 a 的元素同类型的指针，例如：

        int ＊pa;

并由赋值语句

        pa＝&a[0];

或   pa＝a;

使 pa 指向 a 的第 0 个元素，习惯上称为使 pa 指向数组 a，如图 8.11 所示。也可在定义时赋初值，即

        int a[10], ＊pa＝a;

或

        int a[10], ＊pa＝&a[0];

然后，只要移动指针 pa，就可访问数组 a 的任一元素。

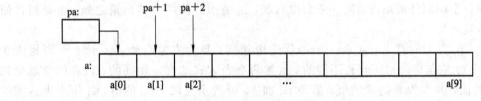

图 8.11 指向数组元素的指针

如果 pa 指向 a[0]，则(pa+i)指向 a[i]；如果 pa 指向 a[i]，则 pa+1(pa 不变)或＋＋pa(pa 增 1)指向 a[i+1]。如果 pa 指向 a[0]，则＊pa 等价于 a[0]；如果(pa+i)指向 a[i]，则＊(pa+i)等价于 a[i]。同理，如果(pa+1)指向 a[i+1]，则＊(pa+1)等价于 a[i+1]。

概括地说，指向数组的指针加 1 等效于数组元素的下标加 1。类似的，如果 pa 指向 a[i]，则 *(++pa)等价于 a[++i]。

实际上，C 语言允许这样的表达方式：pa[i]和 *(a+i)，它们等价于 *(pa+i)和 a[i]。由此可见，引用数组元素有两种等价的形式：通过下标引用和通过指针引用。以数组 a 为例，假定 pa 指向 a[0]，元素的下标引用和指针引用的对应关系如下(写在同一行上的表达式是对同一元素的等价引用形式)：

a[0]	*pa	*a 或 *(a+0)
a[1]	*(pa+1)	*(a+1)
a[2]	*(pa+2)	*(a+2)
⋮	⋮	⋮
a[9]	*(pa+9)	*(a+9)

元素地址的对应关系如下：

&a[0]	pa	a 或 a+0
&a[1]	pa+1	a+1
&a[2]	pa+2	a+2
⋮	⋮	⋮
&a[9]	pa+9	a+9

注意：指针 pa 是变量，数组名 a 是常量，因而

    pa=a;   pa++;

是合法的操作，而

    a=pa;   a++;   pa=&a;

都是非法的。

说明：

(1) 如果数组名 a 的值为 2000，也就是数组 a 在内存中的首地址为 2000。若执行了 pa=a，则 pa 的值也为 2000。那么，pa+2 的值是多少呢？pa+2 的值为 $2000+2\times sizeof(int)$，假设在我们所使用的系统中 int 型所占的字节为 2，则 pa+2 的值为 2004，即元素 a[2]的地址。指针加 1，不是简单地将指针的值加 1，而是指向下一个数，系统会根据类型自动地计算地址。

(2) 当指针指向数组时，可通过数组名和指针两种方式来访问数组元素，因为指针是变量而数组名是常量，所以指针的值可以改变，这就需要特别注意指针的当前指向，是指向了数组的哪个元素？还是已经指向了数组所占内存空间以外的地方？如果已经指向了数组所占内存空间以外的地方，则一般会出问题，这是指针使用中常出错之处，也是指针使用中最危险之处。

(3) *pa++的意义：* 和++的优先级相同，且为右结合性，*pa++ 则相当于 *(pa++)，它与(*pa)++是不同的，虽然两个表达式的值是相同的。前者的意思是先取 *pa 的值，并作为表达式的值，后使 pa 加 1；后者是先取 *pa 的值，并作为表达式的值，后使 *pa 加 1。注意，两者自增的对象是不同的。

8.3.2　数组作函数参数

当我们需要将数组的首地址作为函数参数来传递时，可采用的方式有两种：一种是用

指向数组的指针作为函数参数；另一种是直接用数组名作为函数参数。指针和数组名都可以作为形参和实参，它们既可以同时作为形参和实参，也可以分别作为形参和实参。这样可有四种情况：

（1）形参和实参都是指针时，这种情况与 8.2 节所讨论的问题相似，只是此时实参存放的是某个数组的首地址，并把这个地址传递给形参。

（2）实参是数组名，形参是指针时，这种情况是同类型的常量实参传递给变量形参，此时，对形参指针所指向内容的访问就是对数组的访问。

（3）形参和实参都是数组名时，这时有一些特殊性。因为按照数组的定义，数组名应该是存放数组首地址的常量，而此时形参的值却会在函数调用时得到实参传递的值，这岂不是矛盾了吗？实际上，虽然有实参数组名和形参数组名两个数组名，却只有一个数组，也就是在这种情况下，C 语言不会给形参数组再开辟一个数组的内存单元，而是认为形参数组名是实参数组的别名，也就是说，对形参数组的操作就是对实参数组的操作。

（4）实参是指针，形参是数组名，这与上一问题有些相似。系统认为实参指针是指向某个数组的，此时形参数组与实参所指向的数组是同一数组，且为该数组的别名。

例 8.10 数组名作函数参数。

程序功能：用选择法对 10 个整数排序。

```c
#include <stdio.h>
void main()
{
    int *p, i, a[10];
    p=a;
    for(i=0; i<10; i++)
        scanf("%d", p++);
    p=a;
    sort(p, 10);
    for(p=a, i=0; i<10; i++)
    {
        printf("%5d", *p);
        p++; }
    printf("\n");
}
void sort(int x[], int n)
{
    int i, j, k, t;
    for(i=0; i<n-1; i++)
    { k=i;
        for(j=i+1; j<n; j++)
            if(x[j]>x[k]) k=j;
        if(k! =i)
        { t=x[i]; x[i]=x[k]; x[k]=t; }
    }
}
```

函数 sort()的形参 x 可以认为是 main()函数中数组 a 的别名,所以在函数 sort()中对 x 的操作就是对 a 的操作,使得数组 a 得以排序,完成了程序的要求。注意在 main()函数中使用指针 p 时,指针当前指向的变化。当然,main()函数中调用 sort()函数时实参可以是指针,也可以是数组名,在函数 sort()中形参可以是数组名,也可以是指针。可将上例的程序改写如下:

```
#include <stdio.h>
void sort (int * , int);
void main()
{
  int i, a[10];
  for(i=0; i<10; i++)
    scanf("%d", &a[i]);
  sort(a, 10);
  for(i=0; i<10; i++)
    printf("%5d", a[i]);
}
void sort(int * x, int n)
{
  int i, j, k, t;
  for(i=0; i<n−1; i++)
  {
    k=i;
      for(j=i+1; j<n; j++)
        if(x[j]>x[k])   k=j;
      if(k! =i)
        { t=x[i]; x[i]=x[k]; x[k]=t;
  }
}
```

可以看到在函数 sort()中,除了对形参 x 的类型说明有一点变化,程序的其他部分没有改变。虽然 x 此时是指针,用它访问数组元素时可以用下标法,也可用指针法。如将 x[j] 写成 *(x+j),x[k]写成 *(x+k),x[i]写成 *(x+i)。

另外,此例值得注意之处是对"自顶向下,逐步细化,模块化"的结构化程序设计思想的典型体现。在第 7 章的开始,我们已讲述了结构化的程序设计思想,强调一个函数应只完成单一的任务。对于本题用选择法排序便是这样一个功能单一的最小任务。而其他功能,如数组的输入/输出等则在其主调函数中完成,这是高级语言编写结构化程序的常见模式。

8.3.3 指针和字符串

在 C 语言中,字符串(例如"I am a student")指在内存中存放的一串以'\0'结尾的若干个字符。在没有学习指针之前,我们已经知道可以用字符数组来表达一个字符串。例如,可以这样定义和初始化一个字符数组:

```
char string[]="I am a student";
```
数组长度由字符串长度加 1 确定。也可以定义一个字符数组，然后用标准输入函数从外部设备读入一个字符串。例如：
```
char string[20];
scanf("%s", string);
```
数组长度应能足够存放读入的最大长度的字符串。

利用指针也可以表达字符串，而且比用字符数组更为方便灵活。例如，可以这样定义和初始化一个字符指针：
```
char * point="I am a student";
```
point 是指向字符串"I am a student"的指针，即字符串的首地址赋给了字符指针，因此使一个字符指针指向一个字符串。也可以采用下面的方式：
```
char * point;
point="I am a student";
```
赋值语句"point="I am a student";"不是串拷贝，实际上，字符串常量"I am a student"的值就是该字符串在内存中的首地址，这样这个赋值语句就很容易理解了，相当于指针 point 中存放了字符串的首地址，从这一点也可以看出字符串与指针的关系更为密切。

下面这种情况同样是不允许的：
```
char * point;
scanf("%s", point);
```
其原因是指针没有明确的指向，其值是任意的，也许所指向的区域不是用户可以访问的内存区域，或是根本不存在的地方。

虽然字符数组和字符指针都可以用来表达字符串，但它们还是有不同之处。例如：
```
char string[]="I am a student";
char * point="I am a student";
```
string 和 point 的值都是字符串"I am a student"的首地址，但 string 是一个字符数组，名字本身是一个地址常量，而 point 是值为字符数组首地址（第 0 个元素的地址）的指针。因而 point 可以被赋值，而 string 不能，即
```
point="I am a student";      合法
string="I am a student";     非法
```
指向字符串的指针常常出现在函数参数中，下面举几个例子。

例 8.11 字符串拷贝函数。
```
void my_strcpy(char * t, char * s)
{
    while((* t= * s)! ='\0')
    {
        s++;
        t++;
    }
}
```
函数 my_strcpy()将串 s 复制到串 t，准确地讲是将 s 指向的字符串复制到由 t 指向的

字符数组。开始时，t 和 s 分别指向两个实参数组的头元素，复制一个元素；然后各自的指针移向下一个元素，复制下一个元素 …… 这一过程进行到字符'\0'被复制为止，此时串 s 被全部复制到 t。

调用 my_strcpy() 时，对应于目的串 t 的实参可以是字符数组名或指向字符数组的指针；对应于源串 s 的实参可以是字符串、字符数组名或指向字符串的指针。例如：

    char s1[20], s2[20], * ps1, * ps2;

下面对 my_strcpy() 函数的调用都是正确的：

(1) my_strcpy(s1, "I am a student");

(2) ps1＝&s1[0];

    ps2＝"I am a student";

    my_strcpy(ps1, ps2);

(3) ps2＝&s2[0];

    my_strcpy(ps2, "I am a student");

    my_strcpy(s1, s2); 或 my_strcpy(s1, ps2);

以上三组语句是等效的，都是将串"I am a student"复制到字符数组 s1。

my_strcpy 的定义可以写成更简练的形式：

```
void my_strcpy(char * t, char * s)
{
    while((* t++ = * s++)! = '\0');
}
```

复制过程继续的条件是被复制的字符为非 0（非'\0'）。由于组成字符串的任何字符（'\0'除外）的值都为非 0，因此 my_strcpy() 还可以进一步简化为：

```
void my_strcpy(char * t, char * s)
{
    while(* t++ = * s++);
}
```

例 8.12 字符串比较函数。

```
int my_strcmp(char * s, char * t)
{
    for(; * s== * t; s++, t++)
        if(* s=='\0') return 0;
    return(* s- * t);
}
```

函数 my_strcmp() 按字典顺序逐个比较串 s 和 t 的每个对应元素，如果 s 和 t 的长度相同且所有元素都相等，则 s 和 t 相等，my_strcmp() 返回值 0；否则 s 和 t 不相等。当第一次出现不相等元素时，my_strcmp() 结束比较，较小的那个字符所在的那个串较小，反之为大。当 s<t 时，返回值小于 0；当 s>t 时，返回值大于 0。

8.3.4 指向多维数组的指针

在研究多维数组的问题时，我们可以将数组仅仅看作是 C 语言的一个构造类型，其元素可以是 C 语言的任何类型，包括数组本身。也就是说，数组可以作为另一个数组的数组元素。这样，就不存在多维数组的问题了。可以说在 C 语言中，数组在实现方法上只有一维的概念，多维数组被看成以下一级数组为元素的数组。

设有一个二维数组的定义如下：

static int a[2][4]＝{{1，3，5，7}，{2，4，6，8}}；

表面上看，a 是一个二维数组名，我们也可以将它看成是一个一维数组名。它包含两个数组元素，分别为 a[0]和 a[1]。每个数组元素又包含四个元素，例如，数组 a[0]包含四个元素，分别为：a[0][0]、a[0][1]、a[0][2]和 a[0][3]。a[0]和 a[1]虽然没有单独地、显式地定义，它们却可以被认为是数组名，是数组在内存中的首地址，这一点与数组名 a 一样，与 a 不同的是类型，也就是数组元素的类型不同。a[0]和 a[1]数组的元素类型为整型数，而 a 数组的元素类型为整型数组。

我们可以假设数组 a 在内存中的分配情况如下：

数组元素	a[0][0]	a[0][1]	a[0][2]	a[0][3]	a[1][0]	a[1][1]	a[1][2]	a[1][3]
地址	2000	2002	2004	2006	2008	2010	2012	2014
元素值	1	3	5	7	2	4	6	8

可以看到对于数组 a 来说，它所占用的内存空间是连续的。如果我们将 a 视为一维数组的话，那么它的两个数组元素 a[0]和 a[1]所占用的内存也是连续的，此时每个数组元素占用 8 个内存单元。当然如果将 a 视为二维数组的话，它的 8 个数组元素所占用的内存也是连续的，此时每个数组元素占用 2 个内存单元。

数组 a 一旦有了以上的定义后，在 C 语言的程序中可用的与数组 a 有关的表示形式就有很多。为了更清楚地说明，我们可以把二维数组 a 看成是一个两行四列的形式。这样对于二维数组可以认为 a 为首行地址（即第 0 行地址），而 a+1 为第 1 行地址；a[0]为首行首列地址，而 a[0]+1 为第 0 行第 1 列地址。详细区分说明如下：

表 示 形 式	类型	含 义	值
a，&a[0]	行地址	第 0 行地址	2000
a[0]，＊a	列地址	第 0 行第 0 列地址	2000
a+1，&a[1]	行地址	第 1 行地址	2008
a[1]，＊(a+1)	列地址	第 1 行第 0 列地址	2008
a[1]+2，＊(a+1)+2，&a[1][2]	列地址	第 1 行第 2 列地址	2012
a[1][2]，＊(a[1]+2)，＊(＊(a+1)+2)	整型	第 1 行第 2 列元素	6

对行地址进行一次指针运算就成为列地址，而对列地址进行一次取地址运算就成为行地址，这就很容易理解虽然 a+1 和 ＊(a+1)具有相同的值，但却表示不同的类型。

例 8.13 多维数组。

```
#include <stdio.h>
```

```
void main()
{
    static int a[3][4]={{1, 3, 5, 7}, {2, 4, 6, 8}, {10, 20, 30, 40}};
    int * p;
    for(p=a[0]; p<a[0]+12; p++)                /* 注1 */
    {
        if((p-a[0])%4==0) printf("\n");        /* 注2 */
        printf("%4d", * p);
    }
}
```

运行结果：

```
 1   3   5   7
 2   4   6   8
10  20  30  40
```

程序中指针 p 为一个可以存放整型量地址的变量，在程序的第 5 行将第 0 行第 0 列地址赋给它，实际上行地址也是某个整型量的地址，所以可以这样做。如果将注 1 行的 a[0] 改成 a，是否可以呢？不行！虽然 a 和 a[0] 的值相同，但类型却不同，这样做是不合法的。那么是否可以将注 2 行的 a[0] 用 a 替换呢？也不行！因为指针的加减运算结果是受到类型影响的，不同类型之间的运算是无法进行的。

既然我们用整型指针来存放列地址，那么如何定义行指针来存放行地址呢？下面就是行指针的定义方式：

类型名（ * 指针名)[数组长度];

约束行指针类型的条件有两个：一是它所指向数组的类型；一是每行的列数。下面用行指针来改写例 8.13。

例 8.14 多维数组。

```
# include <stdio. h>
void main()
{
    static int a[3][4]={{1, 3, 5, 7}, {2, 4, 6, 8}, {10, 20, 30, 40}};
    int i, j, ( * p)[4];
    p=a;
    for(i=0; i<3; i++)
    {
        for(j=0; j<4; j++)
        printf("%4d", * ( * (p+i)+j));
        printf("\n");
    }
}
```

运行结果：

```
    1    3    5    7
    2    4    6    8
  10   20   30   40
```

注意程序中的表达式 *(*(p+i)+j)还可以表示成 p[i][j]和(*(p+i))[j]。

使用多维数组时一定要注意类型问题，下面以二维数组为例来说明使用多维数组作函数参数时应注意的问题。

（1）形参说明为指向数组元素的指针，实参为数组元素的地址或指向元素的指针。

调用函数 f()，用数组元素的地址作实参：

```
int a[2][3];
void f(int * , int);
    ⋮
f(a[0], 2 * 3);
    ⋮
```

其中，a[0]是元素 a[0][0]的地址，f(a[0], 2 * 3)调用也可以写成 f(&a[0][0], 2 * 3)。2 * 3 是元素的个数。

调用函数 f()，用指向数组元素的指针作实参：

```
int a[2][3], * pi;
void f(int * , int);
    ⋮
pi=a[0];        /* 或 pi=&a[0][0] */
f(pi, 2 * 3);
    ⋮
```

其中，pi 是指向元素 a[0][0]的指针。

函数 f()的定义：

```
void f(int * pi, int size)
{
    ⋮
}
```

其中，形参 pi 说明为列指针。

（2）形参说明为行指针，实参为行地址或行指针。

调用函数 f()，用行指针作实参：

```
int a[2][3];
void f(int ( * )[3], int);
    ⋮
f(a, 2);
    ⋮
```

其中，实参 a 是行指针，类型为 int(*)[3]；实参 2 是二维数组 a 的行数。

调用函数 f()，用行指针作实参：

```
int a[2][3], ( * pa)[3];
void f(int( * )[3], int);
    ⋮
```

```
    pa=a;
    f(pa, 2);
       ⋮
```

其中，pa 是行指针，赋值语句"pa=a;"使 pa 指向 a 的第 0 行，pa 的类型与 a 的类型相同。

函数 f()的定义：

```
void f(int ( * pa)[3], int size)
{
       ⋮
}
```

例 8.15 行指针作函数参数。

输入一个用年、月、日表示的日期，定义函数 day_ of_year()将它转换成该年的第几天；输入某年的第几天，定义函数 month_day()将它转换成该年的某月某日。

```
#include<stdio.h>
/* day_of_year：从月份和日期计算为一年中的第几天 */
int day_of_year(int year, int month, int day, int * pi)
{
    int i, leap;
    leap=year%4==0&&year%100! =0||year%400==0;
    for(i=1; i<month; i++)
        day+= * (pi+leap * 13+i);
    return (day);
}
/* month_day：从一年中的第几天计算月份和日期 */
void month_day(int year, int yday, int ( * pdaytab)[13], int * pmonth, int * pday)
{
    int i, leap;
    leap=year%4==0&&year%100! =0||year%400==0;
    for(i=1; yday> * ( * (pdaytab+leap)+i); i++)
        yday-= * ( * (pdaytab+leap)+i);
    * pmonth=i;
    * pday=yday;
}
int main(void)
{
    int daytab[2][13]={
        {0, 31, 28, 31, 30, 31, 30, 31, 31, 30, 31, 30, 31},
        {0, 31, 29, 31, 30, 31, 30, 31, 31, 30, 31, 30, 31}
                    }, y, m, d, yd;
    printf("input year, month, day: \n");
    scanf("%d%d%d", &y, &m, &d);
    yd=day_of_year(y, m, d, &daytab[0][0]);
    printf("day of year is %d\n", yd);
```

```
        printf("input year, day_of_year: \n");
        scanf("%d%d", &y, &yd);
        month_day(y, yd, daytab, &m, &d);
        printf("%d, %d in %d\n", m, d, y);
        return 0;
    }
```

运行结果：

input year, month, day: （输出）

1995 12 11 ↙   （输入）

day of year is 345   （输出）

input year, day_of_year: （输出）

1994 280 ↙   （输入）

10, 7 in 1994   （输出）

day_of_year()函数的返回值为转换后的该年第几天；形参 year、month 和 day 是输入的年、月、日信息；pi 是指向一个整型变量的指针，调用时传给 pi 的是数组 daytab 的首地址。局部变量 leap 根据年号 year 是平年还是闰年分别置为 0 和 1，leap 起着 daytab 数组行下标的作用：如果 year 是平年，leap 为 0，计算时使用第 0 行元素；否则 leap 为 1，使用第 1 行元素。*(pi+leap*13+i)根据 leap 的值引用第 0 行的第 i 个元素或第 1 行的第 i 个元素，其中 leap*13 是当 year 为闰年时指针越过第 0 行元素。day 的初值是调用时传给它的某月的天数，循环共执行(month−1)次，使 day 的累加和为年号 year 的第 day 天。因而 day 就是函数 day_of_year()的返回值。

函数 month_day()无返回值。形参 year 和 day 是输入的年号和该年第几天的信息。

pdaytab 是指向含有 13 个整型元素的数组的指针，调用时传给它的是 daytab 数组第 0 行的首地址，即 *pdaytab 或 *(pdaytab+0)是指向第 0 行的指针，当 year 为闰年时(leap 为 1)，*(pdaytab+leap)越过第 0 行，指向第 1 行的第 0 个元素；形参 pmonth 和 pday 是指向整型变量的指针，调用时传给 pmonth 和 pday 的分别是变量 m 和 d 的地址，返回时变量 m 和 d 分别为转换结果月和日。

8.3.5　指针数组

指针变量可以同其他变量一样作为数组的元素，由指针变量组成的数组称为指针数组，组成数组的每个元素都是相同类型的指针。

指针数组说明的形式为

类型名　*数组名[常量表达式]；

其中，"*数组名[常量表达式]"是指针数组说明符。例如：

int *ps[10];

其中，ps 是含有 10 个元素的指针数组，每个元素是一个指向 int 型变量的指针。

注意：int *ps[10]不同于 int (*ps)[10]，后者说明 ps 是一个指向有 10 个 int 型元素的数组的指针。因为[]的优先级高于*，所以 int *ps[10]的解释过程为：ps 是一个数组，它含有 10 个元素；每个元素是一个 int 指针。

指针数组可以与其他同类型对象在一个说明语句中说明。例如：

```
        char c，* pc，* name[5]；
        float x，* px[5]；
```
其中，c 是一个字符变量；pc 是一个字符指针；name 是含有 5 个元素的指针数组，每个元素是一个字符指针。x 是一个 float 变量；px 是含有 5 个元素的指针数组，每个元素是一个 float 指针。

指针数组的主要用途是表示二维数组，尤其是表示字符串的数组。用指针数组表示二维数组的优点是：每一个字符串可以具有不同的长度。用指针数组表示字符串数组处理起来十分方便灵活。

设有二维数组说明：
```
        int a[4][4]；
```
用指针数组表示数组 a，就是把 a 看成 4 个一维数组，并说明一个有 4 个元素的指针数组 pa，用于集中存放 a 的每一行元素的首地址，且使指针数组的每个元素 pa[i] 指向 a 的相应行。于是可以用指针数组名 pa 或指针数组元素 pa[i] 引用数组 a 的元素。

指针数组 pa 的说明和赋值如下：
```
        int * pa[4]，a[4][4]；
        pa[0]=&a[0][0]；   或 pa[0]=a[0]；
        pa[1]=&a[1][0]；   或 pa[1]=a[1]；
        pa[2]=&a[2][0]；   或 pa[2]=a[2]；
        pa[3]=&a[3][0]；   或 pa[3]=a[3]；
```
$*(*(pa+i)+0)$，$* pa[i]$或$*(pa[i]+0)(i=0,1,2,3)$引用第 i 行第 0 列元素 a[i][0]；$*(*(pa+i)+1)$或$*(pa[i]+1)$引用第 i 行第 1 列元素 a[i][1]；…。

用指针数组表示二维数组在效果上与数组的下标表示是相同的，只是表示形式不同。用指针数组表示时，需要额外增加用作指针的存储开销；但用指针方式存取数组元素比用下标速度快，而且每个指针所指向的数组元素的个数可以不相同。例如，可用有 5 个元素的指针数组和 5 个不同长度的整型数组来描述下面的三角矩阵：

$$a_{00}$$
$$a_{10} \quad a_{11}$$
$$a_{20} \quad a_{21} \quad a_{22}$$
$$a_{30} \quad a_{31} \quad a_{32} \quad a_{33}$$
$$a_{40} \quad a_{41} \quad a_{42} \quad a_{43} \quad a_{44}$$

存储三角矩阵的数组和每一行的指针可说明如下：
```
        int a1[1]，a2[2]，a3[3]，a4[4]，a5[5]，* pa[5]；
```
下面的语句使 pa 的每个元素指向三角矩阵的每一行：
```
        pa[1]=&a1[0]；
        pa[2]=&a2[0]；
        pa[3]=&a3[0]；
        pa[4]=&a4[0]；
        pa[5]=&a5[0]；
```
对照前面所讲二维数组的指针表示可以看出，用指针数组表示二维数组其实质就是用指针表示二维数组,只是用指针数组更直观、更方便而已(主要体现在处理字符串数组上)。用指针数组表示二维数组的方法可以推广到三维以上数组。例如,对三维数组来说,指针数组元素的个数应与左边第一维的长度相同,指针数组的每个元素指向的是一个二维数组,而且每个二维数组的大小也可以不同。

指针数组不经常用于描述整型、浮点型等多维数组,用得最多的是描述由不同长度的字符串组成的数组。

8.4 指 针 与 函 数

指针除了可以作为函数参数外,它与函数本身还有两方面的关系。一方面,对于指针来说,它可以是指向函数的,也就是说,指针存放的是函数的入口地址。另一方面,对于函数来说,它的返回值可以是一个地址,我们可以将该函数的返回值定义为某种类型的指针。

8.4.1 指向函数的指针

对于函数和数组来说,可以通过函数名和数组名来访问它们,也可以通过指向它们的指针来访问,这一点是类似的。

C 语言可以定义指向函数的指针,函数型指针的定义形式为

类型标识符（＊指针名）()；

例如:

int（＊fp）()；

其中,fp 是指向 int 类型函数的指针。与指向数组的指针说明类似,说明符中用于改变运算顺序的()不能省。如果将(＊fp)()写成＊fp(),则 fp 成为返回值为指针类型的函数。

指向函数的指针是存放函数入口地址的变量,一个函数的入口地址由函数名表示,它是函数体内第一个可执行语句的代码在内存中的地址。如果把函数名赋给一个指向函数的指针,就可以用该函数型指针来调用函数。函数型指针可以被赋值,可以作为数组的元素,可以传给函数,也可以作为函数的返回值。其中常用的是将函数名传给另一函数。C 语言允许将函数的名字作为函数参数传给另一函数,由于参数传递是单向值传递,相当于将函数名赋给形参,因此在被调用函数中,接收函数名的形参是指向函数的指针。被调用函数可以通过函数的指针来调用完成不同功能的具体函数。下面的简单例子说明函数指针的用法。

例 8.16 指向函数的指针。

设一个函数 operate(),在调用它的时候,每次实现不同的功能。输入 a 和 b 两个数,第一次调用 operate()得到 a 和 b 中最大值,第二次得到最小值,第三次得到 a 与 b 之和。

```
#include <stdio.h>
void main()
{
    void operate();
    int max(), min(), sum(), a, b;        /* 必须进行函数声明,否则无法调用 */
```

```
        printf("Enter two number: ");
        scanf("%d%d", &a, &b);
        printf("max="); operate(a, b, max);
        printf("min="); operate(a, b, min);
        printf("sum="); operate(a, b, sum);
    }
    int max(int x, int y)
    {
        if(x>y)        return(x);
        else           return(y);
    }
    int min(int x, int y)
    {
        if(x<y)        return(x);
        else           return(y);
    }
    int sum(int x, int y)
    {
      return(x+y);
    }
    void operate(int x, int y, int ( * fun)())
    {
        printf("%d\n", ( * fun)(x, y));
    }
```

运行情况：

Enter two number: 5 9

max=9

min=5

sum=14

max()、min()和 sum()是已定义的三个函数。在 main()函数第一次调用 operate()函数时，除了将 a 和 b 作为实参把两个数传给 operate()的形参 x、y 之外，还将函数名 max 作为实参把其入口地址传送给 operate()函数中的形参，即指向函数的指针 fun。此时，函数中(* fun)(x, y)，相当于 max(x, y)，执行 operate()可以输出 a 和 b 中的较大者。在函数第二次调用 operate()时，以函数名 min 作为实参，此时 operate()函数的形参 fun 指向函数 min()，在 operate()函数中函数调用(* fun)(x, y)，相当于 min(x, y)。在函数第三次调用 operate()时，以函数名 sum 作为实参，此时 operate()函数的形参 fun 指向函数 sum()，在 operate()函数中函数调用(* fun)(x, y)相当于 sum(x, y)。

8.4.2 返回指针的函数

C 的函数可以返回除数组、共用体变量和函数以外的任何类型数据和指向任何类型的指针。

指针函数定义的一般形式如下：

　　类型标识符　　＊函数名(参数表){ }

其中，"＊函数名(参数表)"是指针函数定义符。例如：

　　int ＊ a(int x，int y){ }

其中，a 是一个返回 int 型指针的函数，它有两个 int 型形参。

　　注意：不能将指针函数定义符 ＊ a(int x，int y)写成指向函数的指针定义符 (＊a)(int x，int y)。二者说明的对象是完全不同的两个概念，前者定义的是一个函数，后者定义的是一个指针。

　　例 8.17　指针函数。

　　输入两个字符串(长度不超过 80)，进行字符串比较，并输出较大的字符串。用指针函数实现。

```
#include<string.h>
#define STRLEN 81
#include <stdio.h>

char ＊ maxstr(char ＊ str1，char ＊ str2)
{
  if(strcmp(str1，str2)>=0)    return(str1);
  else                        return(str2);
}
void main()
{
  char string1[STRLEN]，string2[STRLEN]，＊ result;
  printf("Input two strings：\n");
  scanf("%s%s"，string1，string2);
  result＝maxstr(string1，string2);
  printf("The max string is：%s\n"，result);
}
```

程序运行情况：

　　Input two strings：

　　abcde abcee

　　The max string is：abcee

8.5　复　杂　指　针

8.5.1　指向指针的指针

　　本节我们详细分析指向指针的指针。通过前面的学习我们知道：

　　char ＊ pointer;

定义了指针 pointer，它指向 char 型，用它可以存放字符型变量的地址，并且可以用它对所指向的变量进行间接访问。进一步定义：

```
char * * p_p;
```
从运算符 * 的结合性可以知道,上述定义相当于:
```
char * ( * p_p);
```
可以认为,p_p 是一个指向 char * 型的指针,也就是说,p_p 可以用来存放 pointer 的地址,同样可以通过它对 pointer 进行间接访问。需要注意的是,虽然 p_p 和 pointer 都是指针,但它们的类型是不同的,如同 pointer 与字符型变量的类型不同一样。

例 8.18 指向指针的指针。
```
#include <stdio.h>
void main()
{
    int a, * pointer, * * p_p;
    a=20;
    pointer=&a;
    p_p=&pointer;
    printf("%d, %x, %x\n", a, pointer, p_p);
    printf("%d, %x, %d\n", * pointer, * p_p, * * p_p);
}
```
在 Visual C++ 6.0 环境下其内容分配如图 8.12 所示。

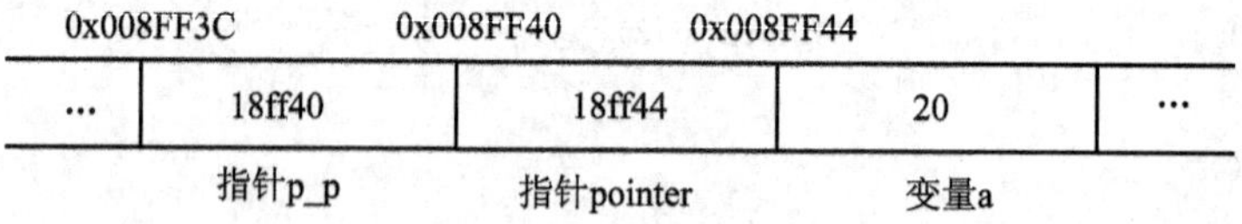

0x008FF3C		0x008FF40	0x008FF44	
...	18ff40	18ff44	20	...
	指针p_p	指针pointer	变量a	

图 8.12 内存分配表

运行结果:

20, 18FF44, 18FF40

20, 18FF44, 20

可以看到,按照图 8.12 的内存分配表,变量 a、指针 pointer 和指针 p_p 的值分别为 20、18FF44 和 18FF40。此时指针 pointer 存放的是变量 a 的地址,而指针 p_p 存放的是指针 pointer 的地址。对指针 pointer 进行指针运算得到的是它所指向的变量 a 的值,为 20;对指针 p_p 进行一次指针运算得到的是它所指向的指针 pointer 的值,为 18F44;再进行一次指针运算则得到变量 a 的值,为 20。

例 8.19 指向指针的指针。
```
#include <stdio.h>
void main()
{
    static char * country[]={"CHINA", "ENGLAND", "FRANCE", "GERMANY"};
    char * * p;
    int i;
    for(i=0; i<4; i++)
    {
        p=country+i;
```

```
    printf("%s\n", * p);
    }
}
```
运行结果：

CHINA

ENGLAND

FRANCE

GERMANY

一维数组的数组名的类型与指向该数组元素的指针类型相同，即如果有以下定义：

```
    int a[10],    * p;
```

则可认为数组名 a 和指针 p 的类型相同。类似地，如果有以下定义：

```
    int * aa[10], * * pp;
```

同样可以认为 aa 和指针 pp 的类型相同。所以在例 8.19 中数组名与指针的类型也是相同的。

8.5.2 命令行参数

在支持 C 语言的环境中，当程序开始运行时可以将命令行参数传递给它。当我们运行一个 C 程序时，实际上就是调用 main() 函数。main() 函数可以有两个参数：第一个（通常命名为 argc）是程序所调用的命令行参数的个数；第二个（通常命名为 argv）是一个指针数组，数组中的每个元素指向命令行的每个字符串。

最简单的例子为 echo 程序，它将它的命令行参数显示到屏幕上，用空格隔开。

例 8.20 echo 程序。

```
    #include<stdio.h>
    int main(int argc, char * argv[])
    {
        int i;
        for(i=1; i<argc; i++)
            printf("%s%s", argv[i], (i<argc-1)? "   ": "\n");
        printf("\n");
        return 0;
    }
```

程序运行的命令行情况：

echo hello world ↙

运行结果：

hello world

argv[0] 为所调用程序的名字，所以 argc 至少为 1。如果 argc 为 1，则在程序名后面没有命令行参数。在例 8.20 中 argc 为 3，argv[0]、argv[1] 和 argv[2] 分别为"echo"、"hello"和"world"。第一个可选的参数为 argv[1]，而最后一个为 argv[argc − 1]，一般情况下要求 argv[argc] 为空指针。

有很多应用程序都使用命令行参数，再来看一个简单的例子。

例 8.21 命令行的三个参数，前两个为两个整数，第三个确定程序输出的为最大值还是最小值。

```
#include<stdio.h>
#include<stdlib.h>
#include<string.h>
int max(int x, int y)
{
    return(x>y? x: y);
}
int min(int x, int y)
{
    return(x>y? y: x);
}
void main(int argc, char * argv[])
{
    int a, b;
    char * operate_flag;
    if(argc<4)
    {
        printf("usage: abc integer1 interger2 operate_flag\n");
        exit(0);
    }
    a=atoi(argv[1]);
    b=atoi(argv[2]);
    operate_flag=argv[3];
    if(strcmp(operate_flag, "max")==0)
        printf("The %s of%s and %s is: %d\n", argv[3], argv[1], argv[2], max(a, b));
    else if(strcmp(operate_flag, "min")==0)
        printf("The %s of %s and %s is: %d\n", argv[3], argv[1], argv[2], min(a, b));
    else
        printf("operate_flag should be max or min\n");
}
```

程序生成 abc.exe 后，设命令行为

abc 20 30 max

则输出为

The max of 20 and 30 is: 30

由于命令行上的 20 和 30 为字符串的形式，因此必须用 atoi() 函数加以转换才能够进行比较。程序根据命令行的参数 argv[3] 来确定是求最大值还是最小值。当 argv[3] 为 max 时，输出最大值，当 argv[3] 为 min 时，输出最小值，否则输出提示信息："operate_flag should be max or min"。这种利用命令行参数来确定程序的操作或流程是 C 语言中常用的手段。

程序中，main(int argc, char * argv[])可写成 main(int argc, char * * argv)，你能理解吗？

8.5.3 复杂指针的理解

正确理解和构造各种复杂形式的说明符是深入学好 C 语言的重要环节。使初学者感到困惑的是，在某个对象被定义时，不可以按常规从左到右去理解，同时可能还存在括号，其含义又各不相同。

    int * f();

和

    int (* pf)();

的区别表明这样一个问题：* 是一个前缀运算符且它的优先级比()低，所以()用来强制某种合适的结合方式。

虽然真正的复杂定义的指针在实际中很少使用，但重要的是如何理解它们，并在需要的时候如何来使用它们。C 的说明符可以很复杂，复杂的说明符一般由数组说明符、指针说明符和函数说明符组合而成。体现为说明符中含有 *、[]和()运算符，而且()可以有任意多个、可以嵌套。

注意：

(1) 数组的元素不能为函数(可以为函数的指针)。

(2) 函数的返回值不能为数组或函数(可以为函数或数组的指针)。

本节给出了一种理解复杂说明符的简便而有效的方法：从标识符开始，按照运算符的优先级和结合性顺序逐步解释说明符。

* 是指针类型的标志，[]是数组类型的标志，()是函数类型的标志。()和[]的优先级高于 *，当[]、* 或()和 * 同时出现时，先解释()和[]，后解释 *；()和[]属于同一优先级，二者同时出现时，按从左到右的顺序解释；整个说明符解释完之后，再加上类型标识符就是最终的解释。()也用于改变由优先级和结合性隐含的运算顺序，对嵌套的()，从内向外解释。让我们看看下面的例子：

(1) char * * pp;

pp：指向字符指针的指针。

(2) int (* daytab)[13];

daytab：指向由 13 个整型元素组成的数组的指针。

(3) int * daytab[13];

daytab：由 13 个整型指针构成的指针数组。

(4) void * comp();

comp：返回值为空类型指针的函数。

(5) void (* comp)();

comp：指向无返回值函数的指针。

(6) int * p(char * a);

p 是一个函数，它的形参是一字符型指针，它的返回值是一整型指针。

(7) int (* p)(char * a);

p 是一个指针，它指向一个函数，函数有一字符指针作形参，返回值为整型量。

(8) int p(char (* a) [4]);

p 是一个返回整型量的函数，它有一个形参，形参的类型是指向字符数组的指针。

(9) int * p(char * a[ ]);

p 是一个函数，返回一整型指针，它的形参是一个字符指针数组。

8.6   程序设计举例

例 8.22   编写在数组的最后一个元素中存放其他元素和的函数。

```
# include <stdio. h>
void summary(int  * p,  int  n);
void main()
{
    static int a[11]={1, 2, 3, 4, 5, 6, 7, 8, 9, 10};
    summary(a, 10);
    printf("Sum is %d\n", a[10]);
}
void summary(int  * p,  int  n)
{
    int  s=0;
    while (n−−)   s+ = * (p++);
    * p=s;
}
```

上述函数还可写为

```
void summary(int arr[], int n)
{
    int  i,  s=0;
    for (i=0; i<n; i++) s+=arr[i];
    arr[n]=s;
}
```

例 8.23   将字符数组 a 中的字符串拷贝到字符数组 b 中。

(1) 下标法：

```
# include <stdio. h>
void main()
{
    char a[]="Hello, world!", b[20];
    int  i;
    for (i=0; a[i]! ='\0'; i++)
        b[i]=a[i];
    b[i]='\0';
```

```
        printf("%s\n", b);
    }
```

（2）指针法：

```
# include <stdio. h>
void main()
{
    char a[]="Hello, world!", b[20];
    char * pa, * pb;
    for (pa=a, pb=b; * pa! ='\0'; pa++, pb++)
        * pb= * pa;
        * pb='\0';
    printf("%s\n", b);
}
```

例 8.24　显示并选择菜单条目。

```
# include  <stdio. h>
int getchoice(char * * menu, int n);
void main()
{
    int  chc;
    static  char  * mn[5]={ "1.  Input",  "2.  Copy",
                            "3.  Move",  "4.  Delete",
                            "0.  Exit"};
    chc=getchoice(mn, 5);
    if (chc>=0  &&  chc<5)  printf("You choice No. is %d\n", chc);
    else  printf("Invalid choice! \n");
}
int  getchoice(char  * * menu, int  n)
{
    int  i, choice;
    for (i=0; i<n; i++)  puts( * (menu+i));
    printf("\Input  your  choice：\n");
    return(getchar()-'0');
}
```

例 8.25　将一个字符串转换为大写形式并输出。

```
# include  <stdio. h>
char  * mytoupper(char * s);
void main()
{
    char  ps[80], * s;
    gets(ps);
    s=mytoupper(ps);
```

```c
        puts(s);
}
char  * mytoupper(char * s)
{
    char  * t=s;
    while  ( * t! ='\0'){ * t=( * t>='a' && * t<='z')? * t-32: * t; t++; }
    return(s);
}
```

例 8.26 利用函数指针，编写计算多个函数的定积分 $s = \int_a^b f(x)dx$ 程序，其中函数分别为 $f(x) = x^2 - \tan x$ 和 $g(x) = \cos x + e^{-\frac{1}{x}}$。

分析： 在上一章，我们给出了利用矩形法计算函数的定积分算法。因为在求积分的那个函数中，嵌套调用了 $f(x)$，所以，当对多个函数求定积分时，如果不采用指针函数，将需要编写多个积分函数才行。下面，我们采用函数指针编写该程序。程序如下：

```c
# include <stdio. h>
# include <math. h>
double f(double x)
{
        return x * x- tan (x);
}
double g(double x)
{
        return cos(x)+exp(-1/x);
}
double integral(double a,  double b,  int n,  (double * )pf(double))  / * 函数指针作函数参数 * /
{
        double h=(b-a)/n,  s=0;             / * s 为累积面积，即积分结果，初始值为 0 * /
        int i;
        for(i=0; i<n; i++)
                s+=h * pf(a+i * h);
        return s;
}
void main()
{
        double a, b, s;
        int n;
        printf("please input a, b, n: \n");
        scanf("%lf%lf%d", &a, &b, &n);
        s=integral(a, b, n, f);              / * 函数名 f 作为实参 * /
        printf("sf=%lf\n", s);
```

```
        s=integral(a, b, n, g);              / * 函数名 g 作为实参 * /
        printf("sg=%lf\n", s);
}
```

例 8.27 对几个国家名字进行排序并输出。

```
# include <stdio. h>
# include <string. h>
void sort(char * name[], int n);
void print(char * name[], int n);
void main()
{
    static char * name[]={ "CHINA", "AMERICA", "AUSTRALIA", "FRANCE", "GER-
MAN"};
    int n=5;
    sort(name, n);
    print(name, n);
}
void sort(char * name[], int n)
{
    char * pt;
    int i, j, k;
    for(i=0; i<n-1; i++)
    {
        k=i;
        for(j=i+1; j<n; j++)
        if(strcmp(name[k], name[j])>0)
            k=j;
        if(k! =i)
        {
            pt=name[i];
            name[i]=name[k];
            name[k]=pt;
        }
    }
}
void print(char * name[], int n)
{
    int i;
    for (i=0; i<n; i++)
    printf("%s\n", name[i]);
}
```

例 8.28 数字图像可以用一个 m×n 的矩阵表示,由于数字图像像素灰度值多用 8 位数据表示，因此，可以用 unsigned char 类型进行描述。编写函数求图像像素的总和、均值、最大值、最小值，并求出每个灰度出现的频率（即灰度直方图）。

分析：要求矩阵的总和、均值、最大值、最小值，必须要对数组中每个数值进行遍历，因此可以考虑在一个函数中实现上述功能。对每个灰度出现的频率，则可以采用一些技巧。因为 unsigned char 类型数值范围是 $0\sim255$，所以定义一个 int Histogram[256]数组，并初始化为 0，当遍历时，如果出现灰度值为 g 的像素时，就执行 Histogram[g]++即可。

程序如下：

```
int Histogram[256]={0};
float average(unsigned char a[][],  int m,  int n,  int * sum,  unsigned char * max,  unsigned char * min)
{
        float s=0, Max, Min;
        int i, j;
        Max=Min=a[0][0];
        for(i=0; i<m; i++)
              for(j=0; j<n; j++)
              {
                      s+=a[i][j];
                      if(a[i][j]>Max)
                            Max=a[i][j];
                      if(a[i][j]<Min)
                            Min=a[i][j];
                      Histogram[a[i][j]]++;
              }
        * sum=s;
        * max=Max;
        * min=Min;
        return (float)s/m/n;
}
```

这个例子的综合性比较强，算法不一定是最好的，可读性也不是很好，但可以开阔编程思路。该函数执行效率比较高，利用指针实现了函数的"多值返回"（sum、max 和 min），同时利用了全局数组变量，完成了灰度直方图统计。

本 章 重 点

◇ 指针是一种特殊的变量形式，它用来存放其他变量的地址。因此可以实现间接的访问。

◇ 取地址运算符 & 用于提取变量的地址，因此它只能用于变量，不用作用于数组名、常量、宏值。

◇ 单目运算符 * 是 & 的逆运算，它的操作数是地址，运算结果是对象本身。* 既可以作为乘号运算符也可以作为指针运算符，编译器将根据上下文自动识别。

◇ 指针可以作为函数参数在调用函数和被调函数之间进行数据传递。可以用来从函数中返回多个参数。例如：

    int sum(int buf, int * pva1, int * pva2){…}

上面的函数通过 2 个指针可以给调用函数传回 2 个参数。

◇ 指针与指针、指针与整数之间的运算需要考虑指针所指的类型。如有如下声明：

    char * p1，* p2；
    int * p3，* p4；
    p1＝p2＝0；
    p3＝p4＝0；
    p1 ＝ p1＋1；   //p1 的值为 1
    p3 ＝ p3＋1；   //p3 的值为 4
    p4 ＝ p3−p4；   //p4 的值为 0
    p3＝p3−p1；   //指针类型不同，编译错误

◇ C 语言中，字符串采用内存中一串以 '\0' 结尾的若干字符表示。

◇ 数组仅在 sizeof 中保留数组的特性，其他操作中均和普通指针操作一样。例如：

    int a[5]；
    int * p；
    sizeof(a)；   //大小为 20 字节
    sizeof(p)；   //大小为 4 字节(32bit 系统)

◇ 数组作为函数参数时，数组将退化成指针。如 int sum(int va[3])和 int sum(int * va)具有相同的作用。

习   题

1. 写一函数，求一个字符串的长度。在 main()函数中输入字符串，并输出其长度。

2. 有一个字符串，包含 n 个字符。编写一个函数，将此字符串从第 m 个字符开始的全部字符复制成一个字符串。

3. 输入一行文字，找出其中大写字母、小写字母、空格、数字以及其他字符各有多少。

4. 编写一个函数将 3×3 的矩阵转置。

5. 将一个 5×5 的矩阵中最大的元素放在中心，四角分别放四个最小元素(按从左到右、从上到下的顺序依次从小到大存放)，编写一函数实现之。用 main()函数调用。

6. 编写程序，实现两个字符串比较的自定义版：

    int strcmp(char * str1, char * str2)；

    //当 str1＞str2 时，返回正数

    //当 str1＝＝str2 时，返回 0

    //当 str1＜str2 时，返回负数

7. 编写程序，实现复制字符串的自定义版：

    char * strcpy(char * dest, char * source)；

//该函数返回 dest 的值，即字符串首地址

8. 编写程序，输入命令行参数为两个字符串，用 strcmp() 比较并输出结果。

9. 编写程序。

（1）初始化一个矩阵 A(5×5)，元素值取自随机函数，并输出；

（2）将其传递给函数，实现矩阵转置；

（3）在主函数中输出结果。

10. 利用指针数组编写程序，输入月份号，输出该月的英文名字。如输入 10，输出 "October"。

第9章

<<<<<<<<<<<<<<<<<<<<<<

结构体和共用体

9.1 结 构 体

迄今为止,我们已经学习了C语言中的大部分数据类型:各种基本类型(整型、实型、字符型)、指针类型和构造类型中的数组和枚举型,本章介绍最后两种构造类型数据——结构体和共用体。构造类型与基本类型的本质区别是它们不是全新的数据类型,而只是对基本类型的"封装"——由基本类型"构造"而来。

9.1.1 结构体类型

在第六章我们讨论了使用数组的好处。我们按顺序读入了 5 个学生某门课的成绩,并按相反的顺序输出。我们并没有定义 score1,score2,score3,score4,score5,而是定义了一个可以存储全部 5 门课成绩的数组,即 float score[5],针对数组元素 score[0],…,score[4]编程实现了对 5 门课成绩的处理。正是因为这些数据项的数据类型完全相同,并且具有相同的含义,所以可以用数组来组织它们。

然而,在实际应用中,待处理的信息往往是由多种类型组成的,如描述学生的数据,不仅有学习成绩,还应包括诸如学号(长整型)、姓名(字符串类型)、性别(字符型)、出生日期(字符串型)等。再如有关职工的管理程序,所处理的对象——职工的信息同样包含了职工编号、职工姓名、工种等多种类型数据。就目前所学知识,我们只能将各个项定义成互相独立的简单变量或数组,无法反映它们之间的内在联系。对此,应该有一种新的类型,就像数组将多个同类型数据组合在一起一样,能将这些具有内在联系的不同类型的数据组合在一起,C语言提供了"结构体(Structure)"类型来完成这一任务。

9.1.2 结构体类型的定义

结构体类型不像整型一样已经由系统定义好,可以直接用来定义整型变量,而是需要编程者自己先定义结构体类型(即结构体的组成)。C语言提供了关键字 struct 来标识所定义的是结构体类型,具体的类型名要编程者根据需要自己定义。结构体类型规定了该结构体所包含的成员。结构体类型的定义形式及其例子如图 9.1 所示。

说明:

(1) 关键字 struct 告诉我们尾随的是一个结构体。结构体类型的名字为 student,名字也称为标记(Tag),用于识别不同的结构体类型。关键字和类型名字组合成一种新的类型标

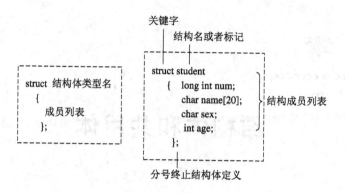

图 9.1 结构体类型定义语法

识符,其地位如同通常的 int,char 等,其用途是可以定义该结构体类型变量。结构体类型定义之后,就可以像其他类型一样使用了。类型名或者标记的起名规则遵从标识符命名规则。

(2) 成员列表为本结构体类型所包含的若干个成员的列表,必须用{}括起来,并以分号结束。每个成员的形式如下:

　　类型标识符 成员名;

如上例中的

　　long int num;

　　char name[20];

成员(如 num)又可称为成员变量,也是一种标识符,成员的类型可以是除该结构体类型自身外,C 语言允许的任何数据类型。结构体类型 struct student 中包含四个成员,分别是:学号 num(长整型)、姓名 name(字符数组)、性别 sex(字符型)、年龄(整型)。

(3) 同一结构体类型中的各成员不可互相重名,但不同结构体类型间的成员可以重名,并且成员名还可以与程序中的变量重名,因为它们代表不同的对象。初学者为清晰起见,最好都不重名。

9.1.3　结构体类型变量的定义

结构体类型的定义本身不会创建任何变量。它只是一种模板(Template),限定了这种类型的结构体变量的组成样式。有了结构体类型,便可以在此类型基础上定义变量了。结构体类型变量因其所基于的类型是自定义的,所以有多种形式的定义方法。下面以表示职工工资单的结构体类型 struct staff 为例来说明三种定义变量的方法。

形式一:类型、变量分别定义。先定义结构体类型,后定义该类型的变量。

```
struct staff
{ char name[20];           /* 姓名 */
  char department[20];     /* 部门 */
  int salary;              /* 工资 */
  int cost;                /* 扣款 */
  int realsum;             /* 实发工资 */
};
```

struct staff worker1，worker2；/＊定义两个 staff 结构体类型的变量＊/

形式二：类型、变量一起定义。定义结构体类型的同时定义其变量。

```
struct staff
{ char name[20];
  char department[20];
  int salary;
  int cost;
  int realsum;
} worker1, worker2;
```

形式三：省略类型名的变量定义。定义一种无名的结构体类型，同时定义其对应变量。

```
struct
{ char name[20];
  char department[20];
  int salary;
  int cost;
  int realsum;
} worker1, worker2;
```

其中以第一种形式最好，概念清楚，易于扩充移植。

定义了结构体类型变量之后，结构体类型名的任务就完成了，在后续的程序中不再对其操作，而只对这些变量（如 worker1，worker2）进行赋值、存取或运算等操作。

结构体类型变量所占内存大小由结构体成员决定。理论上讲，结构体类型变量的各个成员在内存中是连续存储的，和数组非常类似，例如上面的结构体变量 worker1 和 worker2 的内存分布如图 9.2 所示，每个变量占用 20＋20＋4＋4＋4 ＝ 52 个字节。但需要说明的是，编译器在具体为结构体变量分配内存时，是要遵循内存对齐原则的，即第一个成员放在相对起始地址为 0 的地方，以后每个数据成员存储的起始位置要从该成员大小的整数倍开始（比如 int 在 32 位机为 4 字节，则要从 4 的整数倍地址开始存储）。正因如此，结构体变量所占内存的大小并不总是各成员所占字节数的和。例如在 32 位机中定义如下结构体类型：

```
struct data
{
  char a;
  int b;
  double c;
}var;
```

结构体类型变量 var 的第一个字符型成员 a 存入相对起始地址为 0 处，在存放整型成员 b 时，由于前一个 4 字节已有数据，因此会存入第二个 4 字节，存放双精度实型成员 c 时，因其宽度为 8 字节，则会找到第一个空的且是 8 的整数倍的位置开始存储。这样使得变量 var 所占内存的字节总数为 4＋4＋8＝16 个字节，而不是 1＋4＋8＝9 个字节。

变量的具体取值在初始化或赋值时装入。

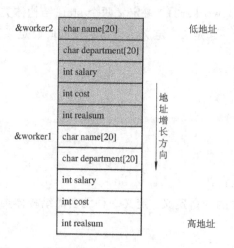

图 9.2 结构体类型变量在内存中的存储形式

9.1.4 结构体类型变量及其成员的引用

定义结构体类型变量的目的是为了在后续程序中对它进行操作。但首先要注意的是结构体类型变量是一种聚合型变量。可访问的对象有如下两个：

- 结构体类型的变量名本身代表变量的整体，即整个结构体。
- 结构体中的成员名代表结构体类型变量的各个组成成员。

上述两个对象均可在程序中引用。

（1）变量成员的引用方法：C 语言提供了访问结构体类型变量的成员运算符"."（称为点运算符），可以将结构成员与结构变量名联系起来。访问结构成员的形式为：

结构体变量名.成员名

点运算符是一个二元运算符，它处于最高优先级，结合性为从左至右。例如，假设已经定义了结构体类型 struct staff 的两个变量 worker1、worker2，则

worker1.salary

就可以访问或引用结构体变量 worker1 的成员 salary，见图 9.3。

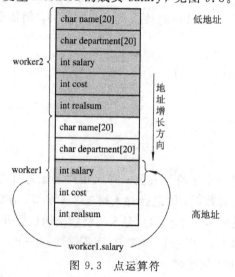

图 9.3 点运算符

这样，结构成员就可以和普通变量一样参加各种运算，且所引用的成员与其所属类型的普通变量一样可进行该类型所允许的任何运算。例如：

worker1. realsum = worker1. salary − worker1. cost;

worker2. salary = worker1. salary;

scanf("%s", worker1. name);

scanf("%d", &worker1. cost);

注意，取结构成员的地址时，"&"要放在结构变量名前面而不是结构成员名前面，即不能写成：

scanf("%d", worker1. &cost);

另外，"&"和"."同时出现时，由于运算符"."的优先级高于"&"，因此对 &worker1. cost 而言，是先进行"."运算，即先取成员，然后再取该成员的地址，就是说 &worker1. cost 与 &(worker1. cost)等价。

又如："struct student stu1, stu2;"之后，变量 stu1，stu2 成员的引用可以是：

stu2. num = stu2. num+1;

stu1. age++;   /*等价于 (stu1. age)++ */

scanf("%ld", &stu1. num);

（2）相同结构体类型的结构体变量可以通过整体引用来赋值：如"worker2 = worker1;"即将变量 worker1 的所有成员的值一一对应地赋给（拷贝）变量 worker2 的各成员。但是，注意下列用法是错误的：

worker2 == worker1

worker2 ! = worker1

C 语言不允许对结构体类型变量进行任何逻辑运算。如果要对结构体类型变量进行比较，只能是逐个成员进行比较。

另外，也不可以对结构体类型变量进行整体的输入/输出，如：

printf("%s", worker1);

是错误的。结构体类型变量只能对每个成员逐个进行输入或输出。

（3）结构体类型变量占据的一片存储单元的首地址称为该结构体类型变量的地址，其每个成员占据的若干单元的首地址称为该成员的地址，两个地址均可引用。如：

scanf("%d", &worker1. salary);

printf("0x%x", &worker1);

虽然两者均是地址，但若将其赋给指针，相应的指针类型是不同的。&worker1. salary 应赋给一个整形指针，而 &worker1 应赋给一个结构体类型指针，二者不可混用。两指针类型也不可强制转换。

结构体类型变量的地址主要用于作为函数的参数，在函数之间传递结构体类型数据。

9.1.5　结构体类型变量的初始化

如前节所述，可以用读入函数或赋值语句对结构体类型变量的成员逐个赋值，但更方便的是直接以初值表的形式赋值，称为初始化。

例如：已定义结构体类型 staff 如前，则 worker1 的初始化：

struct staff worker1 = {"Wang_Wei", "see", 1200, 100, 1100};

此时结构体类型变量 worker1 在内存的布局如图 9.4 所示。

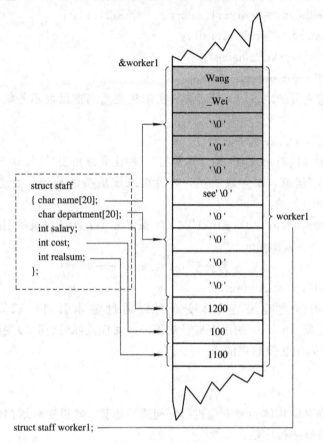

图 9.4 结构体变量的成员在内存中的布局

所有结构体类型变量，不管是全局变量还是局部变量，自动变量还是静态变量均可如此初始化。

例 9.1 利用结构体类型，编程计算一名同学 5 门课程的平均分。

```
# include <stdio. h>
void main()
{
    struct stuscore
    {
        char name[20];
        float score[5];
        float average;
    };
    struct stuscore x={"Wang_Wei",90.5,85,70,90,98.5};
    int i;
    float sum=0;
    for(i=0; i<5; i++)
```

```
        sum+=x. score[i];
    x. average=sum/5;
    printf("The average score of %s is %4.1f\n", x. name, x. average);
}
```

9.1.6 应用举例

例 9.2 将例 9.1 改为键入任意多人的 5 门课的成绩，打印平均分。

```
#include <stdio. h>
#include <conio. h>
void main()
{
    struct stuscore
    {
            char name[20];
            float score[5];
            float average;
    }x;
    int i;
    float sum;
    char rep;
    while(1)
    {
      printf("\nDo you want to continue? (Y/N)");
      rep=getche();
      if(rep=='N'||rep=='n') break;
      sum=0;
      printf("\nInput name(as Xu_jun)and 5 scores(all depart by space); \n");
      scanf("%s", x. name);               /*输入名字*/
      for(i=0; i<5; i++)                   /*输入 5 门课成绩*/
            scanf("%f", &x. score[i]);
      for(i=0; i<5; i++)
            sum+=x. score[i];
      x. average=sum/5;                    /*计算平均分*/
      printf("The average score of %s is %4.1f\n", x. name, x. average);   /*打印输出*/
    }
}
```

运行结果：

Do you want to continue? (Y/N)Y↙

Input name(as Xu_jun)and 5 scores(all depart by space);

Guo_Yong 80 89. 5 99 87. 5 66↙

The average score of Guo_Yong is 84. 4

Do you want to continue? (Y/N)Y↙

Input name(as Xu_jun)and 5 scores(all depart by space);

Liu_Ying 87 88 89 99 98↙

The average score of Liu_Ying is 92. 2

Do you want to continue? (Y/N)N↙

9.2 嵌 套 结 构

允许一个结构体包含另一个结构体或者把一个结构体成员定义为数组，有时是很方便的。我们把成员之一定义为其他结构体类型，称为结构体类型的嵌套(Nest)。

例如我们前面定义了一个 student 结构体类型，其中的 age(年龄)成员可以用 birthday (生日)来代替，而 birthday 的数据类型则是如图 9.5 所定义的 date 结构体类型，用于表示学生的出生年月日。

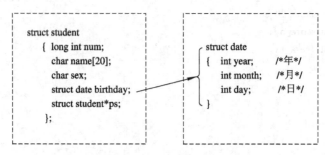

图 9.5　结构体类型的嵌套定义

其中的成员变量 birthday 是结构体类型 struct date 型，形成了结构体类型的嵌套定义。另外，在 student 结构体类型中，还定义了一个成员，其类型是一指向结构体类型 student 自身的指针，我们称这种结构为递归结构或自嵌套结构。在 student 类型的定义中，此种指向 student 自身的指针成员是允许的，也是链表、队列或数等复杂的数据结构所必需的。若为自身类型的普通成员变量则是不允许的，即 student 结构体类型中不可出现 struct student 类型的非指针变量。

嵌套结构的变量定义和一般的结构变量定义是相同的，如：

  struct student stu3;

定义了一个名字为 stu3 的 student 结构体类型的变量。同样可以在定义变量 stu3 时进行初始化：

  struct student stu3 = {99010，"Liu_Ping"，'m'，{1987，10，2}};

必须注意的是，由于结构体变量 stu3 的 birthday 成员是结构体类型，因此该成员的初始值必须用括号括起来，而各个成员的初始值之间还是用逗号分隔。

如果要访问嵌套结构体变量的成员，必须使用点运算符两次(若是多级嵌套定义，则需用若干"."运算符，逐级引用到最低级)。

对 student 结构体类型变量 stu3 的成员引用如下所示，其示意图见图 9.6。

  stu3. birthday. year；   / * 其值为 1987 * /

  stu3. birthday. month； / * 其值为 10 * /

注意，不能对 stu3. birthday 进行操作，因其不是最低级。

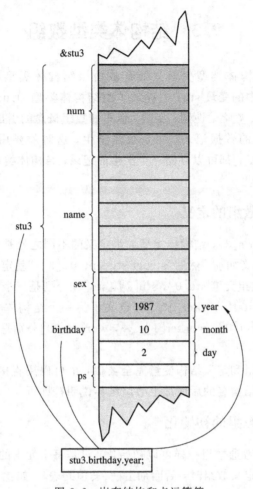

图 9.6　嵌套结构和点运算符

我们同样还可以把 date 结构体类型的定义嵌到 student 结构体类型当中，如：

```
struct student
{
    long int num;
    char name[20];
    char sex;
    struct date
    {
        int year;      /* 年 */
        int month;     /* 月 */
        int day;       /* 日 */
    } birthday;
    struct student * ps;
};
```

这两种结构体类型的嵌套定义是等价的。

9.3 结构体类型数组

如前所述，一个结构体类型变量只能存放由该结构体类型所定义的一条记录。如"struct student stu1;"中的变量 stu1 中存放了由结构体类型 struct student 决定的学生 1 的记录，即学生的学号、姓名、性别、年龄。但正如数组概念的引出一样，我们一般要编程处理的不只是一个学生的数据记录，而是很多学生。这时就要用到结构体类型数组 stu[50]，每个数组元素 stu[i] 都可以存储一个学生的记录。结构体类型数组在构造树、表、队列等数据结构时特别方便。

9.3.1 结构体类型数组的定义

相似于整型数组 int a[3]，结构体类型数组定义的不同之处是要先定义好结构体类型。例如：struct student 定义如前，然后"struct student stu[3];"就定义了一个 struct student 结构体类型数组 stu，数组元素 stu[0]，stu[1]，stu[2] 分别是三个 struct student 结构体类型变量。又如："struct staff worker[100];"定义了另一个结构体类型 struct staff 的数组 worker，数组元素 worker[0]，worker[1]，…，worker[99] 分别是 100 个 struct staff 结构体类型变量。

因此，定义结构数组和定义结构变量完全类似，也可以用直接定义、间接定义和一次性定义的方式，只要在结构名的后面加上数组维界说明符即可。

9.3.2 结构体类型数组的初始化

结构体类型数组和普通数组一样可以初始化，只是每个元素的初值为由{}括起来的一组数据，初始化形式是定义数组时，后面加上=｛初值列表｝，如：

```
struct student stu[2] = {{99010, "Wang_Yan", 'f', 20},
                         {99011, "Li_Li", 'm', 19}};
```

一个结构数组元素相当于一个结构变量。因此，访问结构数组元素的成员与访问结构变量的成员具有相同的规则。例如：

stu[i].num 表示结构数组第 i+1 个元素中成员 num 的值；

&stu[i].num 表示结构数组第 i+1 个元素中成员 num 的地址；

stu[i].name 表示结构数组第 i+1 个元素中成员 name 的首地址；

stu[i].name[j] 表示结构数组第 i+1 个元素中成员 name 第 j+1 个字符。

因为"."运算符优先于"&"和"*"运算符，所以，&stu[i].num 与 &(stu[i].num) 等价；stu[i].name[j] 与 *&stu[i].name[j] 等价。

例 9.3 用结构体类型数组初始化建立一工资登记表。然后键入其中一人的姓名，查询其工资情况。

```
# include <string.h>
# include <stdio.h>
void main()
{
```

```
struct staff
{
char name[20];
char department[20];
int salary;
int cost;
}worker[3]={                              /*初始化*/
            {"Xu_Guo", "part1", 800, 200},
            {"Wu_Xia", "part2", 1000, 300},
            {"Li_Jun", "part3", 1200, 350}
          };
int i;
char xname[20];
printf("\nInput the worker\'s name:");
scanf("%s", xname);                       /*输入职工名字*/
for(i=0; i<3; i++)
     if(strcmp(xname, worker[i].name)==0)   /*查询是否有此职工*/
     {
          printf("****%s****", xname);
          printf("\n   salary:%6d", worker[i].salary);
          printf("\n   cost:%6d", worker[i].cost);
          printf("\n   payed:%6d", worker[i].salary-worker[i].cost);
     }
}
```

运行结果：

```
Input the worker's name:Wu_Xia↙
****Wu_Xia****
     salary:   1000
       cost:   300
      payed:   700
```

9.4　结构体类型指针

定义一个指针，让它存放一个结构体类型变量或结构体类型数组的首地址，它就是指向该结构体类型变量或结构体类型数组的指针，我们统称之为结构体类型指针。

由于结构体类型并非全新的数据类型，它只是对以前所学的多种类型的"封装"：将一组相关的不同类型的数据看成一个整体。所以引入结构体类型指针，可以达到：

（1）非常有效的函数参数传递。

（2）提高数组的访问效率。

结构体类型指针特别之处还在于：利用它可以建立动态变化的数据结构，动态地、合理地分配内存。这一点将在下一节详细介绍。

9.4.1 指向结构体类型变量的指针

定义结构体类型指针和定义变量指针类似，一般形式如下：

[存储类型] 结构体类型 *指针1，*指针2，…；

例如：

static struct staff *sp;　　/*定义了一个静态的 struct staff 结构体类型的指针 sp*/

struct student *p1;　　/*定义了一个 struct student 结构体类型的指针 p*/

struct student stu1，*p2；/*定义了一个自动的 student 结构体类型变量 stu1 和
指针 p2*/

其中，staff 和 student 是已经定义过的结构体类型名。

上面定义的结构体指针只说明了指针的类型，还未确定它的指向，是一种无定向的指针，必须通过初始化或赋值，把实际存在的某个结构体类型变量或结构体类型数组的首地址赋给它以后，才可确定它的具体指向，从而使它与相应的变量或数组建立联系。例如：

p2＝&stu1；　　/*赋值方式*/

或者

struct student *p2＝&stu1；　　/*初始化方式*/

之后，p2 才真正指向了结构体类型变量 stu1，如图 9.7 所示。

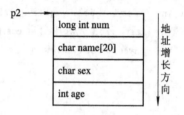

图 9.7　结构体类型指针初始化

定义了一个指向指定结构体的结构体类型指针以后，就可以用结构体指针来访问结构体成员。例如 p2 指向 struct student 型结构体，用(*p2).num、(*p2).name、(*p2).age 等就可以访问其成员。其中，"*"是访问地址运算符，"."是取成员运算符，由于"."的优先级高于"*"，因此(*p2).num 中的圆括号就不能省略。若写成 *p2.num，则表示 *(p2.num)，如果 num 不是指针(地址量)，则这种写法就是非法的。

也就是说，用指针访问结构体成员，可用如下形式：

(*指针名).成员名

这与前面介绍过的用结构名访问结构成员的形式：

结构名.成员名

是等效的。

由于指向结构体类型的指针使用得非常频繁，故 C 语言提供了另一种简便的取结构体成员运算符"－＞"，称为指向成员运算符(或箭头运算符)。它由一个减号和一个大于号组成。因此用指针访问结构成员，又可以写成：

指针名－＞成员名

运算符"－＞"和"."都是访问结构成员运算符，并同处于最高优先级，其结合性也都

是从左到右。

假设已说明

```
struct student stu1, * sp=&stu1;
```

若要访问其成员 name，则下面三个形式等效：

```
stu1. name    ( * sp). name    sp->name
```

显然，当用结构名访问结构成员时用"."比较方便，当用指针访问结构成员时用"->"较为方便。

注意以下表达式的含义(指向运算符->的优先级高于++)：

sp->num：得到 sp 指向的结构体类型变量中的成员 num 的值，假设其值为 990 120。

sp->num++：等价于((sp->num)++)，得到 sp 指向的结构体类型变量中的成员 num 的值，用完该值后对它加 1。

++sp->num：等价于++(sp->num)，得到 sp 指向的结构体类型变量中的成员 num 的值，使之先加 1，再使用。

从以下用三条连续的输出语句的执行结果可清楚地看到其含义：

```
printf("%d\n", sp->num);            输出 990120
printf("%d\n", sp->num++);          输出 990120
printf("%d\n", ++sp->num);          输出 990122
```

现举例说明结构体类型变量成员的三种引用形式。

例 9.4 显示某人的工资信息。

```c
#include <string.h>
#include <stdio.h>
void main()
{
    struct staff
    {
        char name[20];
        char department[20];
        int salary;
    };
    struct staff w1, * p;
    p=&w1;
    strcpy(w1. name, "Li_Li");
    strcpy(( * p). department, "part1");
    p->salary=1000;
    printf("%s %s %d\n", w1. name, w1. department, w1. salary);
    printf("%s %s %d\n", ( * p). name, ( * p). department, ( * p). salary);
    printf("%s %s %d\n", p->name, p->department, p->salary);
}
```

运行结果：

```
Li_Li   part1   1000
```

```
Li_Li    part1    1000
Li_Li    part1    1000
```

可见，最后三行的输出结果都是一样的。

9.4.2 指向结构体类型数组的指针

指向结构体类型数组的指针完全类似于第八章所述的指向普通数组的指针。一个结构体类型数组可以用结构体类型指针来访问，既方便了数组元素的引用，又提高了数组的利用率。

例 9.5 显示工资表。

```
#include <stdio.h>
struct staff
{
        char name[20];
        int salary;
};


void main()
{
        struct staff * p;                           /* 声明结构体类型指针 */
        struct staff worker[3]={
            {"Wang_Li", 600},
            {"Li_Ping", 700},
            {"Liu_Yuan", 800}};
        for(p=worker; p<worker+3; p++)              /* 注意 for 循环中的第一个表达式 */
            printf("%s \'s salary is %d yuan\n", p->name, p->salary);
}
```

运行结果：

```
Wang_Li's salary is 600 yuan
Li_Ping's salary is 700 yuan
Liu_Yuan's salary is 800 yuan
```

其中，p 是指向 struct staff 结构体类型数据的指针。for 语句中 p=worker 使指针 p 实际地指向了数组 worker，即 p 中存放的是数组 worker 的起始地址，等价于 p=&worker[0]，如图 9.8 所示。在第一次循环中，程序输出了 worker[0] 的各成员，然后执行 p++，进行第二次循环。如前所述，C 语言中的指针加 1，并不是实际的内存地址值加 1，而是指向了下一个数据，对于结构体类型数组，则指向了下一个元素，即相当于 p=&worker[1]（即图中 p'），这样循环体内的 printf 语句输出的便是 worker[1] 的各成员。以此类推，在输出了 worker[2] 之后 p 的值加到了 worker+3，便不满足循环条件 p<worker+3 了，程序结束。

对于指向数组的指针，用得更多的是指针值本身的加 1 移动，所以要特别注意：

(++p)->salary：先使 p 自加 1，指向下一元素，得到 worker[1].salary 的值，即 700。

p++->salary：先得到 worker[0].salary 的值，即 600，然后使 p 加 1，指向 worker[1]。

(p++)->salary：完全同上。括号不改变十十操作符以后的操作性质。

如在例 9.5 的 worker 数组初始化，且 p＝worker 之后，连续执行以下四条语句，输出结果为：

printf("%d\n", p->salary);
　　　输出 600
printf("%d\n", (++p)->salary);
　　　输出 700
printf("%d\n", p++->salary);
　　　输出 700
printf("%d\n", (p++)->salary);
　　　输出 800

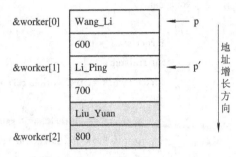

图 9.8　指针与结构体类型数组

9.5　结构体与函数

结构体与函数之间的关系主要是：

· 结构体作为函数参数。此时，结构体类型变量、结构体类型变量的成员和结构体指针都可以作为函数的参数进行传递。

· 结构体作为函数的返回值。

下面我们分别进行讨论。

9.5.1　结构体作为函数参数

在编程处理结构体类型数据时，常常需要将一个结构体类型变量的值或一个结构体类型数组传递给另一个函数，此时，同样遵循第七章中有关值传递和地址传递的规律。

"值传递"的一种是将结构体类型变量的各个成员作为实际参数，这和普通变量作实参的含义是一样的，形式参数为相应类型的普通变量。

例 9.6　用子函数求出 worker 数组中每个工人的实发工资。

```
/＊ 传递结构体类型变量的成员 ＊/
#include <stdio.h>
struct staff
{
    char name[20];
    char department[20];
    int salary;
    int cost;
    int realsum;
}worker[3]={
        {"Wang_Li", "part1", 1000, 200},
        {"Li_Ping", "part2", 1500, 300},
        {"Liu_Yuan", "part3", 2000, 600}};
int getreal(int salary, int cost);      /＊函数声明，注意其形参＊/
```

```
void main()
{
    struct staff  * p;
    int realsum;
    for(p=worker; p<worker+3; p++)
    {
        realsum = getreal(p->salary, p->cost);        / * 函数调用,计算实发工资 * /
        printf("%s of %s should be payed %d yuan\n", p->name, p->department,
                realsum);
    }
}
int getreal(int salary, int cost) / * 函数实现 * /
{
    return salary - cost;
}
```

运行结果:

Wang_Li of part1 should be payed 800 yuan

Li_Ping of part2 should be payed 1200 yuan

Liu_Yuan of part3 should be payed 1400 yuan

此例中子函数完成的任务很简单,只是为了说明主、子函数间形参和实参是如何传递的。数组名 worker[]代表了数组 worker 的首地址。

注意,函数 getreal 的两个参数是一般的整数类型,它既不知道,也不关心实参究竟是不是结构的成员,它只要求它们是 int 类型。

"值传递"的另一种是用结构体类型变量作实参,将结构体变量所占的内存单元的内容全部顺序传递给形参。形参也必须是同类型的结构体类型变量。这两种传递都是单向的,子函数对形参的处理改变不能影响作为实参的结构体类型变量或者其成员的值,即处理结果都是带不回来的。对于结构体类型数据,数值传递法的不恰当之处是当结构体类型变量的成员很多,或有一些成员是数组时,数据量很大,将全部成员一个个传递,既浪费时间又浪费空间,程序的运行效率会大大降低。所以,用结构体类型指针作函数参数,即地址传递效果就比较好。

例 9.7 用子函数求出 worker 数组中每个工人的实发工资。

```
/ * 传递结构体类型变量 * /
# include <stdio. h>
struct staff
{
    char name[20];
    char department[20];
    int salary;
    int cost;
    int realsum;
} worker[3]={
```

```
                {"Wang_Li", "part1", 1000, 200},
                {"Li_Ping", "part2", 1500, 300},
                {"Liu_Yuan", "part3", 2000, 600}};
int getreal(struct staff);
void main()
{
        struct staff * p;
        int realsum;
        for(p=worker; p<worker+3; p++)
        {
                realsum = getreal((* p));        /*    * p 表示数组元素    */
                printf("%s of %s should be payed %d yuan\n", p->name, p->department,
                        realsum);
        }
}
int getreal(struct staff ss) /* 结构体类型变量作为形参 */
{
        return ss.salary - ss.cost;
}
```

运行结果同上。

"地址传递"即实际参数为具体的结构体类型变量的地址或者结构体类型数组名,将结构体类型变量或数组的地址传给形参,形参为结构体类型指针或结构体类型数组名。这种传递是"双向"的。实际上是实参、形参指向了同一片存储空间,不需要开辟大量的存放数据的空间,更不需要费时间传递大量的数据,且被调函数对该区的处理结果是可以"返回"给主调函数的。这已经在第七章详细阐述了,此处再以结构体类型数据为例来说明之。

例 9.8 用子函数求出 worker 数组中每个工人的实发工资。

```
/* 传递结构体类型指针 */
# include <stdio.h>
# define NUM 3
struct staff
{
        char name[20];
        char department[20];
        int salary;
        int cost;
        int realsum;
}worker[NUM]={
        {"Wang_Li", "part1", 1000, 200},
        {"Li_Ping", "part2", 1500, 300},
        {"Liu_Yuan", "part3", 2000, 600}};
void getreal(struct staff *);
void main()
```

```
    {
        struct staff  * p;
        for(p=worker; p<worker+NUM; p++)
        {
        getreal(p);
        printf("%s of %s should be payed %d yuan\n", p->name, p->department,
                p->realsum);
        }
    }
    void getreal(struct staff *  ps)       /* 用结构体指针作为形参 */
    {
        ps->realsum=ps->salary - ps->cost;       /* 双向传递，处理结果 */
    }
```

运行结果同上。

9.5.2　结构体作为函数的返回值

由于数组和结构体类型都属于数据结构，有些读者可能会认为，C 语言对它们的处理应该是相似的。事实上，学习 C 语言的时候一定要摒弃这种想法，因为 C 语言处理结构体类型的方法与处理简单数据类型的方法相似，但绝对与处理数组的方法不同。

函数在返回数组时，无法返回整个数组的值，只能返回某个元素或者元素的地址。而函数在处理结构体类型时，可以将其模块化为简单类型来计算结果。即使结构体包含数组，函数也不是返回数组的首地址，而是直接返回结构体所有成员的值。

在例 9.9 中，模拟了时间在某个特定周期之后进行更新的情形。假设使用的是 24 小时的时钟。例中 new_time() 函数可以根据原始时间和自前一次更新开始时间流逝的秒数，返回本次的更新时间值。如果 time_now 是 21:58:32，secs 的值为 97，那么通过调用 new_time(time_now, secs)，执行的返回结果就应该是 22:00:09。整个调用过程如图 9.9 所示。

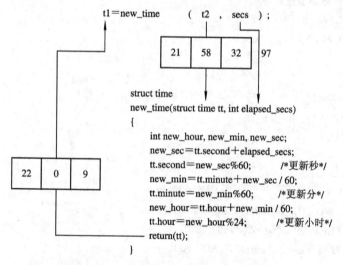

图 9.9　结构体类型值作为函数的输入参数和返回结果

例 9. 9　模拟时间更新程序。

```
#include <stdio.h>
struct time{                                  /* 时间结构体 */
    int hour, minute, second;                 /* 小时：分：秒 */
};
struct time new_time(struct time, int );      /* 更新函数,返回为 time 结构体 */
void main()
{
    struct time t1, t2={21, 58, 32};
    int secs=97;
    t1=new_time(t2, secs);
    printf("new time: %d: %d: %d\n", t1. hour, t1. minute, t1. second);
}
struct time new_time(struct time tt,          /* 当前时间 */
                     int elapsed_secs)        /* 已经过去的时间(秒数) */
{
    int new_hour, new_min, new_sec;
    new_sec=tt. second+elapsed_secs;
    tt. second=new_sec%60;                     /* 更新秒 */
    new_min=tt. minute+new_sec/60;
    tt. minute=new_min%60;                     /* 更新分 */
    new_hour=tt. hour+new_min/60;
    tt. hour=new_hour%24;                      /* 更新小时 */
    return(tt);
}
```

9.6　内存的动态分配

9.6.1　动态分配内存的意义

随着计算机的发展,软件的功能越来越强,相应地,软件的规模就越来越大,而计算机内存就成了宝贵的资源,所以我们在编制复杂程序时就要考虑尽量节省内存。在上节的例 9.8 中,用了符号常量 NUM 来代表要处理的人数,人数不同时只需改动第一行。但若编制的是应用软件,提供给用户的应是可执行文件,无法根据具体情况来改变 NUM 的值。这时,NUM 设成多少合适呢? 当然,可以根据软件使用者来定,比如:100 人的车间,设计成 #define NUM 100;1000 人的工厂,设计成 #define NUM 1000。但对于通用的商业软件,无法预知使用者的情况。若为了程序的通用性,按内存的允许设置成一个很大的数组,那么对于很多只处理少量信息的用户就造成了内存的极大浪费,这是非常不合理的。这时,能够根据程序运行后的实际情况动态地分配适量的内存空间就显得非常重要!

这一点不能靠数组来实现，因为数组是在编译阶段就分配了一片连续的存储区，无法在程序运行后进行控制。

9.6.2 开辟和释放内存区的函数

为了实现内存的动态分配，C 语言提供了一些程序执行后才开辟和释放某些内存区的函数。

1. malloc( )函数

它的函数原型如下：

  void * malloc(unsigned size);

其功能是在内存的动态存储区中分配长度为 size 个字节的连续空间。

$$其返回值 = \begin{cases} 分配空间的起始地址 & （分配成功） \\ 空指针\ NULL & （分配失败，一般是没有空间） \end{cases}$$

2. free(p)函数

该函数表示释放由 p 指向的内存区，使这部分内存可以分配给其他变量。

下面以两个例子来说明上述两函数的用法。

例 9.10 分配一个能放置双精度数的空间。

```
#include <stdlib.h>
main()
{
  double * p;
  p=(double * )malloc(sizeof(double)); /* 注 1 */
  if(p==0)
  {
    printf("malloc error\n");
    exit(0);
  }
  * p=78.786;
  printf(" * p= %f\n", * p);
}
```

运行结果：

  * p=78.786000

此例中，存双精度数的空间不是在程序编译时分配的，而是通过调用 malloc()函数在程序执行时才分配的。

另外，对注 1 行有两点说明：

(1) 从 malloc()函数原型可以得知，其返回值为 void * 型，现在是对双精度型分配空间，所以要将其返回值强行转换为 double * 型。

(2) 程序中出于易于移植的考虑，使用了 sizeof(double)作为 malloc()函数的实参。因为不同机器上的双精度所占的字节数可能不同，用这种方法不论在哪种机器上都能为双精度型数据分配大小正确的空间。

例 9.11 改进上例，在使用后释放动态分配的空间。

```
#include <stdlib.h>
main()
{
    double * p, * q;
    p=(double * )malloc(sizeof(double));
    if(p==0)
    {
        printf("malloc error\n");
        exit(0);
    }
    printf("p=0x%x * p=%4.1f\n", p, * p=100);
    free(p);
    q=(double * )malloc(sizeof(double));
    if (q==0)
    {
        printf("malloc error\n");
        exit(0);
    }
    * q=10.;
    printf("q=0x%x * q=%4.1f p=0x%x * p=%4.1f\n", q, * q, p, * p);
}
```

运行结果(Visual C++ 6.0 环境下)：

```
p=0x762d98    * p=100.0
q=0x762d98    * q=10.0    p=0x762d98    * p=10.0
```

指针 p、q 均为相同的地址值(具体值可能不是 0x762d98)，表明已经释放的由指针 p 所指的空间又重新分配给了指针 q。由于指针 p 的内容没变，故指针 p、q 都指向同一空间。从第二行的结果可验证之。

在多次调用 malloc()函数开辟内存空间的过程中，可能有另一种动态变化的数据也要在此分配空间，或者前边已分配的某个空间已被释放，又可重新被分配。因此多次开辟的内存空间的地址是不连续的。这一点与数组完全不同。

另外两个相关函数是 calloc()及 realloc()，其原型分别为：

void * calloc(unsigned n, unsigned size);

void * realloc(void * p, unsigned size);

calloc()的功能是分配 n 个大小为 size 个字节的连续空间，它实际上是用于动态数组的分配。

realloc()的功能是将 p 所指出的已分配的内存空间重新分配成大小为 size 个字节的空间。它用于改变已分配的空间的大小，可以增减单元数。

9.6.3 链表概述

我们在 9.6.1 节中所提出的问题，用上面介绍的几个函数，可以这样解决：程序运行前不开辟任何存储空间，在程序执行之后，第一步调用 malloc()函数，例如，（struct staff ＊）malloc(sizeof(struct staff))开辟一个 struct staff 结构体类型变量所需的内存空间；第二步读入一个工人的数据信息。然后重复执行这两步，可以开辟任意多个 struct staff 型变量的内存空间，读入相应个工人的数据信息，形成若干个内存块，使内存的分配成为动态的。

如前节所述，这些用 malloc()函数开辟的内存块一般是不连续的。现在的问题是如何来组织管理这些不连续的内存块？比如说想将多个工人的工资打印出来，过去用数组静态分配空间时，做法是将第一人信息所占空间的首地址给 p，输出 p－＞salary 之后，将 p 加 1 再输出下一人的，但现在各个空间是不连续的，p 加 1 就不一定是下一人的信息所占空间的首地址。这个地址是随机的，必须有一指针专门记录下来，才能把两人的内存块联系起来。所以必须在 struct staff 类型定义中加一个指向该结构体类型的指针，专门用来记录下一个内存块的首地址。即

```
struct staff
{ char name[20];
  int salary;
  struct staff ＊ next ;
};
```

其中的指针 next 将存放下一个内存块的首地址，也是专门用于连接两个内存块的指针。像这样的一个结构体类型变量可用来形成链表。每个该结构体类型数据称为链表的一个结点，结点必须包含数值信息和下一个结点地址，两个部分缺一不可。

由前一个结点的指针成员指向下一个结点，可将若干个结点串接在一起，就构成了链表。链表是将分散在内存中的相关信息块通过指针链接在一起的一种数据结构，是一种重要的常见数据结构。利用这种数据结构可以动态地分配内存空间。

链表有单向、双向、环形等多种，我们只以最简单的单向链表为例来介绍，如图 9.10 所示。

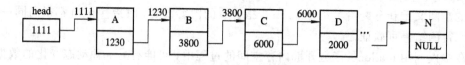

图 9.10　单向链表示意图

head 称为"头指针"，它应该是与结点类型相同的结构体类型指针，其中存放一个地址，该地址为链表中第一个结点的首地址。

A、B、C、D、…、N 为各结点的实际数据信息，其具体成员的个数和内容由实际情况而定；每个结点的最后一个成员 next 为结点类型的结构体类型指针，存放下一个结点的首地址，即指向下一个结点。这些指针逐个指向下一个结点，并将这些地址不连续的结点"串"在一起，形成了链表。链表的长短可以是内存允许范围内的任意多个。

NULL 为表尾标志，单向链表由 head 指向第一个结点，第一个结点的 next 成员又指向第二个结点，直到最后一个结点。该结点不再指向其他结点，称为"表尾"，它的地址部分即存放一个 NULL（"表示空地址"），标志链表到此结束。

有了以上的知识，便可以进行链表的处理了。

9.6.4 建立链表

所谓建立链表即是从无到有的形成一个链表。

建立链表的思想很简单：逐个地输入各结点的数据，同时建立起各结点的关系。这种建立关系可能是正挂、倒挂或插入，下面介绍前两种。

★ 建立链表方法一：正挂。

先建立链头，让链头指向首先开辟并输入数据的第一个结点；然后开辟并输入第二个结点数据，将其"挂"到第一个结点之后；接着开辟第三个结点并输入实际数据，将其"挂"在第二个结点之后……即按输入顺序将结点"挂"接在一起。

在实际编程时，还有些细节要考虑，如是否为空链等。

针对 9.6.1 节提出的问题，我们建立一个职工工资链表，现定义结点类型如下：

```
struct staff
{
    char name[20];
    int salary;
    struct staff * next;
};
```

（为了简化程序，减少了原有的数据成员项）在形成链表的过程中，首先要定义头指针，并且还需要两个工作指针 p1、p2 ，其定义如下：

```
struct staff * head , * p1, * p2;
```

p1 用于指向新开辟的结点，p2 用于指向建链过程中已建链表的最后一个结点。首先考虑算法如图 9.11 所示。

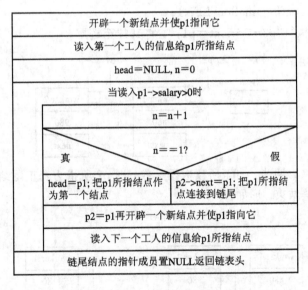

图 9.11　正向建立链表子函数流程图

具体步骤描述如下：

（1）开始时先建一个空链表：head＝NULL；形如：$\frac{\text{head}}{\boxed{\text{NULL}}}$。

（2）开辟第一个结点空间并由 p1 指向，即"p1＝（struct staff *)（malloc（LEN））；"，LEN 为结点结构体类型 staff 的一个变量所占字节数。之后，执行语句：

scanf("％s ％d", p1－>name，＆p1－>salary)；

读入其有效数据（以工资大于 0 为有效数据），执行"head ＝ p1；"，将其挂到链头上（如虚线所示，其后的链表图类似）。

形如：

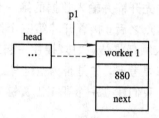

其中 worker1 代表第一个工人的姓名；至于 head 的具体内容是什么，即 p1 的值是多少，由系统决定，我们无需关心。

（3）移动 p2，使其指向最后一个结点，即执行 p2＝p1。形如：

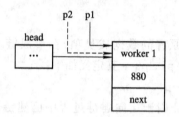

（4）再开辟下一个结点的空间由 p1 指向，即再次执行：

p1＝（struct staff *)malloc（LEN）；

读入有效数据后，执行"p2－>next＝p1；"，将其挂至链尾。

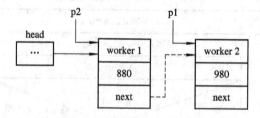

（5）重复（3）、（4）两步，直至所读数据无效，即 p2 所指为真正尾结点，此时令 p2－>next＝NULL，建链结束。形如：

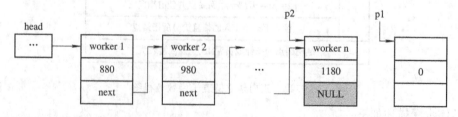

相应程序如下（附一个遍历显示子函数 print()，以便查看建链后链表内各结点的情况）。

例 9.12　正向建立链表程序清单。

```c
# include <stdlib.h>
# define NULL 0
# define LEN sizeof(struct staff)
struct staff
{
  char name[20];
  int salary;
  struct staff * next;
};
int n;
main()
{
  struct staff * creat1();                      /* 二函数声明 */
  void print(struct staff * p );
  struct staff * head;
  head=creat1();                                /* 调子函数建立链表 */
  print(head);                          /* 从头开始显示链表各结点的数据信息 */
}
struct staff * creat1()
{
  struct staff * head, * p1, * p2;
  n=0;
  p1=(struct staff * )malloc(LEN);              /* 开辟第一结点 */
  printf("Input the worker\'s name salary (salary=0 end):\n");
  scanf("%s %d", p1->name, &p1->salary);        /* 读入第一结点数据 */
  head=NULL;                                    /* 建空链 */
  while(p1->salary>0)
  {
    n=n+1;                                      /* 结点数加 1 */
    if(n==1) head=p1;                           /* "挂链" */
    else p2->next=p1;
    p2=p1;                                      /* 移动指针 p2 */
    p1=(struct staff * )malloc(LEN);            /* 开辟下一结点空间 */
    scanf("%s %d", p1->name, &p1->salary);      /* 读入数据 */
  }
  p2->next=NULL;                                /* 数据无效置链尾 */
  return (head);                                /* 返回链头 */
}
void print(struct staff * head)
{
  struct staff * p;
  p=head;                                       /* p 指向链头 */
  while(p! =NULL)                               /* 未至链尾，则显示结点数据信息 */
```

```
    {
        printf("%s\'s salary is %d\n", p->name, p->salary);
        p=p->next;                                    /* p后移一结点 */
    }
}
```

其中定义的建链函数 creat1() 的返回值为 struct staff 结构体类型指针，由它带回所建链表的起始地址（即 return（head）中的 head——头指针）；n 为结点个数。

程序运行情况：

Input the worker's name salary(salary=0 end)：

W1 1000 ↙   （输入）

W2 2000 ↙

W3 3000 ↙

W 0 ↙

W1's salary is 1000   （输出）

W2's salary is 2000

W3's salary is 3000

★ 建立链表方法二：倒挂。

最先输入的结点作尾结点，后输入的结点始终"挂"在链头上。此时只需要一个工作指针 p1。其思路如图 9.12 所示，建立之后的链表如图 9.13 所示（其中代表工人姓名的 worker1、worker2 等也代表了结点输入的顺序），程序清单如例 9.13 所示。

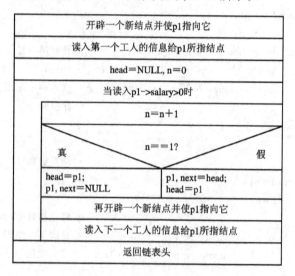

图 9.12   倒向建立链表流程图

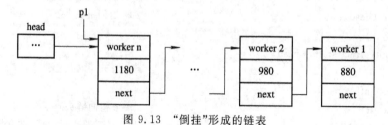

图 9.13   "倒挂"形成的链表

例 9.13 倒向建立链表程序清单，读者可结合图 9.12 和图 9.13 分析之。

```c
#include <stdlib.h>
# define NULL 0
# define LEN sizeof(struct staff)
struct staff {
  char name[20];
  int salary;
  struct staff * next;
};
int n;
main() {
  struct staff * creat2();
  void print(struct staff * p);
  struct staff * head;
  head=creat2();
  print(head);
}
struct staff * creat2()
{
  struct staff * head, * p1;
  n=0;
  p1=(struct staff * )malloc(LEN);
  printf("Input the worker\'s name salary(salary=0 end); \n");
  scanf("%s %d", p1->name, &p1->salary);
  head=NULL;
  while(p1->salary>0)                    /* 建链开始 */
  {
    n=n+1;
    if(n==1)
    {
      head=p1;                           /* 第一结点挂链 */
      p1->next=NULL;
    }
    else
    {
      p1->next=head;                     /* 非第一结点挂链 */
      head=p1;
    }
    p1=(struct staff * )malloc(LEN);
    scanf("%s %d", p1->name, &p1->salary);
  }
  return(head);                          /* 建链结束，返回链头 */
}
```

```
void print(struct staff * head)
{
    struct staff * p;
    p=head;
    while(p! =NULL)
    {
        printf("%s\'s salary is %d\n", p->name, p->salary);
        p=p->next;
    }
}
```

程序运行情况：

Input the worker's name salary(salary=0 end)：

W1 1000 ↙   （输入）

W2 2000 ↙

W3 3000 ↙

W 0 ↙

W3's salary is 3000   （输出）

W2's salary is 2000

W1's salary is 1000

9.6.5　链表的其他操作

链表的其他操作可以是遍历输出、查找、删除和插入，我们只简述工作思路，具体程序读者可参看其他参考书，最好自己编程上机调试。

1. 遍历输出

从链表的头开始，p 先指向第一结点(p=head)，输出完第一结点信息后，p 后移一结点(p=p->next)，即移至图 9.14 中虚线 p′所在位置，然后输出第二结点的信息。如此重复至链尾即完成遍历输出。(可参考例 9.12 和例 9.13 的 print()子函数。)

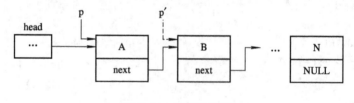

图 9.14　遍历示意图

2. 查找

查找思路类似遍历输出，只是将输出换成比较，在查找到所要找的一个或全部项后结束子函数。

3. 删除

删除是将某一结点从链中摘除，即将待删结点与其前一结点解除联系，如图 9.15(*a*)(head=p1->next)或图 9.15(*b*)(p2->next =p1->next)所示。之后顺着链头就访问不到 p1 结点了，即 p1 所指的结点被删除了，不再是链表的一部分了。

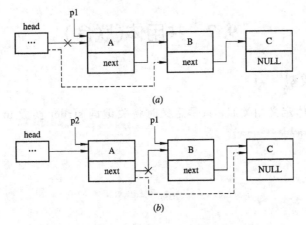

(a)

(b)

图 9.15　删除链表示意图

4．插入

插入操作是将一个结点插到一链表中。即将某结点与链表发生联系：将待插入结点与待插处前后联系起来，同时断开待插处的原有联系。具体有三种情况：

（1）插在链头，如图 9.16(a)所示（head＝p0；p0－＞next＝p1；）。

（2）插到中间某一位置，如图 9.16(b)所示（p2－＞next＝p0；p0－＞next＝p1；）。

（3）插到链尾，如图 9.16(c)所示（p1－＞next＝p0；p0－＞next＝NULL）。

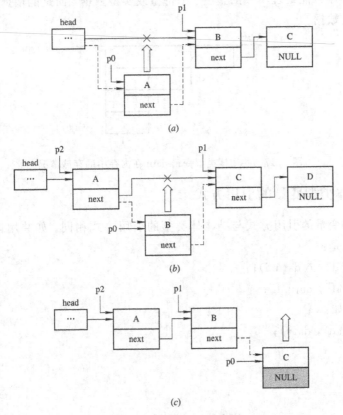

(a)

(b)

(c)

图 9.16　链表插入示意图

9.7 共用体(联合)

9.7.1 共用体类型

共用体与结构体定义相类似,只是定义时将关键词 struct 换成 union。如定义一个共用体类型 union data:

```
union data
{
    char ch;
    int i;
    float f;
} datu;
```

其含义不同于结构体类型。顾名思义,共用体的意思是要"共用"——共用一段内存。如 union data 类型若是定义成结构体类型,每个该类型上的变量将分配一个单元给成员 ch,两个单元给成员 i,四个单元给成员 f,共占七个单元,但定义成共用体类型,变量就"共用"了三个成员中占内存最长的一片存储区——实型成员 f 所占的四个单元,如图 9.17 所示。采用共用体类型可以灵活地处理一些具体问题,如用上述共用体类型变量编制的程序不像以前的程序只能处理单一的整型、字符型或实型数据,而是能根据实际情况灵活地处理三种情况的数据。

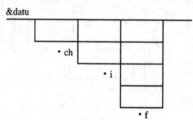

图 9.17 共用体类型变量 datu 在内存中的存储情况

9.7.2 共用体类型变量的引用方式

共用体类型变量的引用方式与结构体类型的引用方式相同。如共用体类型变量 datu 的成员引用可以是:

scanf("%d", &datu.i);

printf("%f", datu.f);

但其整体引用,如:

printf("%d", datu);

或

datu=1;

或

j=datu;

等都是错误的。

9.7.3 共用体类型变量的特点

使用共用体类型变量时要注意以下一些特点：

（1）一个共用体类型变量可以用来存放几种不同类型的成员，自然无法同时实现。即每一个瞬间只有一个成员起作用。因各成员共用一段内存，彼此互相覆盖，故对于同一个共用体类型变量，给一个新的成员赋值就"冲掉"了原有成员的值。因此在引用变量时应十分注意当前存放在共用体类型变量中的究竟是哪个成员。

（2）共用体类型变量的地址和它的各成员的地址同值，如上述共用体类型变量 datu 在内存中存放的情形如图 9.17 所示，所以 &datu，&datu.i，&datu.ch，&datu.f 都是同一地址值。

（3）不能在定义共用体类型变量时对其初始化。即 union data datu＝{2,'A',0.5} 是错误的。不能把共用体类型变量作为函数参数或函数的返回值，但可以使用指向共用体类型变量的指针（与结构体类型变量的用法类似）。

9.7.4 应用举例

例 9.14 根据类型标志 type_flag 可以处理任意类型的结构体成员变量。

```c
#include <conio.h>
main()
{
  struct
  {
    union
      {
        int i;
        char ch;
        float f;
        double d;
      } data;
      char type_flag;
  } num;
  printf("Input the number\'s type(i, c, f, d): \n");
  num.type_flag=getche();
  printf("Input the number: \n");
  switch(num.type_flag)
  {
    case 'i': scanf("%d", &num.data.i); break;
    case 'c': scanf("%c", &num.data.ch); break;
    case 'f': scanf("%f", &num.data.f); break;
    case 'd': scanf("%lf", &num.data.d);
  }
  switch(num.type_flag)
```

```
    {
        case 'i': printf("%d", num. data. i); break;
        case 'c': printf("%c", num. data. ch); break;
        case 'f': printf("%f", num. data. f); break;
        case 'd': printf("%lf", num. data. d);
    }
}
```

此程序写起来比较繁琐，而在 C++中实现同一意图的"模板"却要灵活、方便得多。

9.8 位 段

C 语言的特点之一是可以代替汇编语言编写系统程序。汇编语言在对硬件进行控制时往往要对一些控制寄存器的位进行操作，C 语言的位运算能力，我们在第 2 章已有所了解。另外，C 语言还提供了位段这一形式来进行位操作。

位段是一种特殊的结构体类型，其每个成员是以位为单位来定义长度的，不再是各种类型的变量。例如：

```
struct packed_data
{
    unsigned x: 1;
    unsigned y: 2;
    unsigned z: 3;
} bits;
```

该结构体定义了一个长度为 1 位，一个长度为 2 位，一个长度为 3 位的位段，1，2，3说明了相应成员所占存储单元中二进制的位数，如图 9.18 所示。

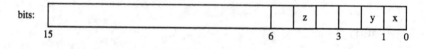

图 9.18　位段示意图

说明：

(1) 一个位段必须被说明成 int，unsigned 或 signed 中的任一种。长度为 1 的位段被认为是 unsigned 类型，因为单个位不可能具有符号。

(2) 位段中成员的引用与结构体类型中成员的引用一样，用"."运算符。比如：bits. x表示引用位段变量 bits 中的第一位，它的值只能是 0 或 1，而 bits. z 的值可以是 0～7 中的任一值，所以 bits. z=8 就错了，因为三位二进制码所能表示的数不能超过 7。若由指针来访问时，必须使用指向运算符。

(3) 可定义无名位段：

```
struct
{
    unsigned a: 1;
    unsigned b: 2;
```

```
        unsigned    : 5;              /* 此 5 位无名，不用 */
        unsigned  c: 8;
    };
```

（4）一个位段必须存储在同一存储单元中，不能跨两个单元，所以位段总长不能超过整型长度的边界。

（5）位段可在表达式中被引用（按整型数），也可用整型格式符输出。

（6）位段不能定义成数组。

（7）不同的机器内部，位段是从右到左分配，还是从左到右分配是不定的，要事先试验。任何实际位段的代码都可能与机器的特征有关。

下面通过例子说明位段所描述的数据特性。

例 9.15 利用共用体实现位段的赋值。

```
# include <stdio.h>
main()
{
    union
    {
        int i;
        struct
        {
            unsigned a: 1;
            unsigned b: 1;
            unsigned c: 2;
        } bits;
    }num;
    printf("\nInput an integer between 0 to 15: ");
    scanf("%d", &num.i);
    printf("i=%3d, bits=%3d%3d%3d\n", num.i, num.bits.c, num.bits.b, num.bits.a);
}
```

程序运行情况：

```
    Input an integer between 0 to 15: 7 ✓        （提示 输入）
    i=7, bits= 1 1 1                             （输出）
```

再次运行：

```
    Input an integer between 0 to 15: 4 ✓        （提示 输入）
    i=4, bits= 1 0 0                             （输出）
```

注：Visual C++ 是从右向左开始分配比特位给各成员的。

9.9 类型定义

C 语言为了适应用户的习惯和便于程序移植，允许用户用类型定义将已有的类型标识符定义成新的类型标识符。经类型定义后，新的类型标识符即可当作原标识符使用。

9.9.1 类型定义的形式

类型定义的一般形式如下：

　　typedef typename identifier；

其中，typedef 是类型定义关键字；typename 是已有的类型标识符，如 int，float，已定义过的结构、联合、位段、枚举等；identifier 是新的类型标识符。

例如，熟悉 FORTRAN 语言的用户可能比较习惯 INTEGER、REAL、CHARACTER 这样的类型标识符，就可以进行如下定义：

　　typedef int INTEGER；

　　typedef float REAL；

　　typedef char CHARACTER；

这样，就能用新定义的类型标识符去说明变量、数组等：

　　INTEGER i，j；

　　REAL a，b；

　　CHARACTER ch1，ch2；

它们等价于

　　int i，j；

　　float a，b；

　　char ch1，ch2；

9.9.2 类型定义的使用

用 typedef 除了可以定义简单的数据类型外，还可以定义其他各种已经定义过的类型。

（1）数组：

　　typedef char STRING[80]；

　　STRING s1，s2；

等价于

　　char s1[80]，s2[80]；

（2）指针：

　　typedef float * PFLOAT；

　　PFLOAT p1，p2；

等价于

　　float * p1，* p2；

（3）函数：

　　typedef char FCH()

　　FCH af；

等价于

　　char af()；

　　typedef FCH * PFCH；

PFCH bf;

等价于

char（＊bf）（）;

（4）结构、联合等：

typedef struct

{ int year;

int month;

int day; } DATE;

DATE birthday, ＊p;

DATE 等价于 struct st。这时要注意结构类型定义与结构定义之间的差别，新的结构类型 DATE 前面不加 struct。当然也可以这样来做，先定义结构类型 st，然后再用 typedef 来定义新的结构类型，即

typedef struct st DATE;

DATE birthday, ＊p;

9.9.3 关于类型定义的几点说明

类型定义应注意以下几点：

（1）用 typedef 可以将已有的各种类型名定义成新的类型名，但不能直接定义变量。

（2）typedef 只是对已有的类型名增加一个新的替换名，并不能创造新的类型，也不是取代现有的类型名。

（3）用 typedef 定义了一个新类型后，还可以再用 typedef 将新类型名定义成另一个新类型名，即嵌套定义。

（4）typedef int INTEGER 与 ♯define INTEGER int 有相似之处，它们都是用 INTEGER 代表 int，但 ♯define 是在预编译时处理的，它只能作简单的字符串替换，而 typedef 是在编译时处理的，并不是作简单的字符串变换。例如前面介绍的定义数组：

typedef char STRING[80];

STRING s;

并不是将 STRING[80]替换 char，而是相当于定义：

char s[80];

（5）使用 typedef 可以为程序设计带来方便。当不同源文件中用到同一类数据类型，尤其是像数组、指针、结构、联合时，常用 typedef 定义一些数据类型，把它们单独放在一个文件中，然后在需要用到它们的文件中用 ♯include 命令把它们包含进来。

（6）使用 typedef 还有利于程序的移植。有时程序会依赖于硬件特性，例如，有的计算机系统 int 型数据用 2 个字节，而另外一些机器则用 4 个字节存放一个整数。如果把一个 C 程序从一个以 4 个字节存放整数的计算机系统移植到以 2 个字节存放整数的系统，按一般办法需要将定义变量中的每一个 int 改为 long，如果程序中有多处 int，则需要依次修改。为了实现一改全改，可以用一个 typedef 定义：

typedef int INTEGER;

在程序中用 INTEGER 定义变量。在移植时只需要改动 typedef 定义体即可：

```
typedef long INTEGER;
```

9.10　程序设计举例

本节将开发一个扑克牌的洗牌和发牌模拟程序。每张牌(Card)都用一个 struct card 结构体类型来表示：

```
struct card{
    char * face;
    char * suit;
};
```

其中：指针 face 指向不同纸牌的点数，如"Ace"(幺点)、"Deuce"(二点)、"Three"(三点)等；而指针 suit 指向不同的花色，如"Hearts"(红心)、"Diamonds"(方块)、"Club"(草花)、"Spade"(黑桃)。接下来就是用结构体类型数组定义一副牌，即 52 张纸牌：

```
typedef struct card CARD;
CARD deck[52];
```

整个洗牌和发牌程序由三个部分组成：

(1) 牌的初始化。也就是模拟一副新牌，使得 52 张纸牌按照不同花色依次从"Ace"到"King"初始化数组 deck[52]。

(2) 洗牌。利用随机数函数 rand()产生一个 0～51 之间的随机数，然后把一副牌中的当前纸牌和随机挑出的纸牌进行交换。经过多个轮次的随机交换实现洗牌。

(3) 发牌。把 52 张纸牌依次分发给四个人即可。

整个纸牌的洗牌和发牌模拟程序如下：

```
/* 利用结构实现的洗牌和发牌程序 */
#include <stdio.h>
#include <stdlib.h>
#include <time.h>
/* 纸牌结构 */
struct card{
    char * face;
    char * suit;
};
typedef struct card CARD;
void fillDeck(CARD * , char * [] , char * []);
void shuffle(CARD * );
void deal(CARD * );
/* 主函数 */
void main()
{
    CARD deck[52];
    char * face[]={"Ace", "Deuce", "Three", "Four", "Five", "Six",
```

```
                    "Seven", "Eight", "Nine", "Ten", "Jack", "Queen", "King"};
        char * suit[]={"Hearts", "Diamonds", "Club", "Spade"};
        /* 初始化随机数种子,使得每次调用 rand()函数可以返回不同的随机数 */
        srand(time(NULL));              /* 用当前时间初始化种子 */
        fillDeck(deck, face, suit);     /* 填新牌 */
        shuffle(deck);                  /* 洗牌 */
        deal(deck);                     /* 发牌 */
        return 0;
    }
/* 初始化纸牌 */
void fillDeck(CARD * wDeck,  char * wface[],  char * wsuit[])
{
  int i;
  for(i=0; i<=51; i++)
    {
      wDeck[i].face=wface[i%13];
      wDeck[i].suit=wsuit[i/13];
    }
}
/* 洗牌 */
void shuffle(CARD * wDeck)
{
  int i, j;
  CARD temp;

  for(i=0; i<=51; i++)
    {
      j=rand()%52;                    /* 产生随机数 */
      temp=wDeck[i];                  /* 交换纸牌 */
      wDeck[i]=wDeck[j];
      wDeck[j]=temp;
    }
}
/* 发牌 */
void deal(CARD * wDeck)
{
    int i;
    printf("\n\t===1===    ===2===    ===3===  \t   ===4==
        =\n");
    for(i=0; i<=51; i++)
      printf("%7s—>%-9s%c", wDeck[i].face, wDeck[i].suit, (i+1)%4?'|': '\n');
}
```

运行结果：

===1===	===2===	===3===	===4===
Six－＞Hearts	Six－＞Diamonds	Nine－＞Club	Seven－＞Diamonds
Seven－＞Spade	Three－＞Spade	Four－＞Hearts	Ten－＞Diamonds
Jack－＞Hearts	Queen－＞Diamonds	Ace－＞Diamonds	Six－＞Spade
Jack－＞Diamonds	Jack－＞Club	Nine－＞Diamonds	Four－＞Club
Five－＞Spade	Eight－＞Diamonds	Eight－＞Spade	Eight－＞Hearts
King－＞Spade	Three－＞Diamonds	Ten－＞Club	Six－＞Club
Ten－＞Spade	Ace－＞Club	Seven－＞Club	Queen－＞Hearts
Four－＞Spade	King－＞Diamonds	Ace－＞Spade	Deuce－＞Club
Deuce－＞Diamonds	Four－＞Diamonds	Five－＞Diamonds	Ace－＞Hearts
Ten－＞Hearts	Eight－＞Club	Three－＞Club	King－＞Club
Deuce－＞Hearts	Five－＞Club	Nine－＞Spade	Jack－＞Spade
Queen－＞Spade	Nine－＞Hearts	Seven－＞Hearts	King－＞Hearts
Queen－＞Club	Three－＞Hearts	Five－＞Hearts	Deuce－＞Spade

本 章 重 点

◇ 结构体由不同类型的成员变量构造而来。

◇ 先有结构体类型的定义(抽象)，后有该结构体类型的变量(具体实例)。

◇ 点运算符左边必须是结构体类型变量，箭头运算符左边必须是结构体类型指针(地址)。

◇ 数组的每个元素，其类型可以是结构体类型。

◇ 指针可以指向结构体类型中的任意一个成员。

◇ 结构体类型可以作为函数的参数和返回值。

◇ 成员在内存中的存储位置关系是结构体和共用体的本质区别。

◇ typedef 只是重新给现有的类型取了一个别名而已。使用 typedef 便于程序移植，使程序具有更好的可读性和可维护性。

习 题

1. 定义名为 time_struct 的结构体类型，其中包含三个成员：hour(整数)、minute(整数)和 second(整数)。编程实现该结构体类型变量的初始化并按照以下格式显示时间：16:45:11。

2. 修改第一题程序，分别用两个函数实现变量的初始化和变量的显示。

3. 设计一个函数 Update，接受第一题所定义的结构体类型参数，然后对该参数所表示的时间加 1 秒，返回修改结果。

4. 定义结构体类型 date，包含三个整型成员：day，month，year。开发模块化、交互式程序，完成以下任务：

(1) 用函数读入成员数据；

（2）用另外的函数检验日期的有效性；

（3）用第三个函数打印输出日期，格式为：April 29，2006；

（4）编写函数 nextday()，计算当前日期的下一日期为多少。

其中，输入的格式为：29 4 2006 三个整数。

5．已知以下结构体类型：

```
struct staff
{
    char name[20];
    int salary;            // 应发工资
    int cost;              // 扣除部分
    int realsum;           // 实发工资
}worker[3];
```

分别编写子函数实现以下功能，并由 main()调用：

（1）从键盘为 worker[3]输入每个职工的信息（除成员 realsum）；

（2）计算每个职工的实发工资 realsum；

（3）输出每个职工的所有信息。

6．简述类型与变量之间的关系。

7．在你的集成开发环境(IDE)中观察调试扑克牌结构体，画图说明纸牌初始化以后其在内存中的存储关系。

第 10 章

<<<<<<<<<<<<<<<<<<<<<<<<

文　件

10.1　文件概述

在前面各章的编程实践中，大部分的程序都要求从键盘输入数据。在调试过程中，每运行一次程序就要输入一次数据，相当麻烦。尤其是在做结构体题目时，要求输入的数据量比较大，不管是输入数据过程出错，还是程序有错，均要将大量的数据一遍一遍地重新输入，即使在调试中尽量减少数据个数也仍然比较繁琐，何况在检验应用系统时必须送入一定数量的数据，在程序的使用过程中也还要输入大量的数据。这时我们设想：这些数据如能像程序一样保存在软盘或硬盘上，再次使用时只要将它们从外存储器上调入内存就可以了，这样就避免了许多重复性的劳动。这些存在磁盘上的数据就是数据文件的概念。实际上，无论是数据库与信息管理系统、科学与工程计算，还是文字处理与办公自动化、数字信号处理、数字图像处理，都需要处理大量的数据，这些数据通常是存放在磁盘上的数据文件。

数据文件可以通过程序写操作建立，也可以用编辑系统由键盘输入后存盘形成，或用其他输入设备录入后存盘形成。本章将介绍 C 语言对数据文件的存取方式及操作方法。

10.1.1　文件的概念

磁盘文件在 DOS 管理中被定义为存储在外部介质上的程序或数据的集合，是一批逻辑上有联系的数据（如一个程序、一批实验数据、一篇文章或一幅图像等）。每个文件都有一个文件名作为标识，每个文件在磁盘中的具体存放位置、格式都由操作系统中的文件系统管理，也就是说，操作系统是以文件为单位对程序或数据进行管理的。我们最熟悉的是编辑后存于磁盘上的源程序文件 ∗.C，经编译后得到的目标文件 ∗.OBJ，连接之后形成的可执行文件 ∗.EXE 等。我们只需告诉操作系统一个文件名，就可利用 DOS 命令或Windows 的资源管理器对文件进行读、写、删除、拷贝、显示或打印等工作。

在 C 语言中文件的含义更为广泛，不仅包含以上所述的磁盘文件，还包括一切能进行输入/输出的终端设备，它们被看成是设备文件。如键盘常称为标准输入文件，显示器称为标准输出文件。

文件是由磁盘文件和设备文件组成的。作为磁盘文件之一的数据文件是本章学习的主要对象。

根据文件内数据的组织形式，文件可分为文本（text）文件和二进制文件。文本文件又称为 ASCII 码文件，这种文件在磁盘中存放时每个字节存放一个字符的 ASCII 码。ASCII 码文件可在屏幕上按字符显示，文件的内容可以通过编辑程序(如记事本等)进行建立和修改，人们能读懂文件内容。但是 ASCII 码文件所占存储空间较多，处理时要花费转换时间(内存中的二进制形式与 ASCII 码之间的转换)。

二进制文件是将数据按其在内存中的二进制形式直接存入文件。这种形式可以节省存储空间，减少转换时间，在读/写大批数据时速度较快，一般中间结果数据常用二进制文件保存。但二进制文件不能直接输出字符形式，所以不便于阅读。

整数 5678 在两种不同文件中的存储形式如图 10.1 所示。从图中可看出，整数 5678 在 ASCII 码文件中占用了 4 个字节，而在二进制文件中只占用了 2 个字节。

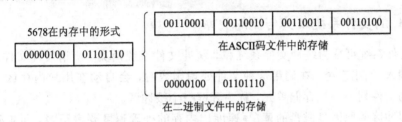

图 10.1　整数在不同文件中的存储形式

需注意的是，因数据的组织形式不同，所以在对两种文件进行读/写操作时有一定的差异。

10.1.2　数据流

在使用 C 语言编写应用程序时，也可以利用操作系统来处理以文件形式存放在磁盘上的数据。操作系统直接管理文件时，一般是将文件作为一个整体来处理的，例如拷贝文件、删除文件等，而用 C 编写的应用程序往往要对文件的内容进行处理。文件的内容可能千变万化，文件的大小也各不相同，那么如何处理文件中的数据呢? 为此，C 语言的输入/输出系统引入了"流"(stream)的概念：在编程者和文件(包括终端设备)之间提供了一种抽象的概念——数据流，这也是基于 Windows 编程(进行输入/输出)的基本概念，所以要深入理解数据流的概念。

数据流是对数据输入/输出(I/O)行为的一种抽象。各种各样的终端设备或磁盘文件的细节是非常复杂多样的(例如磁盘文件既允许顺序存取，又允许随机存取，而作为终端的设备文件就只能顺序存取)，直接对它们编程将会非常繁琐。引入数据流的概念有效地解决了这一难题。只要建立了输入/输出数据流，编程者在应用程序中就不需要关心底层输入/输出设备或是任何磁盘文件的具体细节差异。程序中要输入数据，只需从输入数据流中读入；输出数据只需向输出数据流中写出即可，这样就使程序完全与具体硬件资源脱离了关系，也就是说数据流使 C 程序与具体系统完全不相关，使 C 程序可以非常方便地移植。

数据流可分为文字流和二进制流。

一个文字流是一行行的字符，换行符表示这一行的结束。文字流中某些字符的变换由环境工具的需要来决定。例如一个换行符可以变换为回车和换行两个字符，因此所读/写的字符与外部设备中的数据没有一一对应的关系。

一个二进制流是由与外部设备中的数据——对应的一系列字节组成的。使用中没有字符翻译过程，而且所读/写的字节数目也与外部设备中的数目相同。

在一个程序开始执行时，三个预定义的文字流：stdin（标准输入）、stdout（标准输出）和 stderr（标准出错）就被打开，有的系统还同时打开 stdprn（标准打印机）和 stdaux（标准辅助设备，大多数系统是控制台）。

对编程人员来说，所有的 I/O 通过流来进行。所有的流都一样，都是一系列字符。文件 I/O 系统把流与文件，也就是与有 I/O 功能的外部设备连接起来。C 语言的 I/O 库函数把来自设备的源信息转换到流之中，或反过来把流中的信息转换给各设备。在 C 语言中，编程者只需记住流这个概念，只使用一个文件系统就可以完成全部的 I/O 操作。

10.1.3　C 的文件系统及其与流的关系

C 的文件系统可分为缓冲文件系统和非缓冲文件系统两类。所谓缓冲文件系统，又称高级磁盘输入/输出系统。在调用这种文件处理函数时，会自动在用户内存区中为每一个正在使用的文件划出一片存储单元，称为开辟一个缓冲区。

设立缓冲区的原因是磁盘的读/写速度比内存的处理速度要慢很多，而且磁盘驱动器是机电设备，定位精度比较差，所以磁盘数据存取要以扇区（磁盘上某磁道中的一个弧形段，通常存放固定数量的数据）或者簇（由若干扇区组成）为单位。这样就要求有一个缓冲区来作为文件数据输入/输出的中间站来协调：从磁盘文件中读取数据时，先将含有该数据的扇区或簇从磁盘文件以慢速读到缓冲区中，然后再从缓冲区将数据快速送到应用程序的变量中去。下次再读数据时，首先判断缓冲区中是否还有数据，如果有，则直接从缓冲区中读，否则就要从磁盘中再读另一个扇区或簇。向磁盘中写数据也一样，数据总是先从内存写入缓冲区中，直到缓冲区写满之后才一起送到磁盘文件中。

前面学过的 getchar() 函数是类似的缓冲输入方式，读者可参考第三章中的相应程序单步跟踪其执行过程，体会缓冲文件的实质。

非缓冲文件系统又称为低级磁盘输入/输出系统。系统不为这类文件自动提供文件缓冲区，文件读/写函数也与缓冲文件系统不同。因其不是 ANSI C 规定的范围，又用得不多，故本书只介绍缓冲文件系统的有关知识。

C 语言中将缓冲文件看成是流式文件，即无论文件的内容是什么，一律看成是由字符（文本文件）或字节（二进制文件）构成的序列，即字符流。流式文件的基本单位是字节，磁盘文件和内存变量之间的数据均以字节为基础。若实际数据的划分是结构体类型的数据块，可通过一次读/写多个字节来实现。

流式文件的好处也就是应用数据流的好处，即对各种文件编程时不必去关心具体设备的复杂情况或各种磁盘文件的具体格式，只需单纯地与数据流交换数据即可达到与各种具体设备交换数据或处理各种具体文件的目的。具体地讲，读一个字符即是从数据流中拷贝一个字符到内存中；写一个字符，就是将内存中的一个字符拷贝到数据流中。至于数据真正从何处"流"来或"流"向何处，编程者只需在程序的最初将数据流与具体的硬件资源或磁盘文件联系起来即可确定，其后的具体操作中编程者只需调用读/写函数，而不必考虑具体设备或文件间的差异。这样非常有利于编出统一的、易移植的程序。

例如，我们从一开始学的输入/输出函数，为什么可以直接调用 scanf() 函数从键盘读入数据，调用 printf() 函数就可以在显示器上显示数据呢？程序里没有任何参数提及键盘或显示器，这是因为程序运行之初即自动打开三个文件将数据流定向于键盘和显示器（这是系统的缺省设置），这样应用程序就可以直接实现从键盘输入数据或向显示器输出数据了。

磁盘文件不同于设备文件之处在于必须在程序中调用打开函数来打开文件，即用一个文件打开操作使数据流和一个特定的文件发生联系。一旦一个文件被正确打开，应用程序就可以通过一个数据流与该文件之间交换信息。完成任务后，应用程序又必须关闭文件，即用一个文件关闭操作切断数据流与磁盘文件间的联系，也就是使数据流脱离一个具体的文件。

10.1.4　文件指针

一般缓冲文件操作有三个必需的步骤：

（1）在使用文件前要调用打开函数将文件打开，若打开失败，则返回一个空指针；若打开正常，可以得到一个文件指针，并利用它继续对文件操作。

（2）可调用各种有关函数，利用该指针对文件进行具体处理，一般要对文件进行读或写操作。

（3）在文件用完时，应及时调用关闭函数来关闭文件，切断数据流，防止数据遗失或误操作破坏文件内容。

缓冲文件系统中，关键的概念是文件指针。

通常，由于文件中的数据很多，因此读/写时应该指明对哪个数据进行操作。流式文件中采用的方法是设立一个专门用来存放文件读/写位置的变量，称为当前工作指针。在对某文件开始进行操作时，将当前工作指针的值设置为 0，表示文件从头开始读（写）；每次读（写）之后，自动将当前工作指针的值加上本次读（写）的字节数，作为下次读（写）的位置。从前面的介绍可以看出，要对一个文件进行操作，除了要设置当前工作指针，还必须管理缓冲区。实际上，在头文件 stdio. h 中，定义了一个名为 FILE 的类型，包含了所有与文件操作有关的数据成员，这个文件类型是文件处理的基础。文件类型 FILE 不是 C 语言的新类型，它是用 typedef 定义出来的有关文件信息的一种结构体类型。如 Turbo C 的 stdio. h 文件中有如下的定义：

```
typedef struct
{
    short           level;          /* 缓冲区已占用字节数 */
    unsigned        flags;          /* 文件状态标志 */
    char            fd;             /* 文件描述符 */
    unsigned char   hold;           /* 缓冲区控制，如无缓冲区不读取字符 */
    short           bsize;          /* 缓冲区的大小 */
    unsigned char   * buffer;       /* 数据缓冲区的位置 */
    unsigned char   * curp;         /* 当前工作指针 */
    unsigned        istemp;         /* 临时文件指示器 */
    short           token;          /* 用于有效性检查 */
} FILE;
```

有了 FILE 类型之后，可以定义文件型指针。如"FILE * fp;"，fp 是一个文件型的指针，将指向某个文件，即指向 FILE 型的结构体类型变量中有关文件的信息，通过这些信息能够找到与它相关的文件。如果有 n 个文件，一般应设 n 个文件指针，使它们分别指向 n 个文件，以实现对文件的访问。

实际上，文件指针就可以理解为数据流。设了一个文件型指针，然后将打开文件时返回的具体文件的首地址赋给该指针，就建立起了程序与文件间的数据流，后续的程序对该文件的一切操作只需针对此指针操作，即脱离具体的文件，只面向数据流操作。在完成具体的文件操作之后，关闭文件时，就切断了该文件型指针与文件间的联系，此指针不再指向那个文件，也就是切断了该文件的数据流。

10.2 文件的打开与关闭

C语言中，没有输入/输出语句，对文件的操作都是用库函数来实现的。下面将介绍缓冲文件系统的打开和关闭函数。

10.2.1 文件的打开(fopen()函数)

打开函数 fopen() 的调用方式如下：

    FILE * fp；
    fp＝fopen(文件名，使用文件方式)；

例如，

    fp＝fopen("A1. DAT"，"r")；

它表示，要打开名字为 A1. DAT 的文件，使用文件方式为"读入"，fopen()函数带回指向 A1. DAT 文件的指针并赋给 fp，这样 fp 就和 A1. DAT 相联系了，或者说，fp 指向 A1. DAT 文件。可以看出，在打开一个文件时，将给编译系统通知以下三个信息：

(1) 需要打开的文件名，也就是准备访问的文件的名字。

(2) 使用文件的方式(读还是写等)。

(3) 让哪一个指针变量指向被打开的文件。

文件使用方式见表 10.1。

表 10.1 文件使用方式

文件使用方式	含 义
"r" (只读)	为输入打开一个文本文件
"w" (只写)	为输出打开一个文本文件
"a" (追加)	向文本文件尾增加数据
"rb"(只读)	为输入打开一个二进制文件
"wb" (只写)	为输出打开一个二进制文件
"ab" (追加)	向二进制文件尾增加数据
"r+" (读/写)	为读/写打开一个文本文件

文件使用方式	含　义
"w+"（读/写）	为读/写建立一个新的文本文件
"a+"（读/写）	为读/写打开一个文本文件
"rb+"（读/写）	为读/写打开一个二进制文件
"wb+"（读/写）	为读/写建立一个新的二进制文件
"ab+"（读/写）	打开一个二进制文件，允许读，或在文件末追加数据

说明：

（1）表中所用字母分别为单词 read，write，append，binary 或其组合词的首字母。

（2）用"r"方式打开的文件只能用于从该文件中读出数据至计算机的内存变量中，而不能用作向该文件写数据，而且该文件应该已经存在。不能用"r"方式打开一个并不存在的文件。

（3）用"w"方式打开的文件只能用于向该文件写数据，而不能用来从文件中读出数据。如果原来不存在该文件，则在打开时新建立一个按指定名字命名的文件。如果原来已存在一个以该文件名命名的文件，则在打开时将该文件删去，然后重新建立一个新文件。

（4）如果希望向文件末尾添加新的数据（不希望删除原有数据），则应该用"a"方式打开，但此时该文件必须存在，否则将得到出错信息。打开时，位置指针将移到文件末尾。

（5）用"r+"，"w+"，"a+"方式打开的文件可以用来输入和输出数据。用"r+"方式时该文件应该已经存在，以便能向计算机输入数据。用"w+"方式则新建立一个文件，先向此文件写数据，然后可以读此文件中的数据。用"a+"方式打开的文件，原来的文件不被删去，位置指针移到文件末尾，可以添加也可以读。

（6）如果不能实现"打开"的任务，fopen()函数将会带回一个出错信息。出错的原因可能是用"r"方式打开了一个并不存在的文件、磁盘出故障或磁盘已满无法建立新文件等。此时，fopen()函数将带回一个空指针值 NULL（NULL 在 stdio. h 文件中已被定义为 0）。

常用下面的程序段打开一个文件：

```
if((fp=fopen("file1", "r"))==NULL)
{
    printf("Can not open this file\n");
    exit(0);
}
```

即先检查打开操作是否正确，如果有错，则在终端上输出"Can not open this file"。

exit()函数的作用是关闭所有文件，终止正执行的程序。待程序员检查出错原因，修改后再运行。

（7）用以上方式可以打开文本文件或二进制文件，这是标准 C 的规定，用同一种缓冲文件系统来处理文本文件和二进制文件。但目前使用的有些 C 编译系统可能不完全提供所有这些功能，例如有的只能用"r"、"w"、"a"方式，有的 C 版本不用"r+"、"w+"、"a+"，而用"rw"、"wr"、"ar"等，请读者注意所用系统的规定。

（8）在用文本文件向计算机输入数据时，将回车换行符转换为一个换行符，在输出时把换行符转换成回车和换行两个字符。在用二进制文件时，不进行这种转换，内存中的数据形式与输出到外部文件中的数据形式完全一致，一一对应。

10.2.2 文件的关闭(fclose()函数)

在使用完一个文件后应该调用 fclose()函数关闭文件。

fclose()函数的调用格式为 fclose(文件指针)。例如"fclose(fp);"就表示把指针 fp 所指的文件关闭了，也就是断开了打开文件时建立的数据流——fp 与具体文件的联系，即不能再通过 fp 对某个具体文件进行操作。

如果在程序终止之前不关闭文件，将可能丢失缓冲区中最后一批未处理的数据，因为 fclose()函数的调用不仅释放文件指针，还刷新缓冲区。fclose()函数将缓冲区中可能遗留的未装满送走的数据输入内存或输出至磁盘文件，以确保数据不丢失。当然，程序结束时会自动关闭文件，但用完文件后及时关闭是一个好的编程习惯。

fclose()函数也返回一个值：0 表示关闭成功，EOF(已在 stdio.h 头文件中定义)则表示出错。

10.3　文件的读/写

对文件的编程处理，除打开、关闭文件外，还必然要对文件进行读/写。读文件就是从文件中将数据拷贝到内存变量中，之后的处理就要用到以前所学的知识了。处理完之后，通常需要将数据写入文件，即将内存变量中的数据拷贝到文件中。

文件打开之后，就可以对它进行读/写了，C 语言中用于文件读/写的函数很多，下面介绍常用的几种。

10.3.1　fputc()函数和 fgetc()函数

fputc()函数的调用形式如下：

　　fputc(ch, fp);

该函数的作用是将字符(ch 的值)输出到 fp 所指向的文件中。其中 ch 是要输出的字符，它可以是一个字符常量，也可以是一个字符变量。fp 是文件指针，它是从 fopen()函数得到的返回值。fputc()函数也带回一个值，如果输出成功，则返回值就是输出的字符；如果输出失败，则返回一个 EOF。EOF 是在 stdio.h 文件中定义的符号常量，值为-1。

fgetc()函数的调用形式如下：

　　ch=fgetc(fp);

该函数的作用是从指定文件读入一个字符，该文件必须是以读或读/写方式打开的。其中 fp 为文件型指针，指向所打开备读的文件；ch 为字符变量，接收 fgetc()函数带回的字符。如果在执行 fgetc()读字符时遇到文件结束符，函数则返回一个文件结束标志 EOF，可以利用它来判断是否读完了文件中的数据。如想从一个磁盘文件按顺序读入字符并在屏幕上显示出来，可编程为：

　　while((ch=fgetc(fp))!=EOF)

　　putchar(ch);

注意，EOF 不是可输出字符，因此在屏幕上显示不出来。由于字符的 ASCII 码不可能出现−1，因此 EOF 定义为−1 是合适的。当读入的字符值等于−1(即 EOF)时，表示读入的已不是正常的字符而是文件结束符。但以上只适用于读文本文件。现在标准 C 已允许用缓冲文件系统处理二进制文件，读入某一个字节中的二进制数据的值有可能是−1，而这又恰好是 EOF 的值。这就出现了读入有用数据却被处理为"文件结束"的情况，即终止符设置不恰当。为了解决这个问题，标准 C 提供了一个 feof()函数来判断文件是否真的结束。feof(fp)用来测试 fp 所指向的文件当前状态是否为"文件结束"，如果是文件结束，函数feof(fp) 的值为 1(真)，否则为 0(假)。

例如，顺序读入一个二进制文件中的数据的程序段如下：

```
while(! feof(fp))
{
    c=fgetc(fp);
    ⋮
}
```

当未遇文件结束时，feof(fp)的值为 0，! feof(fp)为 1，读入一个字节的数据赋给变量 c(接着可做其他处理)，之后再求 feof(fp)函数，循环工作直到文件结束，feof(fp)值变为 1，! feof(fp) 值为 0，结束 while 循环。这种方法也适用于文本文件。

在掌握了以上几种函数后，可以编制一些简单的使用文件的程序，下面是文件建立的例子。

例 10.1 建立一个磁盘文件，将键入的回车前的若干个字符逐个写入该文件。

```
#include <stdio.h>
void main()
{
    FILE * fp;
    char ch, filename[13];
    printf("\nInput the file\'s name: ");
    gets(filename);                              /* 注1 */
    if((fp=fopen(filename, "w"))==NULL)
    {
        printf("Can not open the file\n");
        exit(0);
    }
    printf("Input the characters to the file: \n");
    while((ch=getchar()) != '\n')                /* 注2 */
    {
        fputc(ch, fp);                           /* 注3 */
        putchar(ch);                             /* 注4 */
    }
    fclose(fp);
}
```

运行情况如下：

Input the file's name: fileex1. dat ↙   (注 1 要求的输入磁盘文件名)
Input the characters to the file:
What inside the file ↙   (注 2 要求的键入一个字符串)
What inside the file (注 4 输出到显示器上的字符串,与写入文件的内容一样,以便核对)

程序运行之后,可以查看文件目录,将多出一个名为 fileex1. dat 的数据文件,可用 DOS 命令将其内容打印出来:

type fileex1. dat ↙
What inside the file   (由注 3 行循环写入的)

由上例可以看出,文件指针就是通向文件的数据流。当打开一个文件,执行 fp=fopen (…)时,就将一个数据流与该文件联系起来,其后对文件的操作都是对此文件指针 fp 的操作,即"脱离"具体文件,只通过对数据流的操作,完成对相应文件的操作。此后的程序直到执行相应的 fclose(fp)函数之时,文件指针 fp 相当于该具体文件的全权代表。执行相应的 fclose()函数时,关闭文件,就切断了该文件与此数据流之间的联系。

10.3.2 fgets()函数和 fputs()函数

fgets()函数是从指定文件读入一个字符串,其调用形式如下:

fgets(str, n, fp);

该函数的功能是从 fp 指向的文件读入 n−1 个字符,并把它们放到字符数组 str(也可以是字符指针)中,如果在读入 n−1 个字符结束之前遇到换行符或 EOF,读入即结束。字符串读入在最后加一个'\0'字符,fgets()函数返回值为 str 的首地址。

fputs()函数是向指定的文件输出一个字符串,其调用形式如下:

fputs(str, fp);

该函数将字符串输出到 fp 指向的文件。其中 str 可以是字符串常量、字符数组名或字符指针。若函数调用成功,返回 0,否则返回非 0 值。例如:fputs("China", fp);即将字符串 "China"输出到 fp 指向的文件。

这两个函数类似以前介绍过的 gets()和 puts()函数,只是 fgets()和 fputs()函数以指定的文件作为读/写对象。

10.3.3 fprintf()函数和 fscanf()函数

fprintf()函数、fscanf()函数与 printf()和 scanf()函数的作用类似,都是格式化读/写函数。前二者的读/写对象是磁盘文件,而后二者是终端设备。所以前二者函数调用参数中要多一个表文件的文件指针。一般调用方式如下:

fprintf(文件指针,控制字符串,参量表);
fscanf(文件指针,控制字符串,参量表);

下例说明了这两种函数的用法。

例 10.2 按格式键入字符型、整型、实型各一数,写入文件 dform. dat,再读出显示。

```
#include<stdio. h>
void main()
{
    int i, i1;
```

```
    char ch, ch1;
    float f, f1;
    FILE * fp;
    printf("\nInput ch i f: ");
    scanf("%c %d %f", &ch, &i, &f);
    if((fp=fopen("dform. dat", "w"))==NULL)        /* 注 1 */
    {
        printf("Can not open the file\n");
        exit(0);
    }
    fprintf(fp, "%c %5d %4.1f", ch, i, f);         /* 注 2 */
    fclose(fp);                                    /* 注 3 */
    if((fp=fopen("dform. dat", "r"))==NULL)
    {
        printf("Can not open the file\n");
        exit(0);
    }
    fscanf(fp, "%c %d %f", &ch1, &i1, &f1);
    printf("%c %5d %4.1f", ch1, i1, f1);
    fclose(fp);
}
```

分析：

注 1 行为写打开文本文件 dform. dat；

注 2 行即为格式化写函数调用，将三数写入文件；

注 3 行是在写操作完成之后关闭文件，若无此关闭操作，三数只能留在缓冲区中，而未真正写到文件中。虽然其后接着要读同一个文件，也仍然由 fp 指向，但此前的 fp 指向的是为写打开的 dform. dat，要想读此文件，还必须再以读的形式打开，再由 fp 指向。

程序运行情况：

```
Input  ch i f: a 2 2.2↙            （提示及输入）
a □ □ □ 2 2.2                       （屏幕显示）
```

dform. dat 中的内容同屏幕显示。

10.3.4　fread()函数和 fwrite()函数

用 fprintf()和 fscanf()函数对磁盘文件读/写，使用方便，容易理解，但由于在输入时要将 ASCII 码转换为二进制形式，在输出时又要将二进制形式转换成字符，花费时间比较多。再者，格式读/写只能面向数据项，对于结构体类型的变量则要一个一个成员地输入/输出，程序编写比较繁琐。因此，当文件内的数据以结构体类型组织或内存与磁盘频繁交换数据时，最好不用 fprintf()和 fscanf()函数，而用块方式读/写函数 fread()和 fwrite()。

fread()和 fwrite()的一般调用形式如下：

```
    fread(buf, size, n, fp);
    fwrite(buf, size, n, fp);
```

其中：buf 是一个地址（或指针）。对 fread 来说，它是读入数据将要存放处的起始地址。对 fwrite()来说，是要输出数据的起始地址。

size 是要读/写的一个数据项的字节数。

n 是要进行读/写数据项的个数。

fp 是文件指针，指向待读或写的文件。

如果函数调用成功，则函数返回为 n 的值，即输入或输出数据项的完整个数；否则返回一个不足的计数。

如果文件以二进制形式打开，则用 fread()和 fwrite()函数就可以读/写任何类型的信息。例如：

fread(f, 4, 2, fp);

其中，f 是一个实型数组名。一个实型变量占 4 个字节。这个函数从 fp 所指向的文件读入 2 次（每次 4 个字节）数据，存储到数组 f 中。下面以一文件建立为例说明一结构体变量的整体写入。

例 10.3 建立一个有关工人工资的数据文件。

```c
# include<stdio. h>
# define SIZE 6
struct staff
{
    char name[10];
    int salary;
    int cost;
} worker[SIZE];

void savef()
{
    FILE  * fp;
    int i;
    if((fp=fopen("work. dat", "wb"))==NULL)          /* 以二进制只写方式打开文件 */
    {
        printf("Can not open the file\n");
        return;
    }
    for(i=0; i<SIZE; i++)
    if(fwrite(&worker[i], sizeof(struct staff), 1, fp)! =1)      /* 写数据到文件中 */
        printf("File write error\n");
    fclose(fp);
}
void main()
{
    int i;
    printf("\nInput %d worker\'s name salary cost: \n", SIZE);
```

```
        for(i=0; i<SIZE; i++)
            scanf("%s%d%d", worker[i].name, &worker[i].salary, &worker[i].cost);
        savef();
    }
```

所建立的文件名为 work.dat，内容为从键盘输入的 SIZE 个工人的数据，可以用 DOS 命令查看，也可以自编一个程序（或直接在上面的程序中扩充）从文件中读出后，送至显示器验证（注意，数据是二进制形式）。

10.4 文 件 的 定 位

前面已介绍过：文件中有一个位置指针指向下一个要读的数据，称为当前工作指针。每读/写完一个数据，该位置指针即自动向后移动一个数据的位置，指向了下一个要读/写的数据，这就是顺序读/写。但实际处理中，常常要求随机读/写或多次反复读/写，就要调用有关函数，强制位置指针指向其他位置。

10.4.1 rewind()函数

rewind()函数可以强制使当前工作指针指向文件的开头。一般在要重新从头读/写文件时使用。如下例，在读了文件 dfr.dat 一遍送显示器后，文件的位置指针已移到文件的最后，为了重新读一遍再写到文件 dfw.dat 中，必须先执行一次 rewind()函数，才能正确读出。

例 10.4 将已建好的文件 dfr.dat 的内容顺序读一遍送显示器，再读一遍复制到文件 dfw.dat 中。

```
#include<stdio.h>
void main()
{
    int i;
    char ch;
    float f, f1;
    FILE * fp1, * fp2;
    if((fp1=fopen("dfr.dat", "r"))==NULL)      /* 以只读方式打开文本文件 */
    {
        printf("Can not open the file for reading\n");
        exit(0);
    }
    if((fp2=fopen("dfw.dat", "w"))==NULL)      /* 以只写方式打开文本文件 */
    {
        printf("Can not open the file for writing\n");
        exit(0);
    }
    fscanf(fp1, "%c %d %f", &ch, &i, &f);
    printf("%c, %5d, %4.1f\n", ch, i, f);
```

```
    rewind(fp1);                               /* 使当前文件的位置指针指向文件开头 */
    fscanf(fp1, "%c %d %f", &ch, &i, &f1);
    fprintf(fp2, "%c %d %f", ch, i, f1);        /* 写数据到文件中 */
    fclose(fp1);
    fclose(fp2);
}
```

若将例 10.2 产生的 dform. dat 拷贝为 dfr. dat，则程序运行后，屏幕显示：

    a，   2，   2.2

所建立的 dfw. dat 文件的内容为 a 2 2.200000。

10.4.2　fseek( )函数

利用 fseek()函数可以控制文件位置的指针进行随机读/写。

fseek()函数的调用形式如下：

    fseek(文件类型指针，位移量，起始点);

起始点可按表 10.2 中规定的方式取值，既可以用标准 C 规定的常量名，也可以用对应的数字。

表 10.2　指针起始点的表示

起始点	常量表示	数字表示
文件首	SEEK_SET	0
当前位置	SEEK_CUR	1
文件尾	SEEK_END	2

位移量指从起始点向前移动的字节数。

fseek()函数一般用于二进制文件，因为文本文件要发生字符转换，计算位置时容易发生混乱。下面是一个文件随机读/写的例子。

例 10.5　将例 10.3 形成的职工数据文件中的第 1、3、5 个工人的信息读出、送显。

```
#include<stdio. h>
# define SIZE 6
struct staff
{
    char name[10];
    int salary;
    int cost;
} worker[SIZE];
void main()
{
    FILE * fp;
    int i;
    if((fp=fopen("work. dat", "rb"))==NULL)     /* 以只读方式打开二进制文件 */
    {
        printf("Can not open the file\n");
```

```
        exit(0);
    }
    for(i=0; i<SIZE; i++, i++)
    {
        fseek(fp, i * sizeof(struct staff), 0);
        fread(&worker[i], sizeof(struct staff), 1, fp);  /* 从文件中读出的数据存入结构体数组  */
        printf(" %s %d %d\n", worker[i].name, worker[i].salary, worker[i].cost);
    }
    fclose(fp);
}
```

若形成 work.dat 文件时的输入数据为

Li1 1100 100 ✓

Li2 1200 200 ✓

Li3 1300 300 ✓

Li4 1400 400 ✓

Li5 1500 500 ✓

Li6 1600 600 ✓

则此程序的运行结果为

Li1 1100 100

Li3 1300 300

Li5 1500 500

10.4.3 ftell( )函数

ftell( )函数的作用是得到流式文件中位置指针的当前位置,用相对于文件开头的位移量来表示。

由于文件的位置指针经常移动,往往不易搞清其当前位置,用 ftell( )函数可以返回其当前位置,若返回 $-1L$,表示函数调用出错。例如:

    i=ftell(fp);

    if(i==-1L)printf("error\n");

有关文件的处理函数还有很多,读者可查看附录二。

初学者往往感到文件编程难,主要是对文件的概念比较陌生所致。其实,文件的编程并不是很难,只是在过去的数据处理程序的前后加上些有关文件的"套子"罢了,而这些有关文件的"套子"是相对程式化的。如果掌握了本书前面各章节的知识,只需记住有关文件的函数,理解文件的概念和处理步骤,再加上些出错处理即可较容易地进行文件编程。

10.5   程序设计举例

例 10.6   若文件 number.dat 中存放了一组整数,试编程统计并输出文件中正整数、零和负整数的个数。

```
#include <stdio.h>
void main()
```

```
    {
        FILE * fp;
        int p=0, n=0, z=0, temp;
        fp=fopen("number.dat", "r");              /* 以只读方式打开文本文件 */
        if(fp==NULL)
                printf("file not found! \n");
        else
        {
                while(! feof(fp))
                {
                        fscanf(fp, "%d", &temp);
                        if(temp>0) p++;                   /* 统计正整数 */
                        else if(temp<0) n++;              /* 统计负整数 */
                                else z++;                 /* 统计零的个数 */
                }
                fclose(fp);
                printf("positive: %3d, negtive: %3d, zero: %3d\n", p, n, z);
        }
    }
```

例 10.7 将 C 语言源程序文件 exam.c 中用斜杠与星号括起来的非嵌套注释删除，然后存入文件 exam.out 中。

```
    # include <stdio.h>
    void delcomm(FILE * fp1, FILE * fp2)
    {
        int c, i=0;
        while((c=fgetc(fp1))! =EOF)
        if(c=='\n')
                fprintf(fp2, "\n");
        else
                switch(i)
                {
                        case0:
                          if(c=='/') i=1;
                          else fprintf(fp2, "%c", c);
                          break;
                        case1:
                          if(c==' * ') i=2;
                          else
                        { fprintf(fp2, "%c", c);
                          i=0;
                        }
                        break;
```

— 250 —

```
            case2：
                if(c=='*') i=3;
                break;
            case3：
                i=(c=='/')? 0：2;
                break;
        }
    }
    void main()
    {
        FILE *fp1，*fp2;
        fp1=fopen("exam.c", "r");              /* 以只读方式打开文本文件 */
        fp2=fopen("exam.out", "w");            /* 以只写方式打开文本文件 */
        delcomm(fp1, fp2);
        fcloseall();
    }
```

本 章 重 点

◇ 文件是程序设计中的一个重要概念。C 语言中的文件不仅包括磁盘文件，还包括进行输入/输出的终端设备，这些设备被看做是设备文件。数据文件是磁盘文件中的一种。

◇ C 语言将数据文件看成是一个字符(字节)的序列，即字符流或二进制流。对编程人员来说，所有的输入/输出都通过流来进行。

◇ 数据文件分为文本文件(ASCII 码文件)和二进制文件。文本文件的每一个字节存放一个字符的 ASCII 码，而在二进制文件中，则把内存中的数据按其在内存中的存储形式直接存储到文件中。因为两种文件的组织形式不同，因此在对文件进行读/写操作时有一定的差异。

◇ C 语言处理文件有两种方式：缓冲文件系统和非缓冲文件系统。对于缓冲文件系统，文件打开时自动在内存为文件设置输入/输出缓冲区，而非缓冲文件系统则由程序员为每个文件设定缓冲区。

◇ FILE 类型是有关文件信息(如文件当前的读/写位置、缓冲区状态等信息)的一个结构体类型，利用 FILE 类型来定义文件指针，通过文件指针可对它所指的文件进行各种操作。

◇ 在 C 语言中，文件操作都是由库函数来完成的。使用这些函数都要求文件的打开和关闭是通过调用 fopen()和 fclose()函数来实现的。

◇ C 语言中还提供了多种文件读/写的函数，如：

字符读/写函数——fgetc()和 fputc()

字符串读/写函数——fgets()和 fputs()

数据块读/写函数函数——fread()和 fwrite()

格式化读/写函数——fscanf()和 fprintf()

◇ 除了文件读/写函数，C 语言还提供了文件指针控制函数，如 rewind（）、fseek（）、ftell（）等，以实现文件的随机读/写。

习　题

1. 什么是文件型指针？通过文件指针访问文件有什么好处？

2. 在对文件进行读/写操作后，为什么必须将其关闭？

3. 从键盘输入一个字符串，将其中的小写字母全部转换成大写字母，然后输出到磁盘文件"test. dat"中保存。输入的字符串以"!"结束。

4. 将第 3 题所建文件的内容输出到显示器，并统计文件中字符的个数。

5. 从键盘输入 4 名学生的姓名、学号、年龄、住址，并存入磁盘文件"stufiel. dat"中。

6. 从键盘读入 10 个整数，以二进制方式写到名为"data. text"的新文件中。

7. 有两个磁盘文件"A. text"和"B. text"，各存放一行字母，要求把这两个文件中的信息合并（按字母顺序排列），并输出到新文件"C. text"中。

8. 有 5 个学生，每个学生有 3 门课的成绩，从键盘输入相关数据（包括学号、姓名、3 门课的成绩），计算出平均成绩，将原有数据和计算出的平均分数存放在磁盘文件"stu. dat"中。

附录一　ASCII 码表

十进制	缩写/字符	名称/意义	十进制	缩写/字符	名称/意义	十进制	缩写/字符	名称/意义
0		空字符（Null）	44	,	逗号	88	X	大写字母 X
1	☺	标题开始	45	-	减号/破折号	89	Y	大写字母 Y
2	●	文本开始	46	.	句号	90	Z	大写字母 Z
3	♥	文本结束	47	/	斜杠	91	[	开方括号
4	♦	传输结束	48	0	数字 0	92	\	反斜杠
5	♣	请求	49	1	数字 1	93	]	闭方括号
6	♠	确认回应	50	2	数字 2	94	^	脱字符
7	●	响铃	51	3	数字 3	95	_	下划线
8	◘	退格	52	4	数字 4	96	`	开单引号
9	○	横向制表	53	5	数字 5	97	a	小写字母 a
10	◙	换行	54	6	数字 6	98	b	小写字母 b
11	♂	垂直制表	55	7	数字 7	99	c	小写字母 c
12	♀	换页	56	8	数字 9	100	d	小写字母 d
13	♪	回车	57	9	数字 9	101	e	小写字母 e
14	♫	取消切换	58	:	冒号	102	f	小写字母 f
15	☼	启用切换	59	;	分号	103	g	小写字母 g
16	►	数据链路转义	60	<	小于	104	h	小写字母 h
17	◄	设备控制 1	61	=	等于	105	i	小写字母 i
18	↕	设备控制 2	62	>	大于	106	j	小写字母 j
19	‼	设备控制 3	63	?	问号	107	k	小写字母 k
20	¶	设备控制 4	64	@	电子邮件符号	108	l	小写字母 l
21	§	否定应答	65	A	大写字母 A	109	m	小写字母 m
22	■	同步空闲	66	B	大写字母 B	110	n	小写字母 n
23	↨	结束传输块	67	C	大写字母 C	111	o	小写字母 o
24	↑	取消	68	D	大写字母 D	112	p	小写字母 p
25	↓	媒介结束	69	E	大写字母 E	113	q	小写字母 q
26	→	替代	70	F	大写字母 F	114	r	小写字母 r
27	←	溢出（换码）	71	G	大写字母 G	115	s	小写字母 s
28	∟	文件分隔符	72	H	大写字母 H	116	t	小写字母 t
29	↔	分组符	73	I	大写字母 I	117	u	小写字母 u
30	▲	记录分隔符	74	J	大写字母 J	118	v	小写字母 v
31	▼	单元分隔符	75	K	大写字母 K	119	w	小写字母 w
32		空格	76	L	大写字母 L	120	x	小写字母 x
33	!	叹号	77	M	大写字母 M	121	y	小写字母 y
34	"	双引号	78	N	大写字母 N	122	z	小写字母 z
35	#	井号	79	O	大写字母 O	123	{	开花括号
36	$	美元符	80	P	大写字母 P	124	|	垂线
37	%	百分号	81	Q	大写字母 Q	125	}	闭花括号
38	&	和号	82	R	大写字母 R	126	~	波浪号
39	'	闭单引号	83	S	大写字母 S	127	△	删除
40	(	开括号	84	T	大写字母 T			
41	)	闭括号	85	U	大写字母 U			
42	*	星号	86	V	大写字母 V			
43	+	加号	87	W	大写字母 W			

　　说明：字符 0～31 和 127 是控制字符；32～126 是键盘上的键符；128～255（即 8 位一个字节最高位设置为 1）是 IBM（International Business Machine，美国国际商用机器公司）自定义扩展字符，在此未列出。

附录二　ANSI C 的 32 个关键字

关键字	含　义	关键字	含　义
auto	声明自动变量	int	声明整型变量或函数
break	跳出当前循环	long	声明长整型变量或函数返回值类型
case	开关语句分支	register	声明寄存器变量
char	声明字符型变量或函数返回值类型	return	子程序返回语句(可以带参数,也可不带参数)
const	声明只读变量	short	声明短整型变量或函数
continue	结束当前循环,开始下一轮循环	signed	声明有符号类型变量或函数
default	开关语句中"其他"分支	sizeof	计算数据类型或变量长度(即所占字节数)
do	循环语句的循环体	static	声明静态变量
double	声明双精度浮点型变量或函数返回值类型	struct	声明结构体类型
else	条件语句否定分支(与 if 连用)	switch	用于开关语句
enum	声明枚举类型	typedef	用以给数据类型取别名
extern	声明变量或函数是在其他文件或本文件的其他位置定义	unsigned	声明无符号类型变量或函数
float	声明浮点型变量或函数返回值类型	union	声明共用体类型
for	一种循环语句	void	声明函数无返回值或无参数,声明无类型指针
goto	无条件跳转语句	volatile	说明变量在程序执行中可被隐含地改变
if	条件语句	while	循环语句的循环条件

说明：1999 年 12 月，ISO 发布了 C99 标准，该标准新增了 5 个 C 语言关键字：inline，restrict，_Bool，_Complex，_Imaginary。2011 年 12 月，ISO 发布了新标准 C11，该标准新增了 7 个 C 语言关键字：_Alignas，_Alignof，_Atomic，_Static_assert，_Noreturn，_Thread_local，_Generic。

附录三 ANSI C 的编译预处理命令

命　　令	功　　能
♯define	定义宏名(符号常量)
♯undef	终止宏名作用域，即撤销已定义过的宏名
♯if	条件编译命令，如果♯if 后面的常量表达式为 true，则编译它与♯endif 之间的代码，否则跳过这些代码
♯else	条件编译命令，类似 C 语言中的 else，在♯if 失败的情况下♯else 建立另一选择
♯elif	条件编译命令，♯elif 命令意义与 else-if 相同，它形成一个 if-else-if 阶梯状语句，可进行多种编译选择
♯endif	条件编译命令，标识一个♯if 块的结束
♯ifdef	条件编译命令，♯ifdef 表示"如果有定义"，是条件编译的另一种方法
♯ifndef	条件编译命令，♯ifndef 命令表示"如果无定义"，是条件编译的另一种方法
♯include	使编译程序将另一源文件嵌入带有♯include 的源文件
♯error	编译程序时，只要遇到♯error 就会生成一个编译错误提示消息，并停止编译
♯line	改变当前行号和文件名称
♯program	指示编译器完成特定的动作

附录四　ANSI C 常用库函数表

1. 标准输入/输出库函数，除注明者外，原型均在头文件 stdio.h 中。

函数名	函数原型	功　　能	返　回　值
fclose	int fclose(FILE * fp);	关闭 fp 所指文件	成功返回 0，不成功返回 −1
feof	int feof(FILE * fp);	检查文件是否结束	遇文件结束返回 1，否则返回 0
fgetc	int fgetc(FILE * fp);	从 fp 所指文件中读取下一个字符	返回所读字符，读取出错返回 EOF
fgets	char * fgets(char * buf, int n, FILE * fp);	从 fp 所指文件中读取长度为 n−1 的字符串，存入起始地址为 buf 的空间	返回地址 buf，若出错或遇文件结束返回 NULL
fopen	FILE * fopen(char * filename, char * mode);	以 mode 指定的方式打开名为 filename 的文件	成功返回文件指针，否则返回 0
fprintf	int fprintf(FILE * fp, char * format, args, …);	将 args 的值以 format 指定的格式输出到 fp 所指文件中	实际输出的字符数
fputc	int fputc(char ch, FILE * fp);	将字符 ch 输出到 fp 所指文件中	成功返回该字符，否则返回非 0
fputs	int fputs(char * str, FILE * fp);	将 str 所指字符串输出到 fp 所指文件中	成功返回 0，否则返回非 0
fread	int fread(char * buf, unsigned size, unsigned n, FILE * fp)	从 fp 所指文件中读取长度为 size 的 n 个数据项，存到 buf 所指的内存区	返回所读数据项个数，若遇文件结束或出错则返回 0
fscanf	int fscanf(FILE * fp, char * format, args, …)	从 fp 所指文件中按 format 指定格式将输入数据存放在 args 指定的内存单元	已输入的数据个数
fseek	int fseek(FILE * fp, long offset, int base)	从 fp 所指文件的位置指针移到以 base 为基准、以 offset 为位移量的位置	返回当前位置，否则返回 −1
ftell	long ftell(FILE * fp);	返回 fp 所指文件中的读/写位置	返回 fp 所指文件中的读/写位置
fwrite	int fwrite(char * buf, unsigned size, unsigned n, FILE * fp);	把 buf 所指的 n * size 个字节输出到 fp 所指的文件中	写入 fp 所指文件中的数据项的个数

函数名	函数原型	功 能	返 回 值
getc	int getc(FILE * fp);	从 fp 所指文件中读入一个字符	返回所读字符,若遇文件结束或出错,则返回 EOF
getchar	int getchar(void);	从标准输入设备读取下一个字符,输入时直到回车才结束	所读字符,若遇文件结束或出错,则返回 EOF
getch	int getch(void);	从标准输入设备读取下一个字符,但不显示在屏幕上。原型在头文件 conio.h 中	所读字符,若遇文件结束或出错,则返回 EOF
getche	int getche(void);	从标准输入设备读取下一个字符并显示在屏幕上。原型在头文件 conio.h 中	所读字符,若遇文件结束或出错,则返回 EOF
getw	int getw(FILE * fp);	从 fp 所指文件中读取下一个字(整数)	输入的整数,如遇文件结束或出错,则返回 −1
printf	int printf(char * format, args ⋯);	按 format 规定的格式,将 args 的值输出到标准输出设备	输出字符的个数,若出错,则返回负数
putc	int putc(int ch, FILE * fp);	把字符 ch 输出到 fp 所指的文件中	输出的字符 ch,若出错,则返回 EOF
putchar	int purchar(char ch);	把字符 ch 输出到标准输出设备	输出的字符 ch,若出错,则返回 EOF
puts	int puts(chat * str);	将 str 所指字符串输出到标准输出设备	返回换行符,若出错,则返回 EOF
putw	int putw(int w, FILE * fp);	将整数 w 写到 fp 所指文件中	输出的整数,若出错,则返回 EOF
rename	int rename(char * oldname, char * newname);	将由 oldname 所指的文件名,改为 newname 所指的文件名	成功返回 0,否则返回 −1
rewind	void rewind(FILE * fp);	将 fp 所指文件的位置指针置于文件开头位置,并清除文件结束标志	无
scanf	int scanf(char * format, args ⋯);	从标准输入设备按 format 规定的格式,输入数据到 args 所指单元中	读入数据个数,遇文件结束返回 EOF,出错则返回 0

2. 数学运算库函数，原型均在头文件 math. h 中。

函数名	函 数 原 型	功　　能	返　回　值
abs	int abs(int x);	求整数 x 的绝对值	计算结果
acos	double acos(double x);	计算 $\cos^{-1}(x)$ 的值	计算结果
asin	double asin(double x);	计算 $\sin^{-1}(x)$ 的值	计算结果
atan	double atan(double x);	计算 $\tan^{-1}(x)$ 的值	计算结果
cos	double cos(double x);	计算 $\cos(x)$ 的值	计算结果
cosh	double cosh(double x);	计算 x 的双曲余玄 $\cosh(x)$ 的值	计算结果
exp	double exp(double x);	计算 e^x 的值	计算结果
fabs	double fabs(double x);	求 x 的绝对值	计算结果
floor	double floor(double x);	求出不大于 x 的最大整数	返回整数的双精度实数
fmod	double fmod(double x,double y);	求整除 x/y 的余数	返回余数的双精度实数
log	double log(double x);	计算 $\log_e x$ 的值	计算结果
log10	double log10(double x);	计算 $\log_{10} x$ 的值	计算结果
modf	double modf(double val, double * iptr);	将双精度数 val 分解为整数部分和小数部分，并把整数部分存放到 iptr 所指单元中	返回 val 的小数部分
pow	double pow(double x,double y);	计算 x^y 的值	计算结果
rand	int rand(void)	产生 $-90 \sim 32767$ 间的随机数	返回一个随机整数
sin	double sin(double x);	计算 $\sin(x)$ 的值	计算结果
sinh	double sinh(double x);	计算 x 的双曲正弦函数 $\sinh(x)$ 的值	计算结果
sqrt	double sqrt(double x);	计算 x 的平方根，其中 $x \geq 0$	计算结果
tan	double tan(double x);	计算 x 的正切值	计算结果
tanh	double tanh(double x);	计算 x 的双曲正切值	计算结果

3. 字符处理库函数，原型均在头文件 ctype. h 中。

函数名	函 数 原 型	功 能	返 回 值
isalnum	int isalnum(int ch);	检查 ch 是否为字母或数字	是字母或数字返回 1，否则返回 0
isalpha	int isalpha(int ch);	检查 ch 是否为字母	是返回 1，否则返回 0
iscntrl	int iscntrl(int ch);	检查 ch 是否为控制字符（ASCII 码在 0 和 0x1F 之间）	是返回 1，否则返回 0
isdigit	int isdigit(int ch);	检查 ch 是否为数字	是返回 1，否则返回 0
isgraph	int isgraph(int ch);	检查 ch 是否为可打印字符（ASCII 码在 33 和 126 之间，不包括空格）	是返回 1，否则返回 0
islower	int islower(int ch);	检查 ch 是否为小写字母（a~z）	是返回 1，否则返回 0
isprint	int isprint(int ch);	检查 ch 是否为可打印字符（ASCII 码在 32 和 126 之间，包括空格）	是返回 1，否则返回 0
isspace	int isspace (int ch);	检查 ch 是否为空格、制表符或换行符）	是返回 1，否则返回 0
issupper	int issupper (int ch);	检查 ch 是否为大写字母（A~Z）	是返回 1，否则返回 0
isxdigit	int isxdigit(int ch);	检查 ch 是否为一个十六进制数字字符（即 0~9，或 A~F，或 a~f）	是返回 1，否则返回 0
tolower	int tolower(int ch);	将 ch 转换为小写字母	ch 所代表的小写字母
toupper	int toupper(int ch);	将 ch 转换为大写字母	ch 所代表的大写字母

4. 字符串处理库函数，原型均在头文件 string. h 中。

函数名	函 数 原 型	功 能	返 回 值
strset	char * strset (char * s, char ch);	将 str 所指字符串中的字符都替换成字符 ch	指向字符串 s 的指针
strcat	char * strcat(char * s1, char * s2);	将字符串 s2 接到 s1 后面，并在新串 s1 后添加'\0'	指向字符串 s1 的指针
strchr	char * strchr(char * s, int ch);	找出字符串 s 中第一次出现字符 ch 的位置	找到返回该字符位置的指针，否则返回空指针 NULL
strcmp	int strcmp (char * s1, char * s2);	按字典顺序比较字符串 s1 和 s2	s1>s2，返回正数；s1<s2，返回负数；s1=s2，返回 0
strcpy	char * strcpy (char * s1, char * s2);	将 s2 所指字符串复制到字符串 s1 中	指向字符串 s1 的指针

函数名	函数原型	功　能	返　回　值
strlen	int strlen(char * s);	统计字符串 s 中的字符个数('\0'不计在内)	字符个数
strlwr	char strlwr(char * s);	将字符串 s 中的字母字符均转换为小写字母	指向字符串 s 的指针
strncat	char * strncat(char * s1, char * s2, unsigned n);	将字符串 s2 中不多于 n 个字符连接到 s1 后面，并在新串 s1 后添加'\0'	指向字符串 s 的指针
strstr	char * strstr(char * s1, char * s2);	找出字符串 s2 在字符串 s1 中第一次出现的位置	找到返回指向该位置的指针，否则返回空指针 NULL
strncpy	char * strncpy(char * s1, char * s2, unsigned n);	将字符串 s2 中的 n 个字符复制到 s1 中	指向字符串 s1 的指针
strrev	char * strrev(char * s);	将字符串 s 中的所有字符的顺序反转	指向字符串 s 的指针
strupr	char strupr(char * s);	将字符串 s 中的字母字符均转换为大写字母	指向字符串 s 的指针

5. 字符串处理库函数，原型均在头文件 stdlib. h 中。

函数名	函数原型	功　能	返　回　值
rand	int rand(int num)	产生一个范围在 0～num－1 之间的随机数	产生的随机数
srand	void srand(unsigned seed)	初始化随机数发生器。srand()以给定数进行初始化	无

6. 动态内存分配库函数，原型均在头文件 stdlib. h 中。

函数名	函数原型	功　能	返　回　值
calloc	void * calloc (unsigned n, unsigned int size);	分配 n 个数据项的连续内存空间，每个数据项的大小为 size 字节	成功则返回分配内存单元的起始地址，否则返回空指针 NULL
free	void free(void * p);	释放 p 所指的内存区	无
malloc	void * malloc (unsigned int size);	分配 size 字节的内存空间	成功则返回分配内存单元的起始地址，否则返回空指针 NULL
realloc	void * realloc (void * p, unsigned int newsize);	将 p 所指的已分配的内存区的大小改为 size	成功则返回分配内存单元的起始地址，否则返回空指针 NULL

7. 其他常用库函数，原型均在头文件 stdlib. h 中。

函数名	函 数 原 型	功　　能	返　回　值
atoi	int atoi(char ＊s);	将字符串 s 转换为整型数，串中必须含合法的整型数	成功返回整数，否则返回 0
atol	long atol(char ＊s);	将字符串 s 转换为长整型数，串中必须含合法的长整型数	成功返回长整型数，否则返回 0
atof	double atof(char ＊s);	将字符串 s 转换为浮点数，串中必须含合法的浮点数	成功返回双精度型数，否则返回 0
exit		程序终止，清空和关闭任何已打开的文件	无
itoa	char ＊itoa(int value, char ＊s, int radix);	将整数 value 按 radix 规定的基数(如 10 代表十进制)转换为字符串类型，存放在字符串中	返回指向存放转换结果的字符串的指针
ltoa	char ＊ltoa(long value, char ＊s, int radix);	将长整型数 value 按 radix 规定的基数(如 10 代表十进制)转换为字符串类型，存放在字符串中	返回指向存放转换结果的字符串的指针

附录五 32/64 位系统 C 常用数据类型字节数

数据类型	32 位系统		64 位系统	
	字节数	取值范围	字节数	取值范围
char	1	$-128 \sim 127$	1	$-128 \sim 127$
signed char	1	$-128 \sim 127$	1	$-128 \sim 127$
unsigned char	1	$0 \sim 255$	1	$0 \sim 255$
short int	2	$-32768 \sim 32767$	2	$-32768 \sim 32767$
unsigned short int	2	$0 \sim 65535$	2	$0 \sim 65535$
int	4	$-2147483648 \sim$ 2147483647	4	$-2147483648 \sim$ 2147483647
unsigned int	4	$0 \sim 4294967295$	4	$0 \sim 4294967295$
long int	4	$-2147483648 \sim$ 2147483647	8	$-9223372036854775808 \sim$ 9223372036854775807
unsigned long int	4	$0 \sim 4294967295$	8	$0 \sim$ 18446744073709551615
float	4	$1.1 \times 10^{-38} \sim 3.4 \times 10^{38}$，精度为 $6 \sim 7$ 位有效数字	4	$1.1 \times 10^{-38} \sim 3.4 \times 10^{38}$，精度为 $6 \sim 7$ 位有效数字
double	8	$2.2 \times 10^{-308} \sim 1.7 \times 10^{308}$，精度为 $15 \sim 16$ 位有效数字	8	$2.2 \times 10^{-308} \sim 1.7 \times 10^{308}$，精度为 $15 \sim 16$ 位有效数字
char * （即指针变量）	4	—	8	—

附录六　新的 C 语言标准——C99 简介

C89 是目前广泛采用的 C 语言标准，大多数编译器都完全支持 C89。C99 标准(ISO/IEC 9899：1999)是在 1999 年发布的，它被 ANSI 于 2000 年 3 月采用。C99 加入了许多新的特性，最主要的增强在数值处理上，包括的主要特性如下：

(1) 新增数据类型：主要有 long long 类型、long double 类型、_Bool 类型和复数类型。

• long long 类型：可修饰有符号或无符号的整数，能够支持的整数长度为 64 位。

• _Bool 类型：在 C99 中，增加了布尔类型，其值为 1 或 0，即"真"或"假"。

• 复数类型：使用关键词_Complex 说明复数或用关键词_Imaginary 说明纯虚数。由于复数的实部和虚部均为实数，故复数或纯虚数各有以下 3 种类型：

float_Complex、float_Imaginary、double_Complex、double_Imaginary、long double_Complex、long double_Imaginary。

(2) 新的变量说明方式：在 C99 中，引进了 C++对变量的说明方式，可在最近使用变量的地方说明变量。

(3) 对数组的增强：在 C99 中，程序员声明数组时，数组的维数可以由任一有效的整型表达式确定，包括只在运行时才能确定其值的表达式，这类数组就叫做可变长数组，但是只有局部数组才可以是变长的。

可变长数组的维数在数组生存期内是不变的，也就是说，可变长数组不是动态的。可以变化的只是数组的大小。

(4) 单行注释：引入了单行注释标记 "//"，可以像 C++一样使用这种注释。

参 考 文 献

[1] 谭浩强. C 程序设计. 北京：清华大学出版社，1999.

[2] 冯博琴，刘路放. 精讲多练 C 语言. 西安：西安交通大学出版社，1997.

[3] 徐士良，朱明方. 软件应用技术基础. 北京：清华大学出版社，1996.

[4] 徐士良. 常用算法程序集. 北京：清华大学出版社，1994.

[5] 徐金梧，刘冶刚，等. Turbo C 使用大全. 北京：科海培训中心，1989.

[6] 王洪. Turbo C 2.0 实用指南. 西安：陕西电子编辑部，1994.

[7] Michael J Y. Visual C++4 从入门到精通. 邱仲潘，等译. 北京：电子工业出版社，1997.

[8] Waite, Prata S. 新编 C 程序大全. 范植华，樊莹，译. 北京：清华大学出版社，1994.

[9] Herbert Schildt. ANSI C 标准详解. 王曦若，李沛，译. 北京：学苑出版社，1994.

[10] Kernighan B W, Ritchie D M. The C Programming Language. 影印版. 北京：清华大学出版社，2000.

[11] Forouzan B A, Fegan S C. Foundations of computer science(影印版). 北京：高等教育出版社，2004.

[12] Deitel H M, Deitel P J. C 程序设计教程. 薛万鹏，等译. 北京：机械工业出版社，2000.

[13] Balagurusamy E. Programming in ASNI C(影印版). 3rd ed. 北京：清华大学出版社，2006.

[14] 苏小红，等. C 语言实用教程习题与实验指导. 北京：电子工业出版社，2004.

[15] 苏小红，等. C 语言大学实用教程. 2 级. 北京：电子工业出版社，2007.

[16] 谭浩强. C 语言程序设计(第二版)学习辅导. 北京：清华大学出版社，2008.